Geschichtliche Einzeldarstellungen aus der Elektrotechnik

Herausgegeben
vom
Elektrotechnischen Verein E. V.

Zweiter Band

Die geschichtliche Entwicklung der Hochspannungs-Schalttechnik

von

Max Vogelsang
Dr.-Ing. e. h.

Mit 252 Textabbildungen

Berlin
Verlag von Julius Springer
1929

Copyright 1929 by Julius Springer in Berlin.

ISBN 978-3-7091-9784-4   ISBN 978-3-7091-5045-0 (eBook)
DOI 10.1007/978-3-7091-5045-0

Vorwort.

Die Veranlassung zu dem vorliegenden Buch gab gegen Ende 1925 ein Schreiben, in dem mich Herr Zehme aufforderte, für die ETZ etwas über die Geschichte der Ölschalter zu schreiben. Nachdem ich mit Beginn des Jahres 1926 von meiner bisherigen Tätigkeit als technischer Direktor der Firma Voigt & Haeffner A.-G. ausgeschieden und in den Aufsichtsrat dieser Firma übergetreten war — ich also über die nötige Muße verfügte —, beschäftigte ich mich näher mit diesem Gedanken, bemerkte aber bald, daß der Stoff zu umfangreich sei, als daß man ihn in dem Rahmen eines Aufsatzes in der ETZ günstig bearbeiten könnte. Außerdem überlegte ich, daß die Hochspannungsschalter, die vor den Ölschaltern entstanden waren, ein gewiß ebenso großes geschichtliches Interesse darböten als die Ölschalter selbst. Ich beschloß daher, den Umfang der Arbeit in der Weise zu erweitern, daß ich die geschichtliche Entwicklung der Hochspannungsschalter von Anbeginn darstellen wollte, wobei es sich weiterhin fast als notwendig ergab, auch die Hochspannungssicherungen in den Rahmen der Darstellung mit hineinzubeziehen.

Im Anfang hatte ich gedacht, die Entwicklung nur bis zum Jahre 1903 oder 1904 zu verfolgen, d. h. bis zu der Zeit, in der der Ölschalter allgemeine Geltung gefunden hatte. Aber im Verlaufe der Arbeit schien mir eine weitere Ausdehnung der Zeit nach doch wünschenswert, und so habe ich schließlich als zeitliche Grenze etwa das Jahr 1914 angenommen; einmal weil das Aufkommen der Schalter für sehr hohe Spannungen einen gewissen Abschluß darstellt, und dann weil ich von vornherein der Meinung war, daß für eine solche geschichtliche Darstellung eine reichliche Distanz wünschenswert sei. Das Fehlen der ganz modernen Konstruktionen wird vielleicht manchen Leser enttäuschen, aber abgesehen davon, daß die geschichtliche Beurteilung des Stoffes nach dem Abschluß der Darstellung als noch im Flusse befindlich angesehen werden muß, würde die Bearbeitung dieser letzten Zeit den Stoff nochmals wesentlich erweitert haben.

Was mich reizte beim Beginn dieser recht schwierigen und zeitraubenden Arbeit, das war die Überlegung ein geschichtlich nützliches Buch zu schreiben, denn ich hatte die bisherige Entwicklung ja selbst mit erlebt und hatte auch tätig an ihr teilgenommen. Nun aber, nachdem sich das Alter bei mir bereits gemeldet hat, ist es leicht zu übersehen, daß in nicht allzu ferner Zeit niemand mehr da sein wird, der über diese interessanten ersten Abschnitte der Hochspannungs-Schalttechnik aus eigener Anschauung berichten kann.

So habe ich denn auch nicht versucht, dem Buche den Stempel der völlig objektiven Berichterstattung aufzudrücken, sondern bin der gelegentlichen Darstellung meiner persönlichen Empfindungen und Ansichten während dieser Entwicklungszeit nicht ausgewichen.

Zwar ist also die persönliche Erinnerung ein wesentlicher Leitfaden bei der Abfassung dieses Buches für mich gewesen; aber ich mußte mir doch die einzelnen Unterlagen in mühsamer Weise hauptsächlich aus Zeitschriften, zum kleinen Teil auch aus Büchern zusammensuchen. Von deutschen Büchern, in denen sich gute geschichtliche Hinweise finden, sind zu nennen:

Niethammer, Dr. F., Professor an der Technischen Hochschule in Brünn: Elektrische Schaltanlagen und Apparate. Stuttgart: Ferdinand Enke 1905.

Pohl, H., Oberingenieur, und B. Soschinski, Ingenieur: Die Leitungen, Schalt- und Sicherheitsapparate für elektrische Starkstromanlagen. Leipzig: S. Hirzel 1904.

Recht wertvolle Dienste leistete mir das ausgezeichnete englische Buch:

Andrews, Leonhard: Electricity Control. London: Charles Griffin & Co. 1904.

Die Ausbeute aus den Zeitschriften war sehr verschieden und zeitlich wechselnd. Während der erste Schriftleiter der ETZ, Herr Uppenborn, die erste Entwicklung des jungen Hochspannungs-Apparatebaues freundlich begleitete, hatte Herr Kapp für diesen Gegenstand offenbar wenig Interesse, und erst mit der Übernahme der Schriftleitung durch Herrn Zehme wurde dem Apparatebau in der ETZ wieder die nötige Beachtung eingeräumt. Von englischen Zeitschriften habe ich die Electrical Review, von amerikanischen in der Hauptsache die Electrical World und die American Electrician benutzt, außerdem die Proceedings. Zum Glück sind aus der eigentlich klassischen Zeit des amerikanischen Apparatebaues, etwa von 1898 bis 1903, in den amerikanischen Zeitschriften eine größere Anzahl ausgezeichneter Aufsätze vorhanden, die die damalige glänzende Entwicklung der Hochspannungs-Schalttechnik in Amerika aufs beste erkennen lassen.

Als ich bereits angefangen hatte das Buch zu schreiben, hörte ich von der Historischen Kommission des Elektrotechnischen Vereins in Berlin, die gebildet ist, um geschichtliche Arbeiten auf elektrotechnischem Gebiet zu fördern, und ich setzte mich mit dieser Stelle in Verbindung. Meine Absicht fand hier großes Entgegenkommen, und wenn auch der Umfang meiner Arbeit zunächst nicht gerade in den beabsichtigten Rahmen der Veröffentlichungen zu passen schien, so durfte ich mich doch auf das Einverständnis der Historischen Kommission des Elektrotechnischen Vereins zur Abfassung meines Buches berufen, was ich dankend vermerke. In den Kreisen meiner direkten Fachgenossen und bei den Fachfirmen fand meine Absicht zur Abfassung dieses geschichtlichen Buches sehr freundliches Interesse, und es sind mir von den verschiedensten Seiten — auch aus dem Auslande — wertvolle Zuwendungen von Material zugegangen. Allen denen, die in dieser Weise meine Arbeit gefördert haben, sei hiermit herzlich gedankt.

Einen besonderen Dank endlich muß ich Herrn Kommerzienrat Haeffner dafür aussprechen, daß er die zeichnerische und photographische Bearbeitung der für das Buch notwendigen Abbildungen in den Büros der Firma V. & H. gestattete, eine Hilfe, ohne die die Fertigstellung des Buches wohl ziemlich in Frage gestellt worden wäre. Daneben gilt mein Dank auch den einzelnen Herren, die mit diesen Arbeiten betraut waren und die sich derselben mit vielem Interesse und großer Hingabe unterzogen haben.

Was die Richtigkeit der in diesem Buche gemachten geschichtlichen Angaben anbelangt, so habe ich mich dabei an Patentdaten, in einigen Fällen an Daten auf Zeichnungen und sonst an die Zeit der Veröffentlichung des Gegenstandes gehalten. Das letztere schließt natürlich nicht aus, daß die Gegenstände schon länger im Gebrauch waren, so daß es möglich ist, daß die gemachten Angaben hier und da Ungenauigkeiten enthalten. Etwaige Berichtigungen sind mir sehr willkommen, sie werden bei einer etwaigen späteren Auflage gewissenhafte Verwendung finden.

Für einige der alten Abbildungen, die ich den verschiedensten Quellen entnommen habe, bitte ich um etwas Nachsicht insofern als sich darin Buchstabenbezeichnungen finden, die in meinem Text nicht benutzt sind. Die gelegentlich englische Beschriftung auf den Bildern habe ich bestehen lassen und nur an wenigen Stellen, wo es besonders wünschenswert schien, Übersetzungen beigefügt; ich hoffe, daß der Buchtext in jedem Falle die notwendige Erklärung bietet. Die am meisten vorkommenden Firmen wurden durch Buchstaben abgekürzt. Es bezeichnen:

AEG   Allgemeine Elektricitäts-Gesellschaft, Berlin;
BBC   Brown, Boveri & Co. A.-G., Baden und Mannheim;
S. & H.   Siemens & Halske A.-G., Berlin (bis 1903);
SSW   Siemens-Schuckert Werke A.-G., Berlin;
V. & H.   Voigt & Haeffner A.-G., Frankfurt a. Main:
Gen.El.   General Electric Company, Schenectady;
Westgh.   Westinghouse Electric and Manufacturing Company, Pittsburgh.

Möge meine Arbeit den älteren Fachgenossen ein Buch der Erinnerung, den jüngeren ein Buch der Anregung und Belehrung sein.

Frankfurt a. Main, im August 1928.

Max Vogelsang.

Inhaltsverzeichnis.

Inhaltsverzeichnis.   VII

I.
Die Quecksilberschalter.

Die Entwicklung der Hochspannungstechnik leitet sich her von der Erfindung der elektrischen Stromverteilung durch parallel geschaltete Transformatoren[1], ein System, das in der Zeit von 1883—1885 von den Ingenieuren Déri, Blathy und Zipernowski bei der Firma Ganz & Co. in Budapest durchgebildet wurde. Als erste große Zentrale wurde hiernach von Ganz & Co. im Jahre 1886 das Elektrizitätswerk Rom für die damals außerordentliche Leistung von 1500 kW bei 2000 Volt erbaut.

In England nahm, unabhängig von der Firma Ganz & Co., de Ferranti 1886 diese Richtung mit dem Bau der Großvenor-Zentrale in London (Leistung 800 kW) auf, und um dieselbe Zeit wurde auch in Amerika das System der Parallelschaltung von Transformatoren — an Stelle der bisher verwendeten Reihenschaltung nach dem älteren System von Gaulard & Gibbs — von der Westgh. eingeführt und alsbald mit gutem Erfolg für Verteilungsanlagen mit 1000 und 2000 Volt normalisiert.

Zuerst hat man sich überall in den Hochspannungszentralen zur Vornahme der notwendigen Schaltungen mit einfachen Hebelschaltern beholfen, ähnlich denen, die man bisher für Niederspannung benutzt hatte. Mit solchen Schaltern war auch die erste Teilanlage der Zentrale in Rom ausgerüstet — zwei Maschinen von je 150 PS —, die von der Firma Ganz & Co. im Jahre 1886 in Betrieb gesetzt wurde. Aber Herr Blathy von der Firma Ganz & Co. empfand richtig das Unzulängliche dieser Apparate, und als man im Jahre 1887 zwei weitere Maschinen von je 600 PS in Betrieb setzte, brachte er zugleich eine sinnreiche Schaltmaschine zur Aufstellung, die inzwischen nach seinen Entwürfen gebaut worden war und womit alle erforderlichen Schaltungen in der Zentrale ausgeführt werden sollten. Um den eigentlichen Zweck der Maschine zu verstehen, müssen wir uns ein wenig an den damaligen Stand der Technik erinnern. Wie Wechselstrommaschinen parallel zu schalten seien, das war zwar bekannt, aber die Ausführung dieses für den Zentralenbetrieb so notwendigen Schaltvorganges wurde erschwert durch die Unzulänglichkeit der damaligen Geschwindig-

---

[1] Schüler, L.: Die Geschichte des Transformators. ETZ 1917, S. 185.

keitsregler der Antriebsmaschinen. Es war ein wenig Glückssache,
ob man mit zwei Maschinen gut parallel arbeiten konnte. Da die Regulatoren bei Leerlauf besonders unzuverlässig waren, so hielt man es
für notwendig, eine zuzuschaltende Maschine zunächst auf einen Belastungswiderstand arbeiten zu lassen, so daß sich die normale Touren-
zahl einstellen konnte. In diesem Zustand wurde synchronisiert, und
dann wurde die Maschine von dem Belastungswiderstand auf das Netz
umgeschaltet.

In Rom waren also 1887 vier Maschinensätze vorhanden, zwei
weitere waren für den kommenden Ausbau vorgesehen. Das Netz

Abb. 1. Schaltmaschine von Blathy in der Zentrale Ai Cerchi, Rom. 1887.

zerfiel in drei Stränge, die den Strom mit 2000 Volt verteilten. Da
man nun, wie gesagt, vorher nicht sicher wissen konnte, ob die Parallelschaltung der Maschinen durchführbar sei, so hatte Blathy seine
Schaltmaschine so gebaut, daß jede der sechs Maschinen auf jeden
der drei Netzstränge geschaltet werden konnte. Das ergab zunächst
18 Schalter. Und da außerdem jede Maschine vor der Parallelschaltung
auf den Belastungswiderstand geschaltet werden mußte, so waren
hierzu weitere 6 Schalter nötig, im ganzen also 24 Schalter, die von
der Schaltmaschine in beliebiger Kombination geschaltet werden sollten.
Die Schaltung des Apparats, die aus Abb. 1 und 2 ziemlich deutlich
zu erkennen ist, war demnach die eines doppelpoligen Vielfachum-
schalters. Auf der Vorder- und auf der Rückseite eines Gestelles ver-
liefen übereinander über die ganze Länge je sechs Schienen und jede

der sechs Maschinen war an eine vorderseitige und eine rückseitige Schiene angeschlossen. Darunter, etwas nach vorne gerückt, waren auf jeder Seite des Gestells vier Teilschienen in einer Reihe nebeneinander angebracht, drei für die abgehenden Leitungsstränge und eine für die Verbindung zum Belastungswiderstand. In die nach oben abgehenden Anschlüsse der vier Teilschienen waren direkt zeigende Strommesser eingeschaltet — Stromwandler gab es noch nicht —, für die Spannungsmessung waren vier kleine Transformatoren oben auf dem Gestell aufgestellt und vier Voltmeter vorgesehen.

Die Schalter waren zweipolige Quecksilberschalter für 250 Amp. bei 2000 Volt. Jeder Schalter hatte für jeden Pol einen isolierten Quecksilbertopf, in den im eingeschalteten Zustande von oben zwei 20 mm starke Kupferstifte hineinragten, von denen immer der äußere an eine der erwähnten vier Teilschienen, der nach innen gelegene aber an eine der sechs übereinander liegenden Maschinenschienen befestigt war. Die zwei Quecksilbertöpfe eines Schalters standen auf einem Teller, mit dem sie durch die Schaltmaschine gehoben oder gesenkt werden konnten, jeder Schalter hatte also vier Unterbrechungsstellen. Auf der Rückseite des Gestells für die 24 Schalter lief eine Steuerwelle, die von jedem Ende bedient werden konnte; sie wurde durch einen Handhebel um 90° zwischen zwei Endlagen bewegt, und zwar gleichgültig in welcher Richtung. Jeder Schalter hatte eine Kupplung, durch die er nach Belieben mit der Steuerwelle gekuppelt werden konnte. Entsprechend den einzelnen Schaltern wurden nämlich von

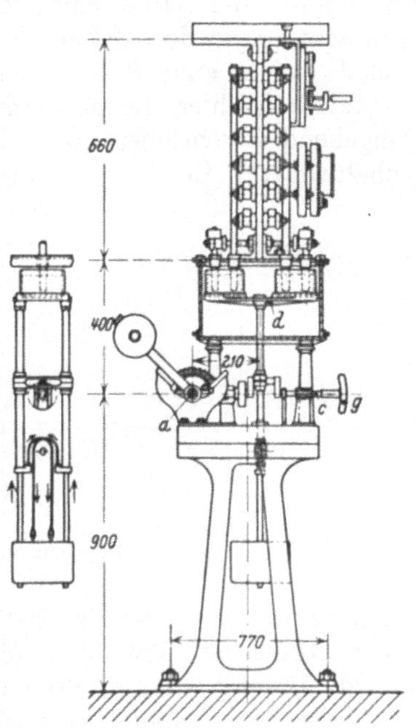

Abb. 2. Seitenansicht der Schaltmaschine, links Skizze der Ausbalancierung der Quecksilbergefäße.

der Steuerwelle 24 konische Räderpaare bewegt mit solcher Übersetzung, daß die den Schaltern zugeordneten kleineren Räder bei der Vierteldrehung der Steuerwelle eine halbe Umdrehung machten. Wenn nun ein Schalter mit seinem Antriebsrad gekuppelt war, dann wurde der Teller mit den zwei Quecksilbertöpfen — der übrigens durch ein Gewicht ausbalanciert war — durch eine halbe Kurbelbewegung entweder gehoben oder gesenkt, d. h. er wurde allemal in die andere Stellung gebracht, als er vor der Bewegung innegehabt hatte. Man konnte also mit der Schaltmaschine durch eine Bewegung der Steuerwelle an beliebig vielen Schaltern — deren Kupplungen eingerückt waren — eine Schaltungsänderung vornehmen.

1*

Aus Abb. 3 ist die Art der Kupplung zu ersehen. *a* ist die Hauptsteuerwelle, *b* das mitlaufende konische Rad für den einzelnen Schalter. Die Schalterwelle *c*, durch die mittels der Kurbel *k* der Teller *d* mit den beiden Quecksilbertöpfen in eine Schlitzführung gehoben oder gesenkt wurde, konnte durch den Handgriff *g* 30 mm vorgezogen (entkuppelt) oder zurückgestoßen (gekuppelt) werden. War eine Schalterwelle vorgezogen, dann lief beim Umlegen des Steuerhebels der Maschine das betreffende konische Rad leer mit und der Schalter blieb in Ruhe; war sie zurückgestoßen, dann setzte sich die Kurbel *k* zwischen die Backen der Kupplung *p*, der Schalter wurde mitgenommen und durch die halbe Kurbelbewegung in die entgegengesetzte Lage gebracht, ohne daß dabei die Drehrichtung der Steuerwelle und der Schalterwelle eine Rolle spielte.

Ich habe hier die Mechanik der Schaltmaschine von Blathy so eingehend beschrieben, weil dieser erste eigentliche Hochspannungsschaltapparat in der sinnreichen Verwendung des halben Kurbel-

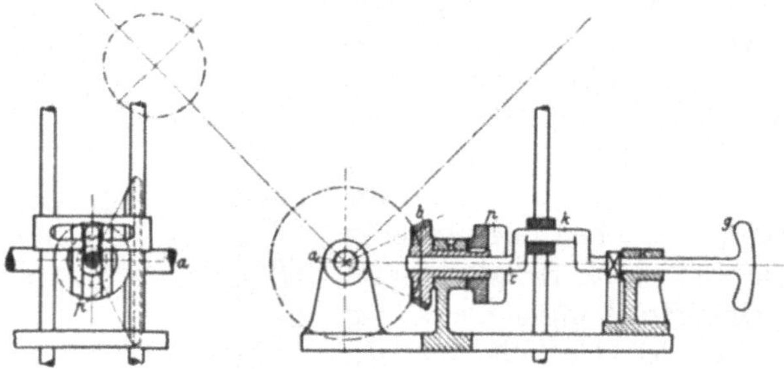

Abb. 3. Kupplung eines Schalters der Schaltmaschine.

antriebs zum Schalten bei beliebiger Drehrichtung und zum Erzielen einer stoßfreien Bewegung für die Quecksilbertöpfe eine geradezu geniale Lösung der gestellten Konstruktionsaufgabe darstellt.

Nicht ganz unberechtigt ist die Frage, wie wohl Blathy zu der uns heute etwas seltsam anmutenden Verwendung der Quecksilberschalter gekommen sei. Zunächst mag daran erinnert werden, daß damals in allen physikalischen und elektrotechnischen Laboratorien ganz allgemein mit Quecksilberschaltern und -umschaltern gearbeitet wurde. Die Anregung war also gegeben. Außerdem wurde durch das Quecksilber die Schwierigkeit des guten Kontaks für die Schalter ohne weiteres gelöst, und zwar, was in diesem Fall sehr wichtig war, ohne Kraftbedarf für das Schalten. Es wäre auch sonst bei Anwendung von Federkontakten nicht möglich gewesen, eine größere Zahl der zweipoligen Schalter zu je vier Kontakten mit einem Handgriff gleichzeitig zu bewegen. Im Anfang hatte man etwas Schwierigkeit wegen des Quecksilberdunstes beim Schalten. Das wurde wesentlich verbessert dadurch, daß das Quecksilber mit einer Schicht Glyzerin oder Petroleum bedeckt wurde.

Betriebstechnisch hatte die Einrichtung der Schaltmaschine unleugbare Vorzüge, denn vor jeder Schaltung mußten die richtigen

Kupplungen eingerückt werden, und man konnte dann ihre Stellung nochmals kontrollieren, bevor durch die Bewegung der Steuerwelle die Schaltung vollzogen wurde. Nach der Inbetriebnahme der Schaltmaschine zeigte es sich, daß die Parallelschaltung der Maschinen ohne Schwierigkeit ausgeführt werden konnte. Die Einrichtung arbeitete lange Zeit zur vollsten Zufriedenheit und wurde erst über 20 Jahre später durch Ölschalter ersetzt.

In Deutschland war die Firma Helios, Köln-Ehrenfeld, Lizenzträgerin der Ganzschen Patente. Sie errichtete zunächst im Jahre 1889 eine Wechselstromzentrale in Amsterdam und brachte dann als erste Wechselstromzentrale in Deutschland im Jahre 1891 das Elektrizitätswerk Köln[1] zur Ausführung. Dieses Werk hatte bei Beginn des Betriebs zwei Maschinensätze von je 450 kW bei 2000 Volt, wozu aber bald ein dritter gleicher Satz hinzukam, so daß die ganze Leistung 1350 kW betrug. In der Schaltanlage des Elektrizitätswerks Köln waren zwar viele Einzelheiten von den Ganzschen Konstruktionen übernommen, der allgemeine Aufbau zeigte aber doch sehr wesentliche Neuerungen und läßt erkennen, wie weitsichtig der Direktor der Firma Helios, Coerper, die Aufgabe des Baues von Hochspannungsschaltanlagen bereits damals erfaßt hatte. Von der Aufstellung einer einheitlichen Schaltmaschine wurde abgesehen, aber in richtiger Einschätzung der Gefahr der Hochspannung trennte Coerper den Schalterraum völlig von dem Bedienungsraum, indem er die sämtlichen Hochspannungs- und Regulierapparate in einem abgesonderten Raume unterbrachte und die Bedienung der durch Stangenantriebe gesteuerten Apparate auf eine erhöhte Schaltbühne im Maschinenraum verlegte. Hier wurde für jede Wechselstrommaschine ein stellwerkartiges Schaltwerk mit einer zugehörigen Instrumentensäule aufgestellt. Mit diesen Schaltsätzen für die Maschinen und den hierdurch gesteuerten Regulatoren und Hochspannungsschaltern (mit Sicherungen) war die Schaltanlage in der Zentrale erledigt. Die Verteilung geschah durch drei Speisekabel, die direkt an die Sammelschienen angeschlossen waren. Verteilungsschalter gab es nicht im Werk. In der Stadt waren, teils in öffentlichen Gebäuden, teils in kleinen Häuschen — ähnlich Litfaßsäulen — 12 Schaltstellen errichtet, in denen die Hochspannungsschalter (mit Sicherungen) für die dort abgehenden Hochspannungskabel untergebracht waren. Alle Konsumenten waren direkt an das Hochspannungsnetz angeschlossen, ein Niederspannungsnetz war nicht vorhanden. Jeder Abnehmer hatte also seinen eigenen kleinen Transformator (von 1,25—25 kW), der gleich am Gestell hochspannungsseitig zweipolig gesichert war; es lagen also diese Transformatorensicherungen, die Sicherungen an den Schaltern der Schalthäuschen und die Sicherungen an den Maschinenschaltern hintereinander. Wenn sich auch dieses System der Einzeltransformatoren später bei größerer Vermehrung der Verbrauchsstellen nicht mehr aufrechterhalten ließ,

---

[1] Uppenborn, F.: Das E.W. der Stadt Köln. ETZ 1892, S. 351.

so bot es doch in der ersten Zeit eine große Erleichterung für den Betrieb, denn durch die starke Staffelung der Sicherungen wurden Kurzschlüsse meist sicher abgeschaltet, so daß größere Betriebsstörungen selten waren.

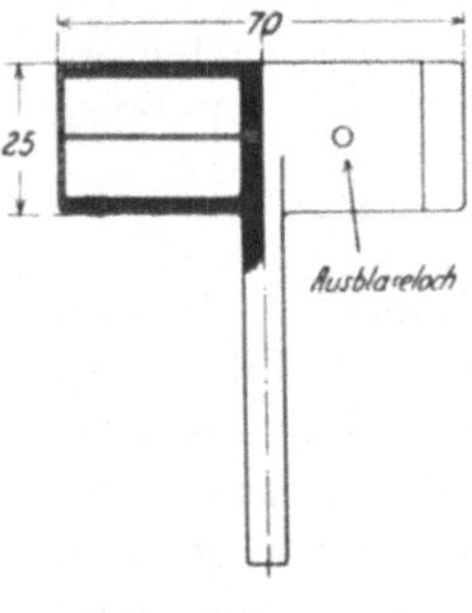

Abb. 4. Kammersicherung von Blathy. 1890.

Die in Köln an den vielen Einzeltransformatoren verwendeten 2000-Volt-Sicherungen waren Kammersicherungen von Blathy[1], wie man sie auch bereits in Rom verwendet hatte. Die Patrone Abb. 4 bestand aus einem Hartgummirohr von etwa 70 mm Länge bei 25 mm Durchmesser, das beiderseitig mit Metallkappen verschlossen war, die den Kontakt vermittelten und zwischen denen der Schmelzdraht ausgespannt war. Die Besonderheit der Patrone war eine Scheidewand in der Mitte des Rohrs, die von dem Schmelzdraht durchsetzt wurde, so daß zwei Schmelzkammern entstanden, die in der Zylinderwand mit je einem Ausblaseloch versehen waren. Die Patrone hatte einen quer abstehenden Ansatz, an dem sie mit einer Zange in zweckmäßig ausgebildete federnde Kontakte eingesetzt werden konnte. Diese Sicherungen haben sich bei den damaligen kleinen Leistungen sehr gut bewährt, in Köln waren sie etwa zehn Jahre in Anwendung.

Abb. 5. Quecksilberschalter in den Schalthäuschen. Köln 1891.

Die Hochspannungsschalter waren auch Quecksilberschalter von Blathy, aber sie waren doch schon erheblich verbessert gegenüber den bei der Schaltmaschine in Rom verwendeten Apparaten. Die Konstruktion läßt sich leicht übersehen in der einfachen Ausführung der Apparate für direkten Handantrieb, wie sie in den Kölner Schalthäuschen verwendet waren (Abb. 5). Der vertikale Gußfuß des Apparats trug unten eine kräftige horizontale Hartgummiplatte, in die mit unteren Anschlußschrauben vier röhrenförmige Kupfertöpfe eingelassen waren. Die Töpfe waren mit Hartgummirohr ausgebuchst und etwa zur Hälfte mit Quecksilber gefüllt, über das eine dünne Schicht Öl oder Petroleum gegossen war. In die vier Töpfe tauchten von oben herab vier stiftförmige Kontakte aus Stahl, die ihrerseits auch wieder in einer kräftigen Hartgummiplatte befestigt waren, die durch eine Zahnstange und ein Ritzel gehoben und gesenkt werden konnte. Oberhalb der Platte waren die vier Kontaktbolzen paarweise durch Schmelzsicherungen verbunden, so daß also der Apparat einen zweipoligen Schalter mit Sicherungen mit vier Unterbrechungsstellen darstellte. Wie man aus der Abbildung erkennt, war die Leitungsführung des Schalters recht günstig, und

---

[1] Blathy, O. T., Budapest: D.R.P. Nr. 54 249 vom 12. April 1890.

der Ersatz der Patronen konnte bei ausgeschaltetem Schalter gefahrlos vorgenommen werden. Bei der Ausschaltung hatte der Apparat
zumeist keine erheblichen Ströme zu unterbrechen, ein Abschalten
unter Kurzschluß kam schon deshalb nicht in Frage, weil das ja schon
die Sicherung besorgt hätte. Aus der Abb. 5 ist an den unteren Anschlüssen auch ersichtlich, daß damals in Köln bereits das konzentrische Klemmensystem in Anwendung war. In der Tat waren in der
ganzen Kölner Schaltanlage, in der nur Kabel und Rundkupfer verlegt
waren, alle Verbindungen nach diesem System ausgeführt. Nachher
ist merkwürdigerweise das konzentrische Klemmensystem durch
die allgemeine Einführung der Flachkupferinstallation bei Schalt-

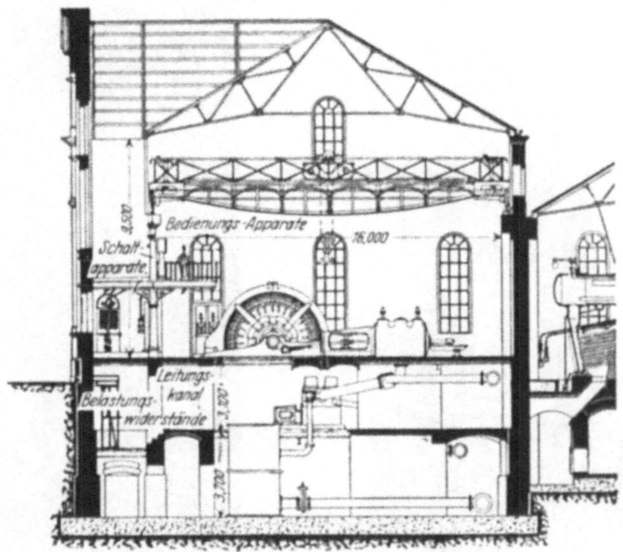

Abb. 6. Anordnung der Schaltanlage in der Zentrale Köln. 1901.

anlagen in Vergessenheit geraten. Erst als sich bei der Einführung
sehr hoher Spannungen eine Rückkehr zu Rundkupfer oder Rohr
als nötig erwies, wurde das konzentrische Klemmensystem etwa um
das Jahr 1910 sozusagen wieder neu erfunden.

Wie bereits erwähnt, geschah die Bedienung der Hochspannungsschalter in der Kölner Zentrale von einer Tribüne im Maschinenhause
aus. Abb. 6 gibt die allgemeine Anordnung wieder, während Abb. 7a
das für jede Maschineneinheit verwendete Schaltwerk zeigt. Mit dem
Schalthebel d wurde der Schalter für die Erregermaschine bedient;
mit dem Regulierhebel c wurde der Nebenschlußwiderstand der Erregermaschine, mit b der Hauptstromregulierwiderstand für die Erregung
der Wechselstrommaschine geregelt. Mit dem Schalthebel a wurde
der Maschinenschalter bedient, während durch das Handrad e der
damals übliche Belastungswiderstand der Maschine eingestellt werden
konnte. Bei dem Maschinenschalter Abb. 7b waren drei Quecksilberschalter der früher beschriebenen Art durch eine gemeinsame Antriebs-

welle miteinander verbunden, so daß nacheinander zunächst die Schaltung: Maschine—Belastungswiderstand und dann durch Weiter-
bewegen des Schalthebels a im richtigen Moment der Parallelschaltung
die Schaltung: Maschine—Netz hergestellt wurde. Durch eine geeignete Verriegelung in dem Schaltwerk war Vorsorge getroffen, daß
die verschiedenen Schaltungen nacheinander nur in der richtigen
Reihenfolge vorgenommen werden konnten.

Die zu jedem Schaltwerk gehörige Instrumentensäule war etwas
plump ausgeführt. Das war deshalb nötig, weil der darin untergebrachte
Strommesser noch Hochspannung führte, denn Stromwandler gab es

Abb. 7 a.   Schaltwerk für einen
Maschinensatz. Zentrale Köln 1901.

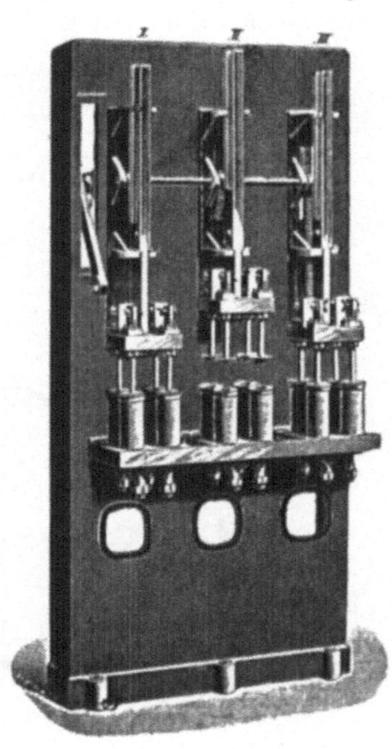

Abb. 7 b.   Schalter für einen
Maschinensatz. Zentrale Köln 1901.

noch nicht. Außer dem Strommesser enthielt die Säule noch die In-
strumente für die Erregermaschine und einen Stecker für das Voltmeter. Die Wechselstromvoltmeter, eins für das Netz, das andere
für die zuzuschaltende Maschine, waren an der Wand des Schaltraums
besonders angebracht.

Als sehr bemerkenswert wurde damals an der Schaltanlage des
Elektrizitätswerks Köln die große Einfachheit angesehen — im Gegensatz zu der Apparatenanhäufung in den Schaltanlagen der üblichen
großen Gleichstromzentralen —, und in dem damals tobenden Kampf,
hie Gleichstrom, hie Wechselstrom, ist dieser Umstand oft hervor-
gehoben worden. Im übrigen muß leider gesagt werden, daß Coerper
mit der in Köln erbauten Schaltanlage zunächst wenigstens in Deutschland keine Schule gemacht hat. Man hielt die Einrichtung für über-

trieben sicher und für schwerfällig und schloß sich bei der Ausführung der Hochspannungsschaltanlagen weiterhin wieder mehr an die in den Gleichstromanlagen gegebenen Vorbilder an.

Was die Quecksilberschalter anbelangt, so hat die Firma Ganz & Co. derartige Apparate zuletzt 1892 in der Anlage der elektrischen Übertragung Tivoli—Rom in Anwendung gebracht. Diese Schalter waren für 10000 Volt 200 Amp. Drehstrom bestimmt und hatten in jeder Phase 12, im ganzen also 36 Unterbrechungsstellen, sie sind dort viele Jahre in Anwendung gewesen. Aber man kann sich denken, daß solche Apparate — bei denen eine gewisse Zuverlässigkeit in der Abschaltung ja doch im wesentlichen nur durch die vielen Unterbrechungsstellen erreicht wurde, und die außerdem durch die Anwendung des Quecksilbers manche Unzuträglichkeiten boten — denn doch zu teuer und zu schwerfällig waren, als daß sie sich allgemein hätten einführen können. Auch die Firma Helios hat aus diesen Gründen die Anwendung der Quecksilberschalter nach wenigen Jahren wieder aufgegeben.

II.

Verschiedenartige Hebelschalter.
Röhrensicherungen.

Die Elektrotechnische Ausstellung in Frankfurt a. M. im Jahre 1891, die sonst einen Markstein in der Geschichte der Elektrotechnik bildet, brachte verhältnismäßig wenig Neues auf dem Gebiete des Schalterbaues. Helios hatte seine Apparate ausgestellt, aber was sonst an Schaltapparaten zu sehen war, das waren fast ausschließlich Gleichstromapparate. Für die berühmte Drehstromkraftübertragung von Lauffen nach Frankfurt a. M. wurden keine Hochspannungsapparate gebraucht, da sowohl der Generator in Lauffen wie der Motor in Frankfurt a. M. mit Niederspannung betrieben und alle Schaltungen auf der Niederspannungsseite der Transformatoren ausgeführt wurden. Dieses System, die Hochspannung ausschließlich als Transportspannung zu verwenden, hatte zunächst seinen Grund in der Scheu die Maschinen gleich für die hohe Spannung zu bauen. Aber die Idee ist nicht nur damals im Anfang der 90er Jahre, sondern später noch wiederholt aufgetaucht, nämlich immer dann, wenn es schien, als sei der Apparatebau gewissermaßen hinter dem Transformatoren- und Leitungsbau zurückgeblieben. Die gleiche Idee wurde nämlich wieder erörtert, als man Übertragungen mit 50000—60000 Volt vorhatte, dann wieder, als die ersten 110000-Volt-Übertragungen gemacht wurden, und zuletzt noch, als die ersten Übertragungen mit 220000 Volt projektiert wurden. Im Großbetrieb hat sich dieses System der Vermeidung der Hochspannungsapparate immer als unzulänglich erwiesen, und übrigens ist der Apparatebau auch noch stets dem Bedarf rechtzeitig gefolgt.

Man sollte meinen, daß sich in den Jahren nach der Frankfurter Ausstellung nun in Deutschland ein großer Ansturm zur Einführung des

Drehstroms erhoben hätte. Dem war aber nicht so. Für die großen
Städte schien zunächst Gleichstrom mit Akkumulatorenbetrieb immer
noch die günstigste Lösung des Verteilungsproblems zu sein. Am
heftigsten tobte der Kampf um das System in Frankfurt a. M., und
hier, wo doch gewissermaßen die Wiege des Drehstroms gestanden
hatte, fiel die Entscheidung schließlich zugunsten des Einphasen-
wechselstroms. Die Ausführung der Zentrale mit einer Spannung
von 3 kV wurde der Firma BBC. im Herbst 1893 übertragen, — allerdings gegenüber der Ausführung der Zentrale Köln mit dem wesent-

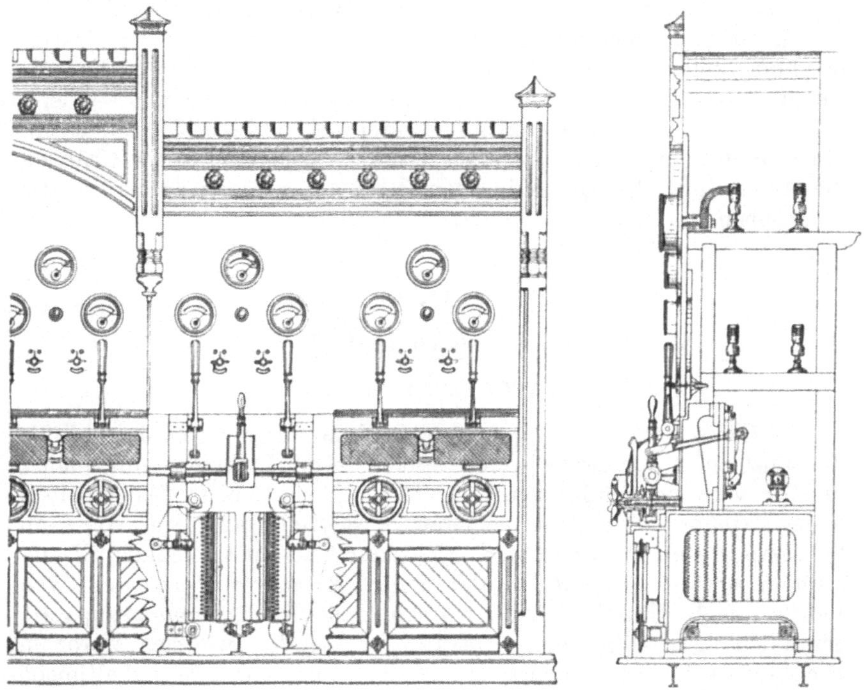

Abb. 8. Schalttafel der Zentrale Frankfurt a. M. 1894.

lichen Unterschied, daß man in Frankfurt a. M. ein zusammenhängendes
Sekundärnetz vorsah, das von unterirdischen Transformatorenstationen
an zahlreichen Stellen gespeist wurde. Diese Einrichtung erwies sich
zwar im allgemeinen dem älteren Ganzschen System der Einzeltransformatoren gegenüber als überlegen, bot aber, namentlich im Anfang,
für die Betriebsführung dadurch manche Schwierigkeiten, daß ein
schwerer Kurzschluß auf der Sekundärseite meist weitreichende Stö-
rungen hervorrief und nicht, wie in Köln, ohne weiteres durch die
Sicherung des Haustransformators abgeschaltet wurde. Hinzu kam,
daß die Leistung in Frankfurt a. M. von vornherein größer war (1566 kW).
In der von der Firma V. & H. ausgeführten Schaltanlage waren für die
Maschinen Hochspannungsschalter verwendet, die insofern eine wesentliche Neuerung darstellten, als es einfache auf Marmor montierte Hebel-

schalter waren, die hinter der Tafel angebracht und von der Vorderseite der Tafel aus durch einen Handhebel bedient wurden (Abb. 8). Aber die Schalter waren verhältnismäßig klein, die Schaltwege also gering, außerdem hatte man in ungünstiger Weise die Sammelschienen über den Schaltern angeordnet. Von den Maschinensammelschienen führte die Leitung zu einem weiteren Ringsammelschienensystem, das durch herausnehmbare Trennstücke unterteilt werden konnte und von dem eine größere Anzahl Verteilungsleitungen über ausschaltbare Hochspannungssicherungen abzweigten, die in pultartigen Gestellen untergebracht waren. Für jede abgehende Leitung befanden sich auf dem Boden des Pultes zwei Messerkontakte, an die die Anschlüsse von unten mittels Kabel herangeführt waren. In diese Kontakte wurde von oben die eigentliche Sicherung eingesetzt, ein länglicher Porzellantrog mit Schmirgelfüllung, in dem der Schmelzdraht ausgespannt war. — Der Betrieb der Schaltanlage gestaltete sich ziemlich unerfreulich. Die Schalter waren zum Abschalten unter Last nicht zu gebrauchen, auch abgesehen von ihrer fatalen Anordnung unterhalb der Sammelschienen, und bei starken Kurzschlüssen erwiesen sich auch die Sicherungen nicht immer als zuverlässig. Einmal, in den ersten Jahren, schlugen bei einem schweren Kurzschluß die herabhängenden Kabelzuführungen in dem Sicherungspult aneinander, und da die beiden Pole immer einer hübsch neben dem anderen saßen, so gab es einen weiteren Kurzschluß im Pult, wobei das ganze hölzerne Gestell abbrannte. Man verbesserte natürlich die Einrichtung nach und nach, die Kabelverbindungen wurden beseitigt, das Holz durch Marmor, die Trogsicherungen durch Röhrensicherungen ersetzt, aber die Schaltanlage blieb doch das kranke Kind im Hause. An Schaltern folgten nacheinander Hebelschalter verschiedener Modelle, schließlich Röhrenschalter (s. S. 48), die endgültige Heilung vom Übel brachte aber doch erst der Umbau der Schaltanlage mit automatischen Ölschaltern 1905 bis 1907 (s. S. 114).

Im allgemeinen Aufbau der Hochspannungsschaltanlagen vollzogen sich im Laufe der 90er Jahre sehr wesentliche Änderungen. In der ersten Zeit hatte man von Porzellan als Baustoff wenig Gebrauch gemacht. In Köln waren zwar, wie bereits erwähnt, für die Transformatorensicherungen Porzellansockel verwendet, und in der Zentrale selbst hatte man, ebenso wie bereits in Rom, die Kabel und Rundkupferleitungen an kräftigen Porzellanrollen befestigt, aber z. B. an den Quecksilberschaltern war kein Porzellan zu sehen. Damals war Hartgummi als Isolationsmaterial für Hochspannungsapparate Trumpf. Später, nachdem man die Tücken dieses Materials genügend erprobt hatte, wurde viel Marmor verwendet, bis 3000 Volt bei guter Auswahl mit durchweg gutem Erfolg. Als aber Apparate für 5000 und 10000 Volt gebaut werden sollten, mußte man trotz der schwierigeren Technik schließlich zu Porzellan greifen. Zuerst wurden geeignete Glocken aus der Telephon- und Telegraphentechnik als Träger von Apparateteilen verwendet und dann allmählich die einfachen symmetrischen Rillenisolatoren eingeführt, die mit beiderseitigen Dübellöchern zum Einkitten versehen waren; sie beanspruchten wenig Platz und reichten für Innenräume vollständig aus. Als Kitt ist sehr bald der Bleiglätte-Glyzerin-Kitt ziemlich allgemein verwendet worden. Die Einführung des Porzellans im Hochspannungsapparatebau begann etwa 1895, BBC., AEG. und S. & H. sind darin vorangegangen, insbesondere hat sich wohl C. E. L. Brown bei BBC. der Anwendung des Porzellans sowie der modernen Ausgestaltung der Schaltanlagen nachdrücklich angenommen. Von größter Wichtigkeit war hierbei einmal die blanke Verlegung der Leitungen auf Porzellanstützer in gehörigem Abstande da, wo man früher meist Kabel verwendet hatte, ferner die Einführung der Trennschalter und endlich — im Zusammenhang mit den beiden vorgenannten Punkten — die Feldertrennung, d. h. die Gepflogenheit, jedem ankommenden oder abgehenden Leitungsstrang ein besonderes Schalttafelfeld zuzuweisen, wobei alle Hochspannung führenden Teile grundsätzlich hinter der Tafel angebracht wurden. — Für die abgehenden Leitungen war die Anwendung besonderer Hochspannungsschalter damals nicht üblich, und da die selbsttätige Auslösung noch nicht in Anwendung war, so waren solche Schalter auch nicht direkt notwendig. Zur Abtrennung der Ableitungen dienten vielmehr meistens herausnehmbare Röhrensicherungen, die auch später noch häufig bei den abgehenden Strängen die Stelle der Trennschalter vertraten. Zur Unterteilung der Sammelschienen bei dem damals oft angewendeten Ringsystem und zur Abtrennung der Maschinenanschlüsse von den Sammelschienen hat man zuerst herausnehmbare oder auch nur abschraubbare Trennstücke verwendet. Die Einführung der Trennschalter für die Zweige stellt demgegenüber einen außerordentlichen Fortschritt in der Hochspannungsschalttechnik dar, dessen Bedeutung heute leicht unterschätzt wird.

Es ist ziemlich schwierig, die Entwicklung der Hochspannungsapparate und der Schaltanlagen in Deutschland gerade in den 90er Jahren zu verfolgen. Bei den Firmen wurde hiermit viel Geheimniskrämerei getrieben, das ganze Gebiet galt damals den meisten Fachgenossen als ein notwendiges, übrigens uninteressantes Übel, und gute Veröffentlichungen aus dieser Zeit fehlen fast gänzlich. Vielfach war man noch in alten, von Gleichstromanlagen übernommenen Vorurteilen befangen. Persönlich erinnere ich mich, zuerst im Jahre 1899 eine von BBC. errichtete Hochspannungsschaltanlage gesehen zu haben, in der alle Leitungen blank mit reichlichen Abständen auf Porzellanstützer verlegt und Trennschalter richtig verwendet waren. Die Sache leuchtete mir gleich sehr ein, es war mir aber auch klar, daß ich meine bisherigen Ansichten über die Ausführung und den Raumbedarf von Schaltanlagen vollständig umstellen müsse. Man kann annehmen, daß die Anwendung der Trennschalter um 1897 begonnen hat, aber es hat bis über die Jahrhundertwende gedauert, ehe die Hochspannungsmontage auf Porzellanstützer, die folgerichtige Feldertrennung und die richtige Verwendung von Trennschaltern in Deutschland allgemein eingeführt waren.

Die Konstruktion der bereits mehrfach erwähnten offenen Röhrensicherungen ist wohl auf C. E. L. Brown zurückzuführen, sie dürfte etwa 1895 entstanden sein. Die Patrone Abb. 9 war ein mit Schutzwülsten versehenes Porzellanrohr, an dem beiderseitig Kontakte angeschellt waren. Das Rohr war durchgehend offen und nur mit einem Asbestrohr ausgekleidet; darin war der Schmelzdraht frei ausgespannt, beim Abschmelzen pufftte das Rohr nach beiden Seiten aus. Anfangs hatte man die Befestigungsteile für den Schmelzdraht über die Rohröffnungen herüberragen lassen, später merkte man, daß es besser sei, die Schmelzdrahtenden außen über den Rand des Rohrs frei herunter zu biegen. Auch die Führung der Anschlußleitungen ist für die gute Wirkung dieser Apparate von Bedeutung,

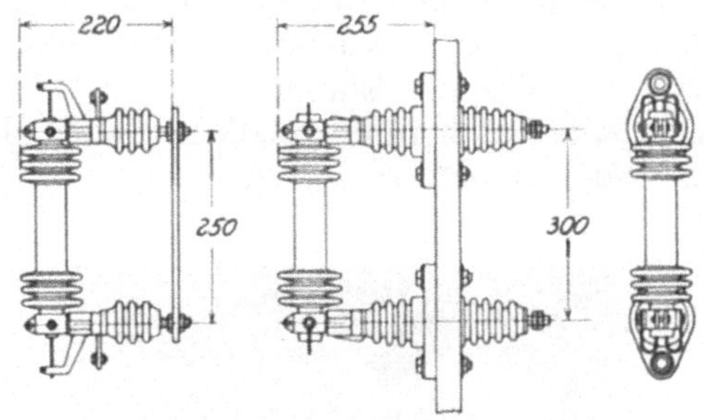

Abb. 9. Röhrensicherung von Brown, BBC. etwa 1895.

eine Sicherung mit rückwärts gezogenen Anschlüssen wirkt bei einem schweren Kurzschluß wesentlich besser, als wenn die Patrone einfach im Zuge der Leitung liegt. Als Schmelzmaterial wurde Aluminium, Kupfer oder auch Zink, Blei oder Zinndraht verwendet. Diese von BBC. eingeführte einfachste Form der Röhrenpatrone ist später von Schuckert, V. & H. und anderen Firmen ziemlich unverändert übernommen worden, während S. & H. Glasrohre bevorzugten. Für größere Stromstärken wurden mehrere Schmelzdrähte, meist aus Zinn, Blei oder Zinkdraht, parallel geschaltet, und zwar in der Weise, daß jeder einzelne Draht zunächst in ein etwa 1 cm starkes Papier- oder Fiberrohr mit Asbesteinlage eingezogen wurde. Das Rohrbündel wurde nun in das Glas- oder Porzellanrohr hineingeschoben, das hierzu natürlich eine ziemlich weite Seele haben mußte (s. Abb. 10). Um an Erwärmung zu sparen, wurden die Schmelzdrähte in den Papprohren wohl auch nur 3—6 cm lang gemacht und beiderseits mit Anschlußenden aus

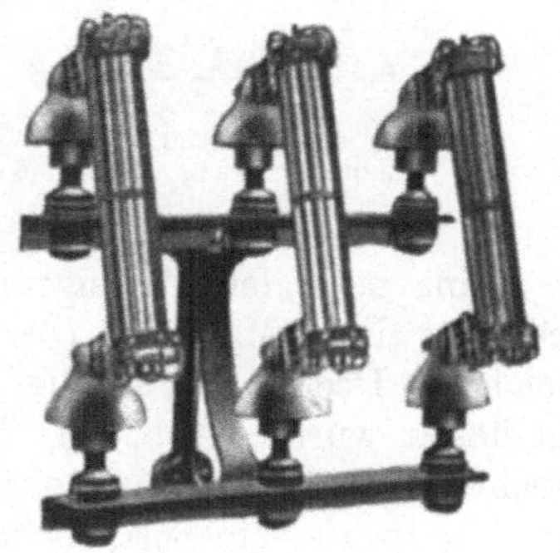

Abb. 10. Röhrensicherung von S. & H. 150 Amp. 15 kV. 1899.

weicher Kupferlitze versehen, die also zum Teil in die Papprohre hineinragten. Beim Abschmelzen der Patrone wurden dann die Litzenenden aus den Papprohren sozusagen hinausgeschossen. In der sehr soliden Ausführung der Schuckert-Sicherung Abb. 11 sind solche Einsatzrohre mit Kupferlitzen gut zu erkennen.

Man hat versucht, die einfache Auspuffwirkung der Röhrensicherungen durch allerhand künstliche Mittel zu verbessern, ohne damit aber einen nachhaltigen Erfolg zu erzielen, denn meistens ist man später immer wieder zu der ganz einfachen Form zurückgekehrt. Abb. 12 zeigt eine V.&H.-Röhrensicherung mit Fallrohr von Bertram (1900)[1]. Der Schmelzdraht wurde hier zunächst in ein Asbestrohr eingezogen, das unten mit einem Bleiwulst beschwert war. Dann wurde das Asbestrohr in die eigentliche Patrone aus schwarzer Isoliermasse lose eingesteckt und durch Befestigung des Schmelzdrahtes an den Kontaktteilen gehalten. Beim Abschmelzen des Drahtes fiel das Rohr herunter und sollte das Feuer abschneiden. Allerdings machte sich bei starkem Kurzschluß der Feuerstrahl nicht viel aus dem Fallrohr, aber die Einrichtung war bei den Betriebsleitern doch beliebt, weil das heruntergefallene Rohr als Anzeigevorrichtung wirkte. Es war nämlich sonst, wenn man vor einer langen Reihe Röhrensicherungen stand, oft recht lästig, festzustellen, welche Patrone denn eigentlich abgeschmolzen war.

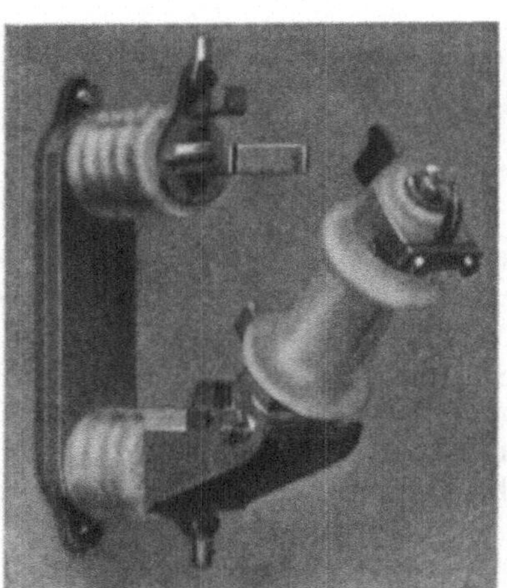

Abb. 11.
Röhrensicherung von Schuckert. 1900.

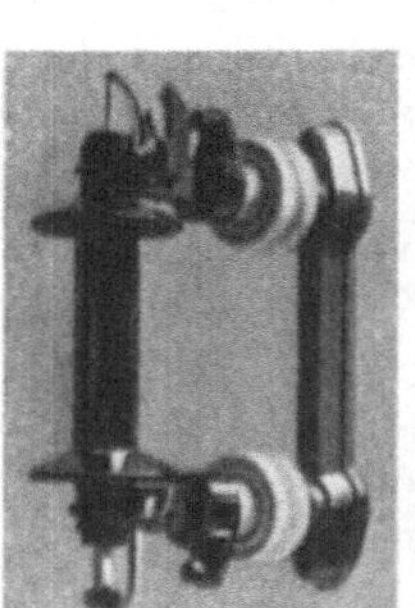

Abb. 12. Röhrensicherung mit Fallrohr von V.&H. 1900.

Eine besondere Anzeigevorrichtung hatte auch die Sicherung der Stanley El. & Man. Co. (Amerika) 1900[2], und zwar in Gestalt einer leichten Deckelklappe, die beim Durchbrennen der Patrone hochgeblasen wurde (Abb. 13). Die innere Einrichtung der Patrone war recht merkwürdig. Das Rohr hatte eine enge Seele, war also sehr dickwandig, um einem beträchtlichen Druck standhalten zu können. Beim Abschmelzen des Drahtes wurden kleine Ventilkugeln aus Kohle vor die beiderseitigen Öffnungen geschleudert und schlossen so das innere Rohr ab. Die Patronen sollen in Amerika vielfach in Gebrauch gewesen sein und sich gut bewährt haben.

Ein besonderes Hilfsmittel zum Ablöschen des Lichtbogens wendete bei seinen Sicherungen Partridge (England) etwa 1902 an (Abb. 14).

---

[1] Bertram, H. A.: Über moderne Hochspannungsapparate. ETZ 1900, S. 667.

[2] Smith, H. W. u. Banghem, W. J.: Das amerik. Patent Nr. 636 577; ferner Amer. Electr. 1900, S. 224.

Bei diesem übrigens recht soliden Modell einer Röhrensicherung waren
an den Enden bei A kleine olivenförmige Kohlensäurekapseln eingesetzt, wie sie früher eine Zeitlang
zur Selbstbereitung von Selterswasser
in Gebrauch waren. Beim Abschmelzen des Sicherungsdrahtes schmolz
der Zinnpfropfen der Kapsel ab, und
die austretende Kohlensäure blies
den Lichtbogen aus[1]. Die Einrichtung war von guter Wirkung, aber
umständlich und teuer, die Sicherungen waren, außer in England,
auch in Amerika ziemlich verbreitet.

Wohl schon vor der Einführung
der offenen Röhrensicherungen durch
Brown hat man geschlossene oder
gefüllte Röhrensicherungen benutzt.
Es wurde bereits erwähnt, daß in
Frankfurt a. M. 1894 Patronen in
Form einer offenen Rinne mit Schmirgelfüllung verwendet waren. Von
diesen offenen Rinnen zum geschlossenen Rohr war nur ein verhältnismäßig kleiner Schritt, denn in der
Niederspannungs-Installationstechnik
waren geschlossene Patronen als

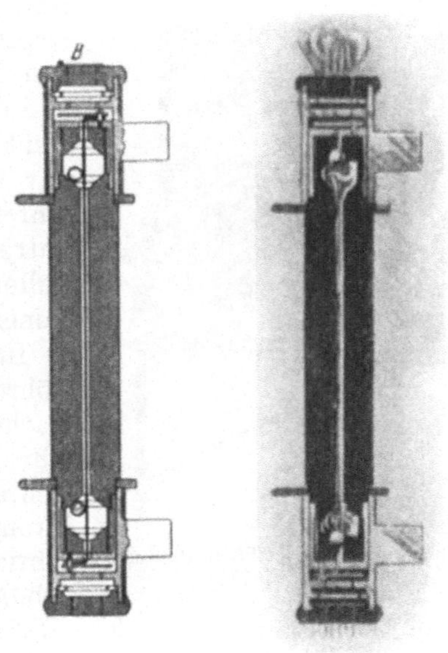

Abb. 13. Röhrenpatrone der Stanley
El. & Man. Co. 1900.

Stöpselsicherungen damals schon längst üblich. In Deutschland hat
namentlich die AEG.[2] die gefüllten Patronen bevorzugt, aber sie sind
auch von anderen Firmen vielfach neben den
offenen Röhrensicherungen ausgeführt worden.
Die Patrone bestand aus einem Glas-, Porzellan-,
Fiber- oder Papprohr, das an beiden Enden geschlossen und mit Kontakten versehen war. Der
Schmelzdraht war in den Endkappen eingelötet
und das Rohr mit einem Füllmaterial — zunächst
Schmirgel oder Sand, später meist Talkum (ge-
mahlener Speckstein) oder Asbestmehl gemischt
mit Borax — ganz ausgefüllt. Diese gefüllten
Sicherungen waren im allgemeinen bei den damaligen geringen Leistungen von guter Wirkung,
aber der Ersatz war teuer, und man konnte, was
recht lästig war, von außen nicht ohne weiteres
sehen, ob die Patrone noch heil oder bereits abgeschmolzen war. Man hat daher anfangs bei
den gefüllten Patronen von V. & H. (etwa 1895, s.
Abb. 17, S. 17) Löcher in dem Pappmantel an-

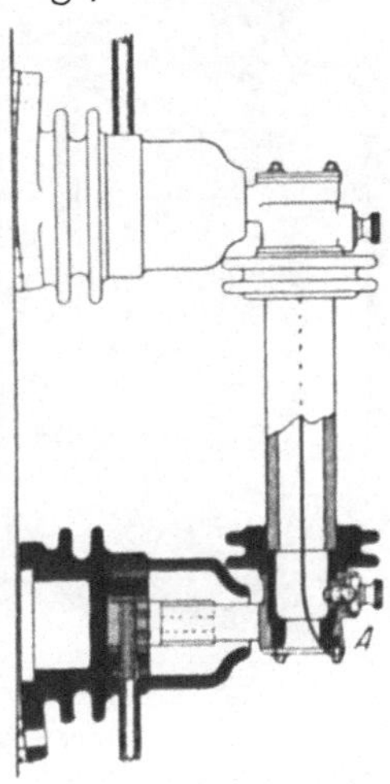

Abb. 14. Röhrensicherung
von Partridge. 1902.

[1] El. World 1903 I, S. 493.
[2] Fellenberg, W.: Neue geschlossene Hochspannungssicherungen der AEG.
ETZ 1908, S. 45.

gebracht, die mit einem Ring aus Seidenpapier überklebt waren. Beim Abschmelzen des Drahtes sollte das Seidenpapier wegplatzen oder sich bräunen, was es nicht immer tat. Später hat man in diese Patronen einen besonderen dünnen Kenndraht eingezogen, der in der Mitte auf eine Länge von 1 cm aus dem Rohr herausgefädelt und dort ebenfalls mit Seidenpapier überklebt war; auch diese Kennvorrichtung war keineswegs völlig sicher. Bei Glasrohren pflegte man zur Überwachung der Patrone den mittleren Teil des Rohrs ohne Füllung zu lassen; s. Abb. 15, gefüllte Patronen der AEG. etwa 1897.

Abb. 15.
Sicherung mit gefüllten Patronen.
AEG. 1897.

In dem Bestreben, die Bedienung der Röhrensicherungen möglichst gefahrlos zu machen, wurde von der AEG. in einer sehr bemerkenswerten Konstruktion die Röhrensicherung zusammen mit einem Strommesser einfahrbar ausgeführt. Die Einrichtung, deren Konstruktion und Handhabung aus Abb. 16 ohne weiteres ersichtlich ist, stammt aus dem Jahre 1897 und verdient als erste Ausführung eines Schaltwagens besondere Beachtung (s. auch Abb. 21).

Daß die offenen und gefüllten Röhrensicherungen sich bis in den Anfang des neuen Jahrhunderts im allgemeinen gut bewährten, lag außer an der zumeist immer noch nicht großen Leistung der Zentralen besonders an der natürlichen Staffelung des Sicherungssystems. Für kleine Stromstärken funktionierten die Röhrenpatronen recht gut, namentlich draußen, weitab von der Zentrale. Die schweren Patronen — oft über 100 Amp. und mehr —, wie sie in den Zentralen gewichtig prangten, kamen durch die natürliche Zeitstaffelung der Schmelzsicherungen sehr selten an die Reihe,

Abb. 16. Einfahrbare Sicherung der AEG. 1897.

und wenn es wirklich einmal soweit kam, dann war die Spannung entweder schon weggesunken oder man hatte in der Zentrale bereits begriffen, daß es an der Zeit sei, abzuerregen. So ging denn der Betrieb mit den Sicherungen damals besser, als man nach dem heutigen

Urteil über Hochspannungssicherungen wohl anzunehmen geneigt ist. In dem Maße freilich, wie sich die Leistungen der Zentralen erhöhten, wurde das Bedürfnis nach einem besseren Schutz gegen die Kurzschlußgefahr allgemein.

Im Anfang der 90er Jahre waren die Hochspannungsschalter alles eher als betriebssicher. Wie bereits erwähnt, waren es Hebelschalter auf Marmor, die besseren Typen für Anbringung hinter der Tafel, wie wir es bei der Besprechung der ersten Schaltanlage für Frankfurt a. M. (S. 10) gesehen haben. Man hatte aber auch vielfach noch einfache Hebelschalter für Hochspannung, die sich nur durch etwas längere Messer, größere Abstände und einen längeren Handhebel von den gewöhnlichen Hebelschaltern für Niederspannung unterschieden. Abb. 17 zeigt als Beispiel ein solches Schaltermodell für 3000 Volt von V. & H., das 1895 bereits in Gebrauch war. Gewiß dachte niemand daran, mit solch einem Apparat einen Kurzschluß abzuschalten, aber auch die einfache Leistung wegzunehmen war nicht möglich. Die Fabrikanten halfen sich daher in ihrer Not auf eine mehr geschäftlich als technisch sinnreiche Art: sie verboten nämlich in ihren Listen einfach den Abnehmern, mit einem Hochspannungsschalter eine nennenswerte Leistung abzuschalten. Man machte z. B. die Vorschrift, daß bei der Abschaltung die Stromstärke auf $^1/_5$ oder

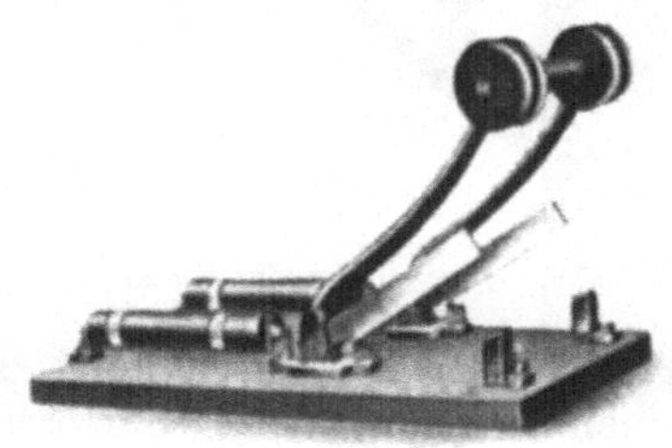

Abb. 17.　Hebelschalter für 3 kV mit gefüllten Sicherungen. V. & H. 1895.

$^1/_{10}$ der Nennstromstärke verkleinert werden sollte — wobei allerdings nicht gesagt wurde, wie das in kritischen Fällen zu machen sei. Derartige Vorschriften finden sich in den Preislisten der meisten Firmen noch zu Anfang des neuen Jahrhunderts für ältere Typen ihrer Hochspannungsschalter.

Der geschilderte Zustand war natürlich auf die Dauer unhaltbar, und so sehen wir denn in der zweiten Hälfte der 90er Jahre die Konstrukteure eifrig bei der Arbeit, den Hochspannungsschalter zu verbessern. Die Berliner Firmen AEG. und S. & H. beschritten dabei, wenn auch getrennt, den gleichen Weg. Man hatte hier richtig erkannt, daß es vorteilhaft sei, den Lichtbogen möglichst horizontal zu ziehen, und diesem Gedanken wurde bei dem Übergang von Marmor zu Porzellan Rechnung getragen.

Bei den Schaltern von S. & H., etwa von 1896 ab, hatte der bewegte Hebel in der Einschaltstellung eine schräge Lage zu den festen Kontakten, er wurde also beim Ausschalten in einem flachliegenden Bogen wegbewegt (Abb. 18). Später wurden bei diesen Schaltern die Pole durch Trennwände abgeschirmt, auch verwendete man für höhere Spannung zwei Schalter nebeneinander, um eine doppelte Unterbrechung je Phase zu erzielen. In den Schaltanlagen wurden die Apparate entweder direkt hinter der Tafel angeordnet und mit einem in einem Schlitz der Tafel geführten Schwinghebel bedient oder man setzte sie oben ins Eisengerüst hinter der Tafel und legte einen Stangenantrieb dazwischen.   Diese Schalter waren sehr viel in Gebrauch bis in den Anfang des Jahrhunderts (s. Abb. 19, Modell 1901). Eine

Abb. 18.   Hebelschalter für 2 und 10 kV, verwendet in Johannisburg. S. & H. 1897.

frühzeitige Anwendung fanden sie in den Außentransformatorenstationen der von S. & H. 1897 errichteten großen elektrischen Anlagen der Rand Central Electric Works bei Johannisburg, Südafrika (Leistung etwa 5000 PS) zum Abtrennen der Transformatoren vom Netz (10 oder 2 kV)[1]. Es ist übrigens bezeichnend für die damals herrschende

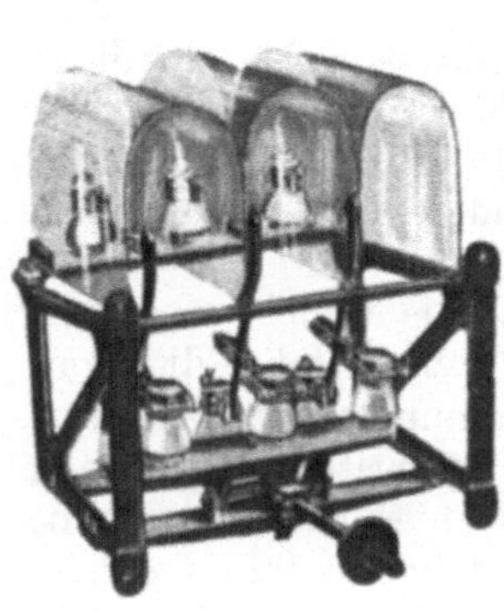

Abb. 19. Hebelschalter für 200 A. bei 6 kV. S. & H. Modell 1901.

Scheu, Hochspannungsschalter zu verwenden, daß man sie in den genannten Werken nur da benutzte, wo man sie ganz unbedingt brauchte, nämlich in den Transformatorenstationen, sonst hatte man in den Schaltanlagen alle Hochspannungsschalter vermieden. Die Maschinen erzeugten 750 Volt, und alle notwendigen Schaltungen wurden mit dieser Spannung ausgeführt, auch das Ab und Zuschalten der Transformatoren. Auf der Hochspannungsseite der Transformatoren waren in den Zentralen keine Schalter vorhanden, es gab hier nur Röhrensicherungen, die in pultförmigen Schränken untergebracht waren.

Bei dem aus der gleichen Zeit (1897) stammenden Schalter der AEG. wurde ein flach liegender Lichtbogen dadurch erzielt, daß zwei schräg gegeneinander geneigte durch eine Gelenkstange gekuppelte Kontakt-

---

[1] K l u g , Walter: Die elektrische Kraftübertragungsanlage der „Rand Central Electric Works" bei Johannisburg am Witwatersrand. ETZ 1898, S. 513.

hebel auseinander bewegt wurden. Wie man aus Abb. 20 erkennt, war die Anordnung wohl geeignet, um dem Lichtbogen elektrodynamischen Auftrieb zu geben. Die Wirkung war auch entsprechend günstig, und im allgemeinen genügten diese Apparate den Anforderungen eines normalen Betriebs. Beim Ausschalten unter starker Last kamen freilich hier und da Überschläge durch Überspannung vor, namentlich an den Kupferbändern, aber die Porzellanhöhe und der Abstand zwischen den Phasen war auch noch ziemlich gering, so daß uns das heute nicht wundernimmt.

Abb. 20.
Hebelschalter für 100 A. bei 4 kV. AEG. Modell 1898.

Der kastenförmige Aufbau des Apparats

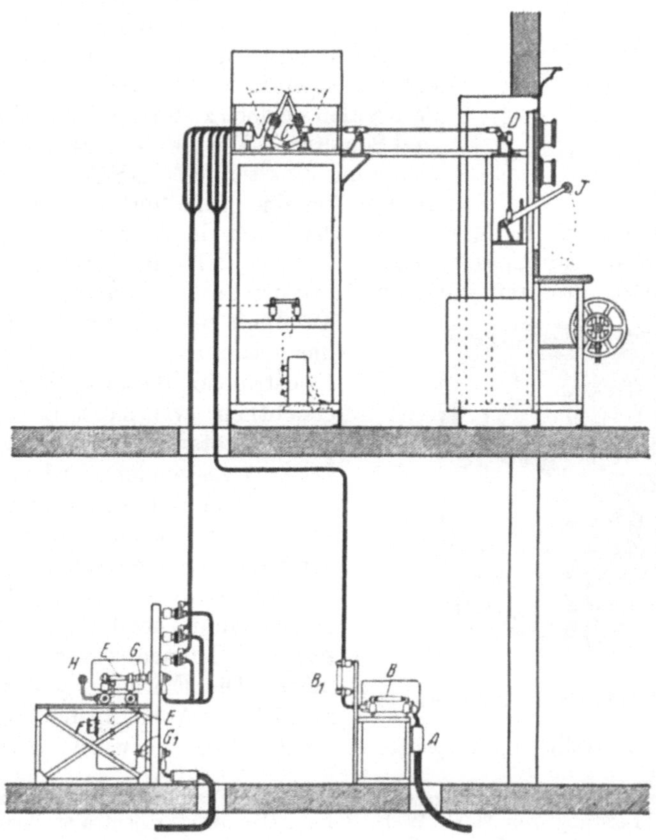

Abb. 21. Schaltanlage der BEW., ausgeführt von der AEG. 1898.

war geschickt zur Anbringung in Schaltgerüsten und die Anordnung ergab eine gute Leitungsführung. Für höhere Spannungen (bis 7 kV) wurden auch hier zwei nebeneinander liegende Pole in Reihe geschaltet,

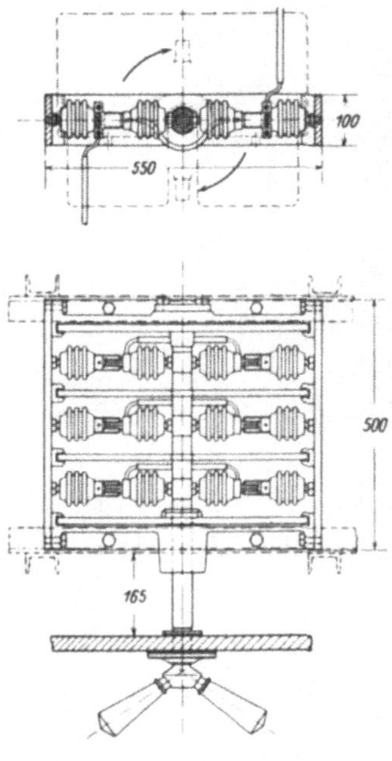

Abb. 22.   Drehhebelschalter.
BBC. 1897.

wobei dann die Leitungen nur auf einer Seite an den Apparat herangeführt wurden. Eine bemerkenswerte Anwendung haben diese AEG.-Schalter bei den ersten Hochspannungszentralen der Berliner Elektrizitätswerke (6 kV) gefunden[1]. Die allgemeine Anordnung zeigt Abb. 21. Die Leitung führte von den Maschinen über zwei hintereinandergeschaltete Röhrensicherungen B und B_1 zu dem Hochspannungsschalter C mit sechsfacher Unterbrechung, der von der Vorderseite der Tafel mittels des Schwinghebels J bedient wurde. Hinter der Tafel führte die Leitung in Kabel zu den Sammelschienen, die im Keller angeordnet waren. Hier befand sich die Verteilungsanlage, die nur die bereits auf S. 16 erwähnten einfahrbaren Röhrensicherungen E und direkt zeigende Strommesser F enthielt. Außer diesen einfahrbaren Sicherungen gab es keine eigentlichen Trennschalter, insbesondere fehlen sie noch zwischen Sammelschienen und Schalter. — Die hier beschriebenen Hochspannungsschalter der AEG. haben auch anderweitig eine große Verbreitung gefunden und sich bis zur Einführung der Ölschalter in Anwendung erhalten.

Die Hochspannungsschalter der Firma BBC. in dieser Zeit waren Drehhebelschalter mit doppelter Unterbrechung je Phase, die vor der Tafel mit einem Doppelhandgriff bedient wurden. Aus Abb. 22 ist die Konstruktion dieser Apparate leicht ersichtlich, wie sie z. B. 1897 im Elektrizitätswerk Rathausen (bei Luzern) verwendet wurden.

Die Firma Helios hatte ihre Quecksilberschalter nach einigen Jahren verlassen und ebenfalls einen Schalter nach Art eines Drehschalters mit Mehrfachunterbrechung und einer starken Momentschaltung eingeführt. Die Einrichtung des Apparats ist aus Abb. 23, die einen Um-

Abb. 23.   Schnappschalter der Firma Helios 1895.

schalter darstellt, ohne weiteres verständlich; er wurde bereits im

---

[1] Die erste Hochspannungszentrale der B.E.W. am Schiffbauerdamm hatte 1898 eine Leistung von 2800 kW bei 6 kV. Die übrigen Zentralen der B.E.W. lieferten damals etwa 17 000 kW Gleichstrom.

Jahre 1895 bei der Hochspannungsanlage zur Beleuchtung des Nordostseekanals (7,5 kV) verwendet. Aber die Schaltleistung dieser Apparate war gering; sie neigten infolge ihrer geringwertigen Isolation in bedenklicher Weise zu Überschlägen durch Überspannung und durch den starken Schlag der Momentschaltung wurde die Isolation auch mechanisch übermäßig stark beansprucht. Als es mit diesen Apparaten gar nicht mehr gehen wollte, habe ich im Jahre 1900 bei der Firma Helios eine Schalterkonstruktion ausgeführt, die ich hier deshalb erwähnen will, weil sie mir bei ihrer ersten Anwendung Gelegenheit bot, einige wertvolle Erfahrungen in bezug auf die mir damals noch ziemlich neue Verwendung des Porzellans als Baustoff zu sammeln. Wie man aus der Abb. 24 erkennt, war auf der Welle des Apparats für jede Phase ein kräftiger Porzellanisolator befestigt, darin war oben ein rechtwinklig ausladender, U-förmiger Messerkontakt eingekittet, der den Stromschluß für die beiden feststehenden Kontakte der Phase bewirkte. Elektrisch war also die Einrichtung ganz gut, wenn auch nicht gerade neuartig, denn sie war dem S.& H.-Schalter (S. 18) ziemlich nahe verwandt. Leider hatte aber der Apparat noch eine besondere mechanische Verbesserung. Das war eine an dem Handhebel angebrachte sehr kräftige Momentschaltvorrichtung, die nach dem bekannten

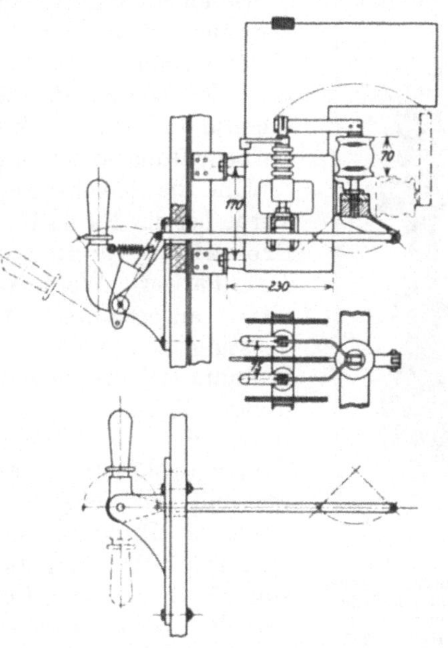

Abb. 24. Hebelschalter der Firma Helios, 1900.

Prinzip wirkte, daß bei der Bewegung des Handgriffs der gegen diesen stark abgefederte Schalthebel zunächst durch eine Klinke zurückgehalten und erst nach einer erheblichen Bewegung des Handgriffs freigegeben wurde. Der Schalthebel schnellte dann durch die starken Federn mit großer Beschleunigung dem Handgriff nach. Die damals sehr eilig bestellten Apparate wurden denn auch mit dieser schönen Einrichtung an das Elektrizitätswerk Köln geliefert, aber nach kurzer Zeit stellte es sich heraus, daß beim Ausschalten durch den starken Schlag der Momentschaltung die Isolatoren trotz ihrer kräftigen Bauart sprangen, wobei die Trümmer wie Projektile in den Raum hineinflogen. Man stellte nun zunächst die Momentschaltung ab, was sich leicht machen ließ, aber es zeigte sich nach einiger Zeit, daß das Personal es immer noch fertigbrachte, die Schalter so kräftig herauszureißen, daß die Isolatoren platzten. Nun wurde die Sache peinlich, ich mußte auf jeden Fall Abhilfe schaffen, sonst hätte das

Elektrizitätswerk der Firma die Schalter zur Verfügung gestellt. Ich suchte also nach einer einfachen Vorrichtung, um auch bei ganz roher Bewegung des Handgriffs die Bewegung des Schalthebels sanft abzufangen und kam so zur Anwendung des halben Kurbelantriebs am Handhebel (s. Abb. 24 unten). Diese Einrichtung — die ich übrigens ihrer vielseitigen Vorteile halber bei meinen späteren Konstruktionen von Hochspannungsschaltern immer beibehalten habe — erwies sich als sicher wirkendes Heilmittel. Es war auch mit der größten Gewalt nicht mehr möglich, die Schalter so zu bedienen, daß die Porzellane zertrümmert wurden. Bei der Umänderung hatte sich übrigens der Wegfall der Momentschaltung für die Schaltwirkung als bedeutungslos erwiesen.

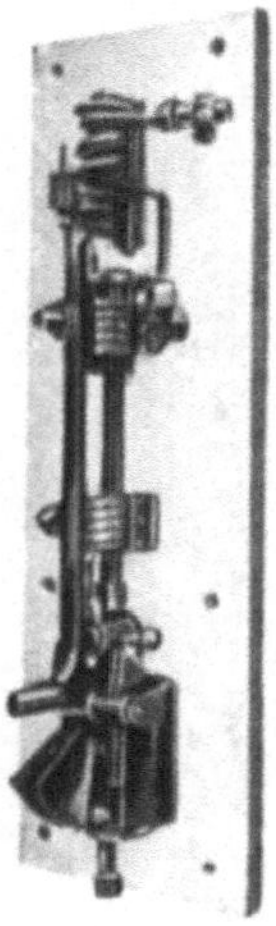

Um die gleiche Zeit etwa wurde bei der Firma Helios von Froitzheim für die große, auf der Pariser Weltausstellung 1900 ausgestellte Maschine (Leistung 3000 kVA) ein Hochspannungsschalter in Form eines großen Hebelschalters ausgeführt, der mit elektrischer Maximalauslösung versehen war und bei dem der Lichtbogen mit Druckluft ausgeblasen wurde[1]. Der Apparat ist in Abb. 25 abgebildet. Der oben

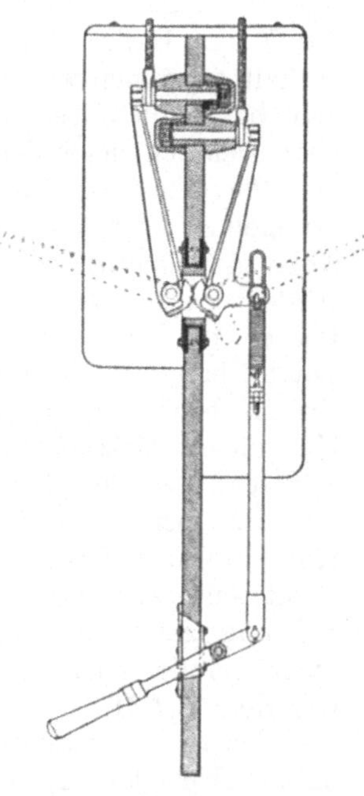

Abb. 25.
Schalter mit
Max.-Auslösung
und mit Druck-
luftblasung.
Helios 1900.

Abb. 26.
Hebelschalter von Parshal. 1898.

über dem Schalthebel sichtbare Magnet löste bei Überstrom eine Halteklinke, dem Hartgummirohr am Fuße der Kontakte entströmte bei der Abschaltung die Druckluft. Die Schalter arbeiteten recht gut, sie sind in der Überlandzentrale Crottorf 1901 zur Anwendung gekommen[2].

Aus England ist von solchen Hebelschaltermodellen noch der Hochspannungsschalter von H. F. Parshal (1898) zu erwähnen, dessen Konstruktion aus Abb. 26 ersichtlich ist. Die Schalter waren in der Station Nothing Hill Gate der Central London Railway verwendet[3]. Die scherenförmige Bewegung der durch Zahnräder gekuppelten Schalthebel zu beiden Seiten der Tafel war eine originelle Idee und ergab eine große Schaltöffnung.

---

[1] Froitzheim, I.: Über einen neuen Hochspannungsschalter. ETZ 1900, S. 977.
[2] Apt, Dr. R.: Die Hochspannungs-Überlandzentrale Crottorf i. S. ETZ 1901, S. 984.
[3] El. Rev. 1900 I, S. 973, 1014.

III.

Sicherungen und Schalter in Amerika.

Im Anfang der Hochspannungstechnik hat man sich auch in Amerika mit ziemlich niedrigen Spannungen (meist 2200 Volt) begnügt, und als man später zu höheren Spannungen überging, wurden diese wie in Europa zuerst möglichst nur als Transportspannungen benutzt. Auf die Dauer ließ sich das dort natürlich auch nicht durchführen, und so sehen wir denn, wie in der zweiten Hälfte der 90er Jahre, dem viel rascher wachsenden Bedarf entsprechend, in Amerika eine schnelle und fruchtbare Entwicklung der Hochspannungsschalttechnik einsetzt, die durch die großen Leistungen der Zentralen vor ganz neue Aufgaben gestellt wurde.

Bevor wir versuchen, uns an Hand der Schalterkonstruktionen ein Bild von dieser Entwicklung zu machen, wollen wir sehen, welche besonderen Wege man in der Ausbildung der Schmelzsicherungen für Hochspannung drüben eingeschlagen hat. Auf besonders in Amerika verbreitete Modelle von Röhrensicherungen haben wir bereits S. 15 hingewiesen, doch waren auch ganz einfache offene Röhrenpatronen aus Glas, Porzellan, Fiber oder auch aus Holz in Gebrauch, jedoch keineswegs so allgemein wie bei uns. Bis 2500 Volt verwendete man für kleinere Leistungen häufig gefüllte Röhrenpatronen, insbesondere waren die No-arc-Sicherungen von Josef Sachs verbreitet[1].

Für höhere Spannungen und schwere Betriebe war aber außerdem in Amerika eine Sicherungsart viel in Gebrauch, die im wesentlichen mit der S. 6 dargestellten Kammersicherung von Blathy übereinstimmt. Fast gleichzeitig mit der deutschen Patentanmeldung von Blathy hatte in Amerika Alexander Wurts ein Patent[2] auf eine solche Kammersicherung eingereicht, aber die später in Amerika praktisch verwendete Ausführung dieser Sicherungsart[3], die man wohl als Auspuffsicherung (high tension expulsion type) bezeichnen kann, entspricht mehr der Anordnung von Blathy. Abb. 27a zeigt ein Modell, das die Gen.El. 1896 herausbrachte, bei dem der Sicherungsstreifen aus Zinn oder Aluminium in eine Nut zwischen zwei Buchsbaumholzplatten eingelegt wurde. Die Patrone hatte einen Sockel aus Marmor oder Plattenholz, der hinten mit Messerkontakten versehen war. Im Innern waren auf den Kontakten Anschlußstücke für den Schmelzstreifen drehbar und mit Litzenverbindung befestigt, die beim Abschmelzen des Streifens unter Federeinwirkung zurückklappten und die Enden des Schmelzstreifens aus der sog. Schmelzkammer heraus-

---

[1] El. World 1899 I, S. 781; ferner Amer. Electrician 1900, S. 35.

[2] Amer. Pat. Nr. 434169 vom 12. Mai 1890.

[3] El. World 1898 II, S. 581; 1899 I, S. 759; ferner Amer. Electrician 1899, S. 332; Auszug aus einem Vortrag von W. L. R. Emmet: „Means on attaining safety in electrical distribution". In diesem Vortrag weist Emmet auch bereits darauf hin, daß man voraussichtlich bei großen Leistungen (50000 kW bei 6 kV in der Centrale der Metropolitan Railway Co. New York) dazu übergehen müsse, Drosselspulen einzubauen, um die Kurzschlußstromstärke zu begrenzen.

zogen. Die beiden Brettchen hatten nämlich in der Mitte eine Aushöhlung, die Schmelzkammer; das obere Brettchen hatte außerdem ein Ausblaseloch. Der Schmelzstreifen war in der Mitte schmäler, und diese Stelle befand sich in der Schmelzkammer, der Streifen schmolz hier auf eine kurze Strecke ab, und die Gase pufften zum Ausblaseloch heraus. Die Sicherung wurde bis 10 kV sehr viel für schwere Betriebe verwendet.

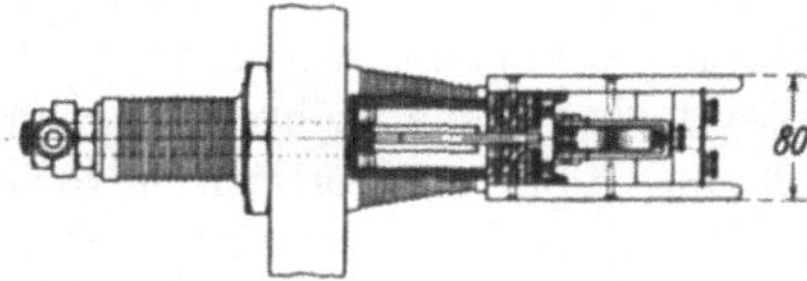

Auch von der Westgh. sind um diese Zeit hölzerne Auspuffsicherungen mit gutem Erfolg angewendet worden (Abb. 27b). Die Anordnung war etwas einfacher, da die Schmelzenden nicht aus der Schmelzkammer herausgezogen wurden. Das Ausblaseloch war so angeordnet, daß die Gase schräg nach unten herausbliesen. Die Sicherungen der Westgh. wurden deshalb unten auf der Schalttafel befestigt (s. Abb. 57, S. 45), während die der Gen.El. oben auf der Tafel saßen (Abb. 30). — Man hat solche Auspuffsicherungen auch in Porzellan statt in Holz

Abb. 27 a. Auspuffsicherung der Gen.El., etwa 1896.

ausgeführt, doch haben sie anscheinend in dieser Form eine nicht so große Verbreitung gefunden als wie die hölzernen Modelle.

Eine sehr bemerkenswerte Abart dieser Auspuffsicherung wurde als Shuntsicherung gebraucht, d. h. man verwendete sie nur dünndrähtig in Parallelschaltung zu einem Schalter irgendwelcher Art.

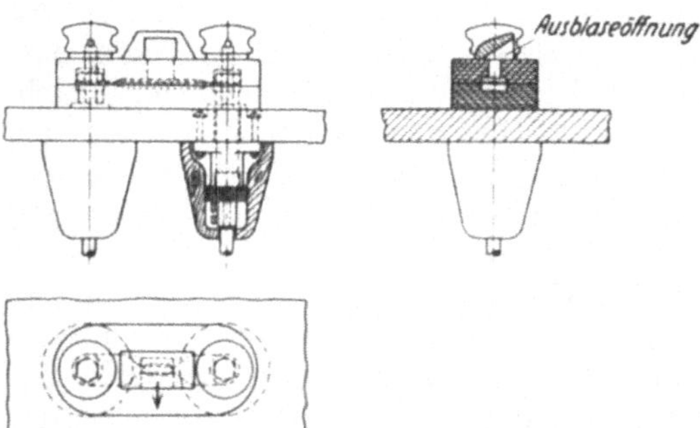

Beim Gebrauch wurde zunächst der Schalter geöffnet, worauf die Shuntsicherung die eigentliche Unterbrechung des Stromkreises besorgte. — Abb. 28 zeigt eine Shuntsicherung der Gen.El. 1899. Der Schmelzdraht, ein sehr dünner Kupferdraht (Litzendraht), war in einer Rinne eines runden Holzstabes zwischen zwei zylin-

Abb. 27 b. Auspuffsicherung der Westgh., etwa 1896.

drischen Kontakten eingezogen. Der Stab war mit einem Knopf versehen und wurde von der Vorderseite der Schalttafel (s. auch Abb. 30) durch ein Loch in die auf der Rückseite montierte rohrförmige Sicherung hineingeschoben. Das war ein starkes Holzrohr mit Kontakten, entsprechend den Zylinderkontakten des Stabes. In dem Stabe war in der Mitte oben eine kleine Höhlung ausgespart, eine Art Kerbe, dem gegenüber befand sich in dem Rohr ein Ausblaseloch, darüber wurde ein Fiberschornstein gesteckt. Stab und Rohr bildeten also in der Mitte eine Schmelzkammer, ähnlich wie in Abb. 27 die beiden Holzplatten. — Wenn der parallele Schalter geöffnet wurde, verdampfte das Kupferdrähtchen unmittelbar und die Sicherung blies aus dem Schornstein mit guter Wirkung ab. — Für 10 kV war das Rohr mit drei Schmelzkammern versehen. Eine sehr interessante Anwendung dieser Apparate machte man bei den Automaten der Niagaraanlage (s. S. 33).

Eine andere Schmelzsicherung der Westgh. 1898, die in großen Anlagen mit hoher Spannung viel und mit gutem Erfolge angewendet wurde, ist in Abb. 29 dargestellt[1]. Der Apparat ist eine geschickte Kombination einer Schmelzsicherung mit einem primitiven Schalter. Ein langer Holzstab war in der Mitte und an dem oberen Ende mit

Abb. 28.   Shuntsicherung der Gen.El. 1899.

Kontaktfedern versehen, mit denen er in ortsfeste Gegenkontakte eingesetzt werden konnte, die untere Hälfte des langen Stabes diente als Isoliergriff. An dem Kontakt in der Mitte war ein zweiter Holzstab von der halben Länge leicht drehbar angebracht. Er trug am oberen Ende eine Kohlenklemme, die durch eine im Stabe verlegte Leitung mit dem Kontakt in der Mitte des langen Stabes verbunden war. Auch an dem oberen Kontakt des langen Stabes befand sich eine Kohlenklemme, und zwischen den beiden Klemmen wurde in einer Länge von etwa 0,2 m der Schmelzdraht aus Aluminium ausgespannt. Statt des einfachen Schmelzdrahtes wurde auch oft eine kurze Röhrensicherung verwendet, wobei das Rohr an dem feststehenden Arm befestigt war. Wenn der Draht abschmolz, schnellte der angelenkte Arm durch eine Feder zurück und klappte herunter, so daß sich eine Schaltöffnung von etwa 1,8 m ergab. — Der Schmelzdraht war an dem Kohlenkontakt des langen Stabes so eingeklemmt, daß er durch eine isolierte Zugschnur, die auf der Abbildung längs der Stange sichtbar

---

[1] Amer. Electrician 1900, S. 155; ferner Abb. 41 im Hintergrunde in der Mitte.

ist, von unten gelöst werden konnte. Man konnte die Einrichtung also auch zum Abschalten von Hand benutzen.

Solange die Schmelzsicherungen noch den einzigen Schutz gegen Kurzschlüsse bildeten und man demnach im allgemeinen von einem Schalter nicht verlangte, daß er nun gerade einen Kurzschluß abschalte, hat man in Amerika in den Hochspannungszentralen mit besonderer Vorliebe zur Vornahme der notwendigen Schaltungen einfache einpolige Schalter verwendet, wie kräftige Trennschalter, die auch zuweilen mit einem nacheilenden Funkenzieher versehen waren. Das Schaltmesser hatte an dem oberen Ende eine Öse, und man bediente solche Schalter, die möglichst in bequemer Höhe vor der Tafel an-

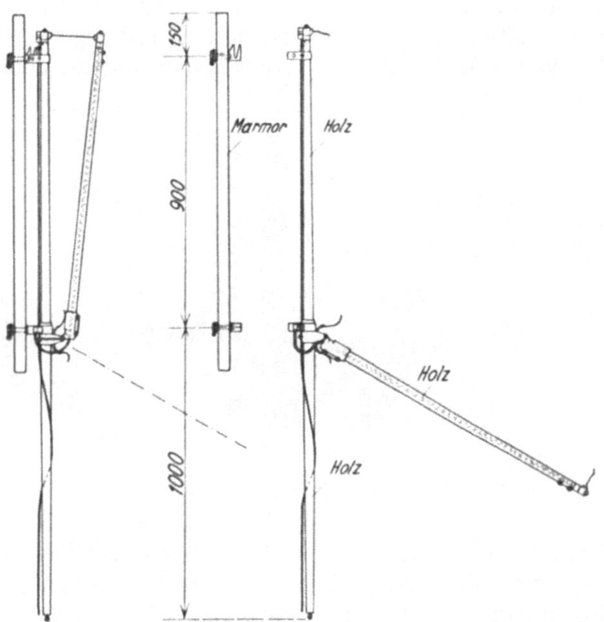

Abb. 29.   Stabsicherung der Westgh. 1898.

gebracht waren, mit Hilfe eines handlichen Holzstabes, der oben mit einem Haken versehen war (s. Abb. 40). Zwischen den einzelnen Schaltern waren Trennwände aus Marmor oder auch aus Holz angebracht, denn der Schalter war eben nicht nur ein Trennschalter, sondern man schaltete damit nötigenfalls auch unter Strom. Für die Schaltanlagen ergab sich daraus natürlich eine sehr einfache und übersichtliche Anordnung (s. z. B. Abb. 30, ein Teil der Schalttafel in der Unterstation 3 Buffalo 1899). — Erst als die Sicherungen von den Maximalschaltern allmählich verdrängt wurden, hat man den Gebrauch der einfachen Messerschalter auf ihre Verwendung als Trennschalter beschränkt.

Wie bereits erwähnt, war das, was der Entwicklung der amerikanischen Hochspannungsschalttechnik den besonderen Stempel aufdrückt, die Notwendigkeit, große Schaltleistungen zu bewältigen.

Während in Deutschland bis zum Ablauf des Jahrhunderts in den Hochspannungszentralen noch Leistungen von 6000 kW kaum erreicht wurden[1], stieg die Leistung einzelner amerikanischer Zentralen um diese Zeit bis über 50000 kW.

Neben der Gefahr der großen Leistungen war es wohl auch das Vorbild der mit den großen amerikanischen Zentralen durch Umformeranlagen meist eng verbundenen Bahnbetriebe, was in Amerika den Ersatz der Schmelzsicherungen durch Schalter mit selbsttätiger Auslösung nahelegte. Mit dieser Wendung steigerten sich natürlich die Anforderungen an die Hochspannungsschalter mit einem mal ganz außerordentlich, denn bisher hatten diese ja das Abschalten von Kurzschlüssen bescheiden den Schmelzsicherungen überlassen. Ferner tritt alsbald nach der Einführung der selbsttätigen Maximalauslösung als Ersatz der Schmelzsicherungen das Bedürfnis nach einer Selektivwirkung für die Automaten hervor, und so sehen wir denn bereits in den letzten Jahren des 19. Jahrhunderts — also vor der allgemeinen Einführung der Ölschalter — in Amerika neben der einfachen auch die verzögerte Maximalauslösung, ferner die Rückstromauslösung, kurz, die ersten Grundlagen eines einfachen Selektivschutzes entstehen. Wir wollen vorwegnehmen, daß diese erste Periode des Kampfes gegen den Hochspannungskurzschluß in Amerika zunächst mit einer deutlichen Niederlage der damaligen Schalter geendet hat, — der Ölschalter

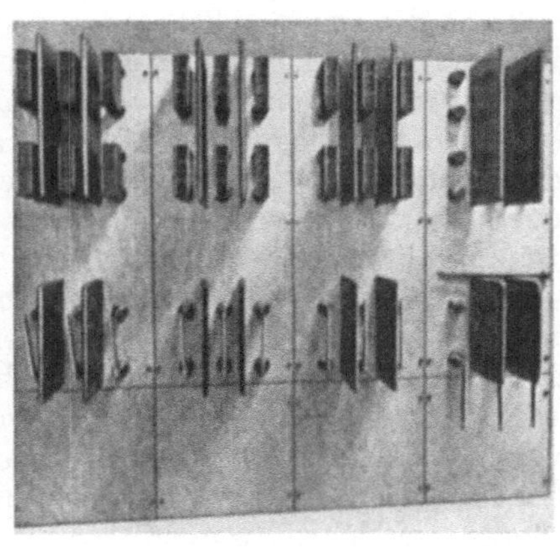

Abb. 30 a. Hebelschalter und Auspuffsicherungen.

Abb. 30 b. Auf dem 2. und 4. Felde Automaten, darunter die Knöpfe der Shuntsicherungen.

Abb. 30 a u. b.   Teile der Schalttafel für 2,2 kV. in der Unterstation III Buffalo. Gen. El. 1898.

---

[1] Die größte deutsche Drehstromzentrale war damals das Werk Oberspree der Berliner Elektrizitätswerke, das Anfang 1900 5900 kW erzeugte

mußte kommen, um die wirklich brennend gewordene Frage der Betriebssicherheit der großen Zentralen in Amerika zu lösen.

Während bei manchen der früher besprochenen europäischen Konstruktionen von Hochspannungsschaltern die Abstammung des Apparats von den ursprünglich verwendeten Niederspannungshebelschaltern kaum noch zu erkennen ist, hat man in Amerika vornehmlich den Weg beschritten, den einfachen Hebelschalter zum Hochspannungsschalter weiter auszubilden. Diesen Weg hat man mit echt amerikanischer Zähigkeit bis zur äußersten Möglichkeit verfolgt, so daß das Bild amerikanischer Hochspannungsschaltanlagen in den letzten Jahren vor der Einführung der Ölschalter in erheblicher Weise von den großen — oft riesigen — Hochspannungshebelschaltern mit Maximalauslösung beherrscht wird. Daneben sind allerdings in den letzten Jahren vor Einführung der Ölschalter auch Röhrenschalter in Gebrauch gewesen (s. Kap. 5), aber die großen Hebelschalter waren doch in der überwiegenden Mehrheit; sie sind auch von Amerika aus durch die Westgh. viel nach dem Ausland (England und die Kolonien, die romanischen Länder) verhandelt worden.

Da solch ein großer Schalter Platz zur Ausladung brauchte, man ihn außerdem der Spannung wegen aus dem Bereich des Personals bringen mußte, so setzte man den eigentlichen Schalter über Mannshöhe vorn auf die Schaltwand und bediente ihn meistens durch eine Hilfsschwinge. Es stand nun nichts im Wege, den Schalthebel so lang zu machen, wie es in Rücksicht auf die Spannung notwendig schien, und man machte von dieser Möglichkeit ausgiebigen Gebrauch. Abb. 31 zeigt einen solchen Apparat der Westgh. Die Pole wurden durch Zwischenwände aus Marmor gegeneinander abgeschirmt, um das Überschlagen der Lichtbogen zu verhindern. Die Grundplatte war immer aus Marmor; soweit wie irgend möglich benutzte man dieses Material zur direkten Isolation. Besondere Aufmerksamkeit wendete man den Abbrennkontakten zu. Hierfür waren, wie bei den damaligen Bahnautomaten üblich, Kohlenkontakte in Gebrauch. Diese hatten sich bewährt und waren wohl auch zweckmäßig, weil der Lichtbogen meist eine merkliche Zeit an den Abbrennkontakten haftenblieb; er hätte dabei an Metall Perlenbildung hervorgerufen. Für höhere Spannungen war der lange Schalterarm ein Holzstab, in dem die Leitung heraufgeführt wurde. Ein dreipoliger Schalter mit Überstromauslösung bestand aus drei einpoligen Automaten, die meistens jeder für sich ihren Auslösemagneten und ihre Verklinkung hatten und die von einer gemeinsamen Schwinge aus zusammen eingeschaltet wurden. Zum Einschalten wurde der Handhebel herunterbewegt, bis die drei Automaten festgeklinkt waren, dann wurde der Handhebel durch eine Feder wieder hoch gezogen. Auf Abb. 31 sind die Stellungen Aus und Ein (rechts) ersichtlich. Diese Automaten hatten noch keine Freiauslösung; wenn Gefahr vorlag, auf einen Kurzschluß zu schalten, bedurfte man also zur Ergänzung noch eines Satzes Trennschalter. Der Automat wurde bei geöffneten Trennschaltern eingeschaltet und dann erst der Stromkreis durch die Trennschalter geschlossen.

In den Jahren 1894—1900 wurde das Interesse der Elektrotechniker in Amerika in erheblicher Weise beherrscht von der Gründung und Errichtung der ersten großen elektrischen Anlage, die die Wasserkräfte des Niagara[1] der Menschheit dienstbar machen sollte. Die Errichtungsgesellschaft war die Niagara-Falls Power Co.; in den ersten drei Jahren (1895—1897) hatte man in jedem Jahre einen Maschinensatz von 5000 PS aufgestellt, danach wurde beschleunigt weitergebaut,

Abb. 31.   Schalter mit Maximalauslösung.   Westgh., etwa 1899.

so daß bei Beginn des Jahres 1900 acht Maschinen von je 5000 PS im Betriebe und zwei weitere fast fertig waren (s. Abb. 32). Jede Maschine erzeugte zwei um 90° verschobene Wechselströme von 25 Perioden. Die Spannung der beiden unverketteten Ströme betrug 2,25 kV, die Stromstärke je 775 Amp. Die Verteilung der Leistung geschah in Gruppen zu je zwei oder drei Maschinen. Man hielt die Gruppen mög-

---

[1] El. World 1899 I, S. 3, 16 u. 103; Amer. Electrician 1897, S. 211; 1900, S. 1 u. 155. Einen guten Auszug aus diesen Aufsätzen brachte der El. Anz. 1900, S. 389, 649 u. 1157.

lichst in der Schaltung getrennt, um einen etwaigen Kurzschluß auf
eine Gruppe zu beschränken. Die Maschinenschalter, die das Zu- und
Abschalten der einzelnen Maschinen besorgten, wurden mit Druckluft bewegt und von den in Abb. 32 sichtbaren Schaltständen aus
durch geeignete Ventilhebel gesteuert. Sicherungen oder Automaten
gab es nicht in den Maschinenleitungen, zwischen den Maschinen und
den Gruppensammelschienen lagen eben nur die Maschinenschalter.
Wie aus Abb. 33 zu ersehen, war der Druckluftantrieb äußerst einfach,
der Schalter hatte keine Klinken und wurde in beiden Endlagen durch
den Druckkolben gehalten. Elektrisch bestand der Apparat aus je

Abb. 32. Maschinenanlage der Niagara-Falls Power Co. mit den Aufbauten
für die Steuerung der Apparate. (2. Ausbau 1900.)

einem zweipoligen Schalter für die beiden Wechselströme, jeder der
vier Einzelschalter hatte zweifache Unterbrechung, er bestand aus einem
kräftigen Messerkontakt und zwei Gruppen von je vier zylindrischen
Fingerkontakten als Funkenziehern, die alle hintereinander geschaltet
und mit den Hauptkontakten durch einen Widerstand von 1,2 Ohm
verbunden waren. Jeder der beiden Ströme wurde also 16mal unterbrochen. Der Öffnungsweg eines Fingerkontaktes betrug 25 mm.
Angeblich sollten die Schalter die volle Maschinenleistung abschalten
können, aber es wird dabei bemerkt, daß das ja doch nicht vorkäme,
weil beim betriebsmäßigen Abschalten die Maschine bereits herunter-
reguliert sei. Für den Notfall, wenn nämlich ein ernsthafter Kurzschluß draußen oder in einer Maschine auftrat, hatte man folgende

elektrisch-pneumatisch gesteuerte Schutzeinrichtung: an allen Maschinen der betreffenden Gruppe wurde zu gleicher Zeit die Erregung abgeschaltet und außerdem durch Schließen der Wasserschützen die zugeführte Leistung weggenommen. Die Hauptschalter ließ man dabei eingeschaltet, weil ihre Abschaltung ersichtlich keinen Zweck gehabt hätte. Das Kommando zu dieser Notschaltung wurde vom Schaltstand der Gruppe aus gegeben, — das Verfahren erwies sich als sehr zuverlässig.

Die Hauptleistung des Werkes wurde in der Nähe mit 2,2 kV verteilt (meist zur Karbidfabrikation und für Umformer), für die eigentliche Fernübertragung genügte damals (1899) eine Gruppe von zwei Maschinen. Die Übertragungsspannung war im Anfang 11 kV, aber man hatte von vornherein vorgesehen, später bei steigendem Bedarf auf 22 kV heraufzugehen. An den Verbrauchsstellen der Fernleitung geschah die Verteilung meist ebenfalls mit 2200 Volt oder mit geringerer Spannung.

Abb. 33. Maschinenschalter 2,25 kV. mit Druckluftantrieb. Niagara-Anlage 1897.

Die beträchtliche Verwendung von Umformersätzen und großen Synchronmotoren machte den Betrieb von vornherein recht empfindlich, Unterbrechungen in der Stromlieferung sollten, wenn irgend möglich, vermieden werden. Zu diesem Zweck wurden zwei parallele Leitungsstränge durch das Verbrauchsgebiet geführt, so daß bei einer Störung auf einer Leitung immer

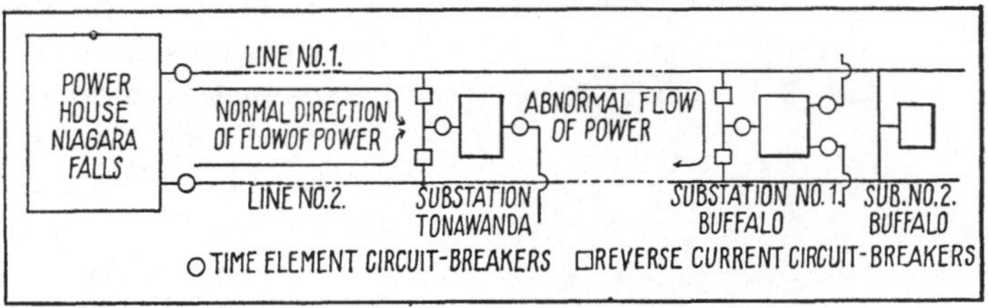

Schalter mit Zeitrelais.   Schalter mit Rückstromrelais.
Abb. 34. Schema der Fernübertragung. Niagara-Anlage 1899.

eine Reserve vorhanden war. Aus dieser grundsätzlichen Sicherheitsanordnung und aus den hieraus sich ergebenden Betriebserfordernissen sind einige wichtige Erfindungen hervorgegangen, die man wohl als die Grundlage des Selektivschutzes unter Verwendung automatischer Schalter ansehen kann. Es ist die Anwendung des Maximalzeitrelais und des Rückstromrelais, wie sie aus dem Schema Abb. 34 zu ersehen ist. Von Niagara gingen die beiden Fernleitungen 1 und 2 aus, an die unterwegs in Tonawanda eine und weiterhin in Buffalo zwei Unterstationen angeschlossen waren. Aus dem Schema geht hervor, wie durch die Verwendung der Maximalzeit- und Rückstromrelais bei abnormaler Stromrichtung infolge von Kurzschluß auf der Fernleitung die Verbrauchsstellen von dem kranken Leitungsstrang abgeschaltet wurden. Zunächst schalteten nämlich in den Verbindungsstellen die mit Rückstromauslösung versehenen Schalter auf der Seite des kranken Stranges ohne Verzögerung ab, danach der mit Maximalrelais und Zeithemmung versehene Schalter des kranken Stranges in der Erzeugerstation. Die Zeitrelais in der Erzeugerstation waren erheblich länger eingestellt als die übrigen in den Verbrauchsstellen angewandten Zeitrelais der Maximalschalter. Man sieht, die wichtigsten Grundgedanken des modernen Selektivschutzes waren bereits folgerichtig zur Anwendung gebracht.

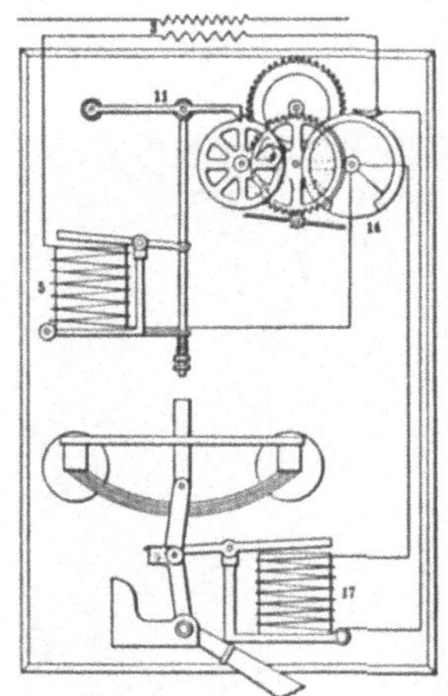

Abb. 35. Unabhängiges Zeitrelais. Stillwell 1899 (nach dem Patent).

Die Erfindung des unabhängigen Zeitrelais für elektrische Maximalschalter ist auf L. B. Stillwell, elektrischen Direktor der Niagara-Falls Power Co., zurückzuführen, der im Jahre 1899 das amer. Pat. Nr. 633920 auf eine solche Einrichtung erhielt. Die in Abb. 35 nach der Patentschrift dargestellte Anordnung ist ein unabhängiges Zeitrelais mit Stromwandlerauslösung und Uhrwerkregulierung. Der Stromwandler 3 erregt den Überwachungsmagnet 5, der bei Überstrom die Sperre 11 des Uhrwerks löst. Der Auslösemagnet 17 wird normalerweise durch die Kontaktscheibe 14 des Uhrwerks kurzgeschlossen gehalten. Der Umlauf der Kontaktscheibe entspricht dem der Sperrscheibe, so daß nach dem Öffnen der Sperre 11 die in der Abbildung sichtbare kontaktfreie Stelle der Scheibe 14 bei einem

Abb. 36. Unabhängiges Zeitrelais der Gen.El. Niagara, 1899.

Umlauf der Sperrscheibe einmal wirksam wird, wobei der Kurzschluß des Auslösemagneten 17 gewissermaßen prüfungshalber aufgehoben wird. Der Auslösemagnet 17 ist auf die gleiche Auslösestromstärke abgefedert wie der Überwachungsmagnet, und wenn nun der Über strom noch besteht, dann wird der Schalter ausgelöst, wenn aber inzwischen während der eingestellten Zeit die Stromstärke schon wieder gesunken war, dann bleibt der Anker des Auslösemagneten in Ruhe.

Die in den Niagaraanlagen in Anwendung befindlichen Apparate für Maximalzeitauslösung entsprachen dieser Patentanordnung im wesentlichen, jedoch mit dem Unterschied, daß die Auslösung mit Hilfe von Gleichstrom erfolgte. Die Schutzeinrichtung der Gen.El. hatte, wie aus den Abb. 36 und 37 ersichtlich ist, zweiphasige Auslösung. Wenn durch das Ansprechen eines oder beider Magnete der Sperriegel das Uhrwerk auslöste, machte gleichzeitig eine Bürste an der Kontaktscheibe Kontakt, so daß also der Auslösestrom nur geschlossen wurde, wenn der Überwachungsmagnet noch angezogen hatte und zugleich der Kontakt der Kontaktscheibe sich der eingestellten Zeit entsprechend weiterbewegt hatte. Es erscheint zunächst ein wenig merkwürdig, daß in dem Schema Abb. 37 als automatische Schalter für den Hochspannungsstrom zwei Apparate skizziert sind, die anscheinend Straßenbahnautomaten darstellen; allerdings waren es keine normalen Straßenbahnautomaten, aber man hatte sie aus solchen für den vorliegenden Zweck hergerichtet; die Blasung war entfernt und die Bürsten waren durch eine kräftige scheibenförmige Isolation, bestehend aus Glimmer und Hartgummi, von dem Körper des Automaten getrennt (s. Abb. 40). Natürlich konnten solche Automaten den Hochspannungskurzschlußstrom nicht unterbrechen, die Einrichtung war vielmehr so getroffen, daß sie in eingeschaltetem Zustand eine Shunt-Sicherung nach Abb. 28, S. 25, kurzgeschlossen hielten, und wenn nun der Automat auslöste, so fiel der nunmehr eingeschalteten Sicherung die Aufgabe zu, den Hochspannungskurzschluß abzuschalten.

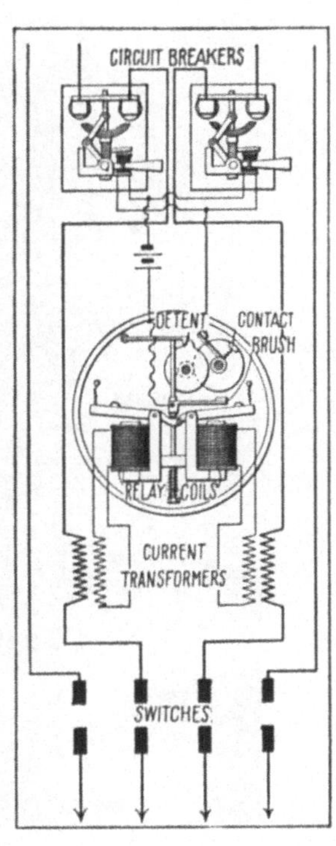

Abb. 37. Maximalauslösung mit unabhängigem Zeitrelais Gen. El. 1899.

Außer dieser in den Hauptstationen verwendeten Einrichtung waren bei den Niagaraanlagen insbesondere für die großen 2200-Volt-Verbraucherstromkreise Überstromautomaten mit direkter, ebenfalls von der Stromstärke unabhängiger Zeitauslösung in Gebrauch. Abb. 38 stellt einen solchen Apparat der Westgh. dar. Die Auslösemagnete liegen hinter der Tafel und direkt im Hochspannungsstromkreis. In dem Kästchen mitten auf der Tafel befindet sich das Zeitrelais mit Federaufzug und Regelung durch eine Foucault-Scheibe zwischen den Polen eines permanenten Magneten (an Stelle des Windflügels in Abb. 36).

Die Wirkungsweise der Einrichtung wird wie folgt beschrieben. Bei
eintretendem Überstrom löst der Hochspannungsmagnet zunächst
mit einer kurzen Bewegung das Uhrwerk aus, der Magnetanker wird
dann aber an der Weiterbewegung durch einen Sperrhebel verhindert.
Dieser wird nach der eingestellten Zeit vom Uhrwerk weggedrückt,
und wenn nun die Überlast noch besteht, kann der Magnet durch-
ziehen und die Auslöseklinke des Schalters ausheben. — Wie man
sieht, sind alle wesentlichen Arten des unabhängigen Zeitrelais in

Abb. 38. Maximalautomat mit
unabhängigem Zeitrelais der Westgh.
Niagara. 1899.

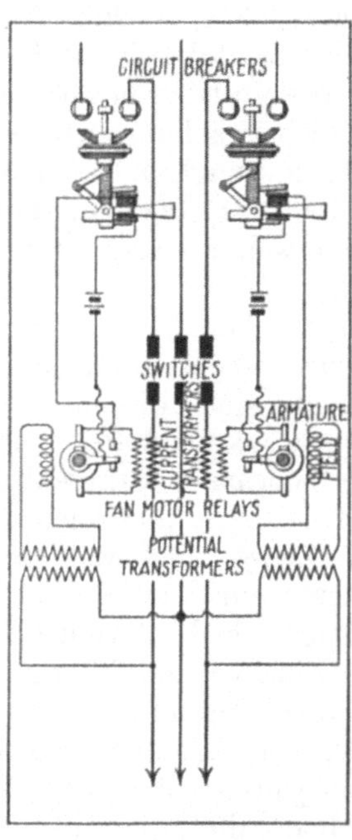

Abb. 39. Schema der Rück-
stromauslösung der Gen.-El.
Niagara. 1899.

diesen ersten Ausführungen bereits zu erkennen, nämlich diejenige
mit Stromwandlerauslösung, die mit Hilfsstromauslösung und die mit
direkter Auslösung. Es mag noch bemerkt werden, daß die Anwendung
einer von der Stromstärke abhängigen Verzögerung für Maximalschalter
damals bereits bekannt war, wie Stillwell in seiner Patentschrift aus-
drücklich bemerkt. Das Problem war, eine zuverlässige, einstellbare
Staffelung zu erzielen.

Die für die Doppelleitungen verwendete Rückstromschutzeinrichtung
der Gen.El. ist in Abb. 39 schematisch dargestellt. Als Rückstromrelais
benutzte man einen kleinen Ventilatormotor. Man ging hierbei davon
aus, daß sich auch bei Anschluß an Wechselstrom die Drehrichtung
eines normalen Gleichstrommotors umkehrt, wenn bei unverändertem

Feldanschluß der Anschluß des Ankers umgekehrt wird. Wenn man also das Feld des Motors von der Spannung des Wechselstroms, den Anker aber durch den Strom erregte, dann mußte die Richtung des Drehmoments sich umkehren, wenn die Richtung des Leistungsflusses wechselte. Wie aus der Skizze ersichtlich, bewegte der Anker einen Kontakthebel zwischen zwei Anschlägen. Bei normaler Leistungsrichtung fand kein Stromschluß für den Hilfsstromkreis statt, wenn sich aber die Leistungsrichtung umkehrte, wurde der Hilfsstromkreis geschlossen und dadurch die in der Skizze oben sichtbaren Automaten ausgelöst. Diese öffneten, wie bereits im Anschluß an Abb. 37 beschrieben, nicht selbst den Hochspannungsstromkreis, sondern nur den Kurzschluß für eine Hochspannungssicherung nach Abb. 28. Entsprechend ihrer Verwendung für den Leitungsschutz hatte die Einrichtung kein Zeitrelais. Die Außenansicht einer Tafel für Rückstromschutz gibt Abb. 40 wieder, oben sind die beiden Automaten mit der verstärkten tellerartigen Isolation, unten die Rückstromrelais in Gestalt der kleinen Motoren mit senkrechter Achse aufmontiert. — Die Wirkungsweise der Rückstromrelais hat man bereits damals recht genau untersucht, insbesondere kannte man die Empfindlichkeit der Einrichtung gegen Phasenverschiebung sehr wohl und verwendete zur Felderregung des kleinen Motors einen kleinen Dreiphasenspannungswandler, der so geschaltet wurde, daß die Phase der Spannung möglichst gut mit der Phase des Ankerstroms übereinstimmte.

Einen guten Einblick in das Schalthaus der Station Tonawanda der Niagara-Falls Power Co. gewährt Abb. 41. Man erkennt von links nach rechts die Hochspannungshebelschalter *a*, weiter im Hintergrund die Hochspannungsschmelzsicherungen (Stabsicherungen) *b* (Abb. 29), weiter nach rechts (oben hinten) die Drosselspulen *c*, vorn die Wurzschen Rollenblitzschutzvorrichtungen *d*, und rechts, halb verdeckt, eine Maximalzeitrelaistafel *e* nach Schema Abb. 37.

Die geniale Ausbildung des Selektivschutzes in der Niagaraanlage bildet jedenfalls einen Markstein in der Geschichte des Kampfes gegen den Hochspannungskurzschluß. Aber trotz dieser wohldurchdachten Einrichtungen hatte man bei dem weiteren Ausbau der Niagaraanlage außerordentliche Schwierigkeiten zu überwinden. Das lag haupt-

Abb. 40. Schalttafelfeld für Rückstromauslösung. Gen.El. Niagaraanlage 1899.

sächlich an der Unzulänglichkeit der Hochspannungsschalter, die oberste Heeresleitung war wohl gut, aber die Frontkämpfer taugten noch nicht viel. In den 2200-Volt-Anlagen scheinen die Apparate einigermaßen genügt zu haben. Aber nachdem mit zunehmender Leistung im Jahre 1900 die Oberspannung von 11000 auf 22000 Volt heraufgesetzt war, zeigte es sich deutlich, daß die Schaltapparate für diese Spannung dem Betrieb nicht mehr gewachsen waren. Man hatte nämlich inzwischen für die Unterbrechung der Hochspannungsleitungen

Abb. 41.   Station Tonawanda der Niagaraanlage 1899.

auf der 22000-Volt-Seite offene Hebelschalter mit magnetischer Auslösung der Firma Westgh. eingebaut, ähnlich wie Abb. 31. Diese Schalter hatten zunächst einen Öffnungsweg von $4^1/_2$ Ft (ca. 1,4 m), was sich aber als ungenügend erwies, da hierbei der Lichtbogen noch gelegentlich stehenblieb. Man vergrößerte nun die Apparate bis zu einer Schaltweite von 6 Ft (1,8 m), aber auch danach blieben die Apparate unzuverlässig. Durch die vielen Synchronmotoren und Umformer war der Betrieb sehr empfindlich, und wenn einmal auf der Strecke ein schwerer Kurzschluß entstand, dann blieb meist nichts anderes übrig, als die Maschinen in der Zentrale abzuerregen[1]. — Erst die bald darauf auch an dieser Stelle erfolgte Einführung der Ölschalter ermöglichte eine zuverlässige Betriebsführung.

[1] New high tension work of the Niagara Falls Power Co. El. World 1901 II, S. 94.

IV.
Hörnerschalter und Sicherungen.

Im Jahre 1895 war bei S. & H. von Ernst Oelschläger der Hörner-blitzableiter erfunden[1] und zusammen mit Franz Schrottke zu dem bekannten einfachen Modell entwickelt worden, das alsbald eine außer-ordentliche Verbreitung fand, da sich in-zwischen das Bedürfnis nach einer sicher wirkenden Blitzschutzvorrichtung für Hoch-spannung in den Freileitungsnetzen dringend geltend gemacht hatte. Der Gedanke, die Hörnerwirkung auch bei Schaltern und Sicherungen zum Erlöschen des Feuers zu benutzen, mag heute naheliegend erscheinen, die Ausführung ließ aber zunächst noch etwas auf sich warten. Erst im Mai 1897 meldete die Firma BBC.[2] ein Patent auf einen Hörnerschalter mit einem feststehenden und

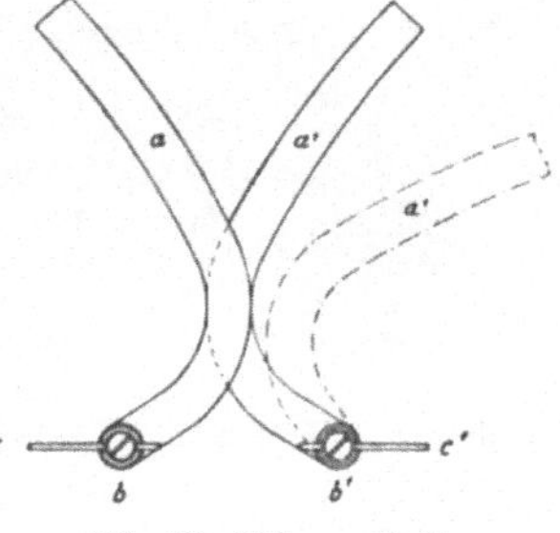

Abb. 42. Hörnerschalter.
Patentzeichnung von BBC. 1897.

einem beweglichen säbelartigen Horn an (Abb. 42). Dieses Patent war längere Zeit für die Schalterkonstrukteure bei den anderen Firmen ein rechter Stein des Anstoßes, und man versuchte durch mehr oder weniger schüchterne hörnerartige Ansätze an Hebelschaltern aus dem Bereiche desselben zu kommen. Als Beispiel eines Hörnerschalters mit einem feststehenden und einem beweglichen Horn mag der Hörnerschalter von V. & H. ange-führt werden, dessen Konstruk-tion von Bertram herrührte (1900). Der Apparat (Abb. 43) war sehr kräftig gebaut, aber ziemlich schwerfällig, auch war die Strombahn nicht gerade günstig; er war auf der Welt-ausstellung in Paris 1900 aus-gestellt und ist auch in einigen größeren Schaltanlagen (u. a. in London) verwendet worden. Elektrodynamisch richtiger war eine etwas spätere Konstruktion

Abb. 43. Hörnerschalter System Bertram.
V. & H. 1900.

der Firma V. & H. von Cippitelli 1901 (Abb. 44). Bei all diesen Apparaten mußten natürlich Zwischenwände zwischen den Polen an-gewendet werden.

---

[1] D.R.P. Nr. 91 133 vom 26. Januar 1896.

[2] D.R.P. Nr. 101 447 vom 15. Mai 1897. — C. E. L. Brown beschreibt die Hörnerwirkung bereits in einem Briefe vom 25. August 1894 an O. v. Miller. ETZ 1901, S. 613. Zu einer gebrauchsfähigen Ausführung ist Brown damals aber offenbar nicht gekommen, denn es ist nichts darüber bekanntgeworden.

Vielleicht hat die erwähnte Patentschwierigkeit mit die Anregung zu der weiteren grundlegenden Verbesserung des Hörnerschalters gegeben,

Abb. 44. Hörnerschalter, V. & H. 1901.

die darin bestand, daß man die beiden Hörner feststehend anordnete, ähnlich wie bei der Blitzschutzvorrichtung, nur etwas weiter auseinander, und daß man den Lichtbogen in irgendeiner Weise unterhalb der Hörner oder an denselben vorbeizog, so daß er von den Hörnern aufgenommen und zum Erlöschen gebracht wurde. Wohl die erste derartige Konstruktion rührt von C. Sprecher (später Sprecher & Schuh) in Aarburg her und ist im Jahre 1899 entstanden[1]. Wie aus Abb. 45 hervorgeht, war unterhalb der Hörner ein fingerartiger Bolzenkontakt angeordnet, der auf Ausschalten abgefedert war. In der Einschaltstellung wurde der Kontakt durch eine einspringende Klinke festgehalten. Das Ein- und Ausschalten geschah durch Zugschnüre. Diese Schalter arbeiteten ausgezeichnet, die Konstruktion wurde später dadurch vereinfacht, daß der Schalter durch

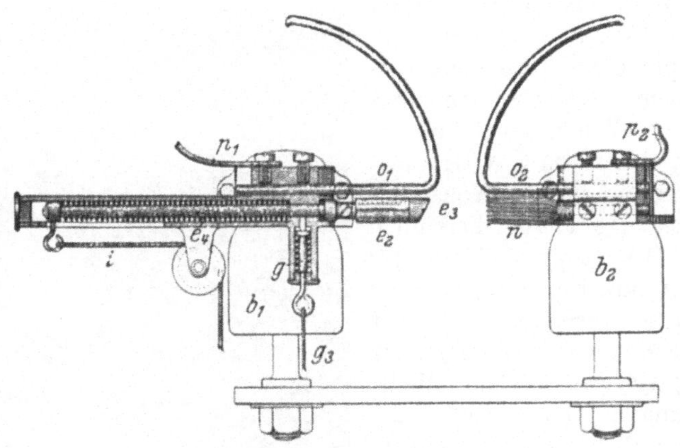

Abb. 45. Hörnerschalter von Sprecher. 1900.

einen danebengesetzten Schwinghebel bewegt wurde (s. Abb. 46). Für den Gebrauch in Schaltanlagen geschah die Betätigung des Schalters durch einen horizontalen Drehgriff vor der Tafel, dessen Bewegung durch eine Stange auf den oberhalb der Tafel angebrachten Schalter übertragen wurde. Der Hörnerschalter von Sprecher & Schuh war wohl die erste brauchbare Mastschalterkonstruktion, und noch heute sind in dem Netz des Elektrizitätswerkes Brugg (8000 Volt) solche

---

[1] Siehe ETZ 1900, S. 28 u. 1902, S, 653.

Mastschalter in Betrieb, die zu Anfang des Jahrhunderts dort eingebaut wurden.

Eine wesentlich andere Konstruktion von Hörnerschaltern mit feststehenden Hörnern, ebenfalls aus dem Jahre 1899, zeigt der Hörnerschalter der Firma Schuckert[1],
Abb. 47. Bei dieser Konstruktion
wird beim Abschalten ein triangel-
förmiges Hilfshorn an den feststehenden Haupthörnern vorbei
senkrecht herunterbewegt, der entstehende Lichtbogen wird von
den Haupthörnern übernommen.
Diese bestehen aus doppeltem
Draht, die einen Schlitz lassen,
dazwischen streift die Triangel.
Wie aus der Abbildung ersichtlich,
bilden die Hörner den Funkenzieher für einen zu beiden Seiten
angeordneten Messerkontakt. Die
Hörnerschalter der Firma Schuk-
kert sind in vielen größeren Schaltanlagen verwendet worden. Abb. 48
zeigt die Anbringung dieser Apparate in der Schaltanlage des
Elektrizitätswerkes Mainz 1899[2].

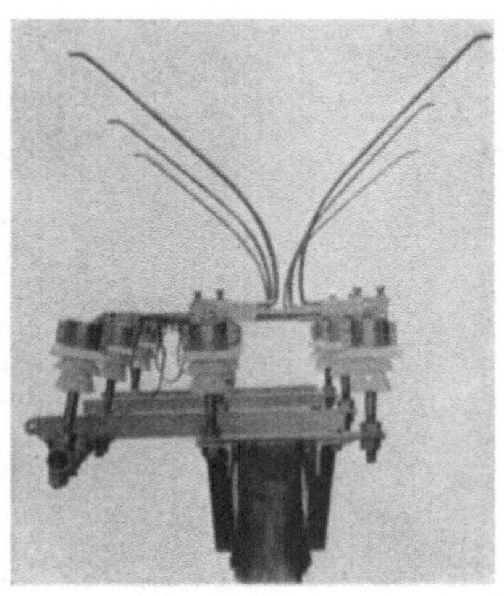

Abb. 46. Mastschalter. (5 kV.)
Sprecher und Schuh 1902.

In den Jahren 1901 und 1902 sind bei V. & H. von mir Schalter mit
feststehenden Hörnern konstruiért worden (Abb. 49), bei denen der

Abb. 47. Hörnerschalter. Schuckert 1899.

Lichtbogen durch die Kontaktbewegung über den unteren Teil der
Hörner hinweggezogen wurde, er mußte also von den Hörnern mit

---

[1] DRP. Nr. 114061 vom 12. September 1899.
[2] Furkel: Beschaffenheit und Entwicklung des städt. E.W. Mainz. ETZ.
1907, S. 1167.

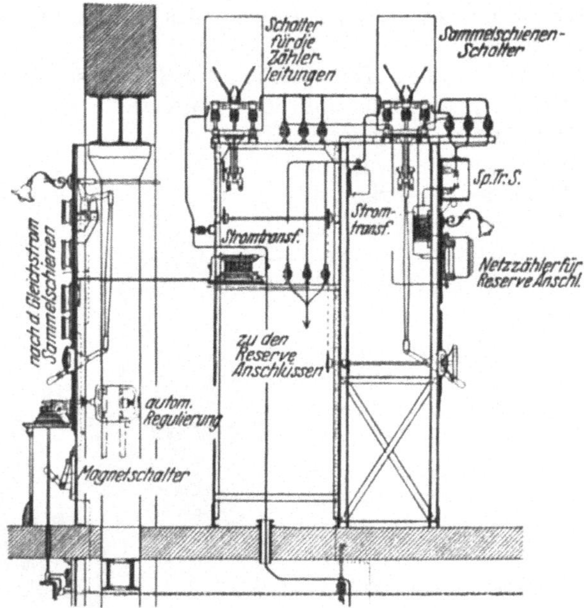

Abb. 48. Schaltanlage mit Hörnerschaltern von Schuckert. E.-W. Mainz. 1899.

Abb. 49.
Hörnerschalter 3 kV. V. & H. 1901.

Abb. 49a.
Schalttafel mit Hörnerschaltern. V. & H. 1902.

größter Sicherheit übernommen werden. Der Antrieb der Schwinge geschah vor der Tafel durch einen Handgriff mit halber Kurbelbewegung. In der Abbildung ist ein kleiner Apparat für 3 kV dieser Art dargestellt, der damals eine große Verbreitung gefunden hat. Abb. 49a zeigt eine mit solchen Apparaten ausgerüstete kleine Schaltanlage. Diese Hörnerschalter von V.&H. sind auch bereits viel als Maximalautomaten verwendet worden, Näheres über die Auslösung s. S. 97. Um das Zusammenschlagen der Lichtbogen zu verhüten, wurde über den Schalter ein unten und oben offener Kasten aus Asbestschiefer mit zwei Querwänden für jeden Pol gesteckt, so daß über jedes Hörnerpaar ein schornsteinartiger Raum entstand. Diese Schutzkästen hatten für kleinere Spannungen bis 5000 Volt eine recht gute Wirkung, für höhere Spannung taugten sie nicht viel. Man konnte sich hierbei nicht anders helfen, als daß man die Phasen weit genug auseinanderrückte und einfache Zwischenwände anwendete. Abb. 50 zeigt einen größeren Hörnerschalter von V.&H. für 10 kV. Der Funkenzieher hatte oben eine Rinne, womit er unten an den Hörnern vorbeistreifte. Die gleiche Anordnung hatte auch der Mastschalter von V.&H. (Abb. 51) 1901.

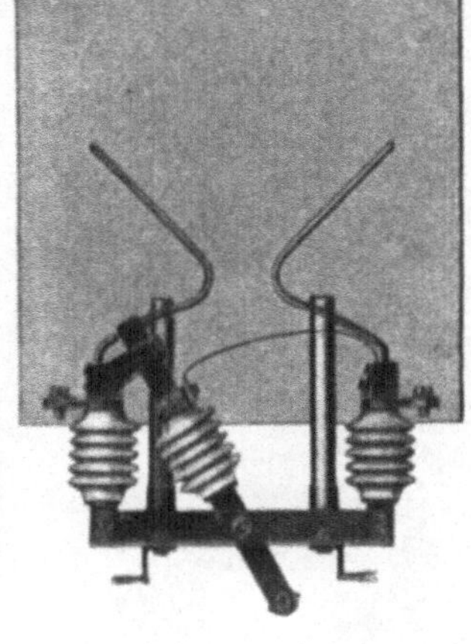

Abb. 50. Hörnerschalter 10 kV. V. & H. 1902.

Die Hörnerschalter waren bei richtiger Konstruktion sehr einfache und zuverlässige Apparate, auf deren Verwendung ich wenigstens nur schwer zugunsten der Ölschalter verzichtet habe; sie hatten wenig Untugenden und ihre größte Tugend, die vielfach nicht recht gewürdigt wurde, war, daß sie durch ihre natürliche elektrodynamische Wirkung besonders bei Kurzschluß vorzüglich arbeiteten. Als „richtige Konstruktion" möchte ich freilich hierbei auf Grund sehr eingehender Erfahrungen mit diesen Apparaten nur Ausführungen mit feststehenden Hörnern gelten lassen. Denn es ist m. E. nach ein sehr erheblicher Unterschied zwischen dem natürlich anwachsenden gewissermaßen disziplinierten Lichtbogen eines Schalters mit feststehen-

Abb. 51. Mastschalter. V. & H. 1901.

den Hörnern und dem gezerrten Lichtbogen eines Hörnerschalters anderer Konstruktion. Man hat später, namentlich in Amerika, den Hochspannungsschaltern mit offenem Lichtbogen vorgeworfen, daß sie gefährliche Überspannungen erzeugen. Das mag zutreffen bei den Schaltern mit gezerrtem Lichtbogen, aber bei Hörnerschaltern mit feststehenden Hörnern kann sich der Lichtbogen ruhiger entwickeln, — jedenfalls ist hierbei die beim Ausschalten entstehende Überspannung ohne praktische Bedeutung, wie eine vieljährige Erfahrung mit solchen

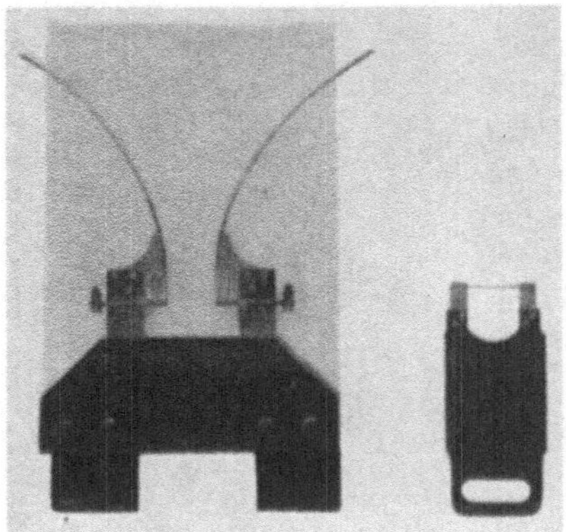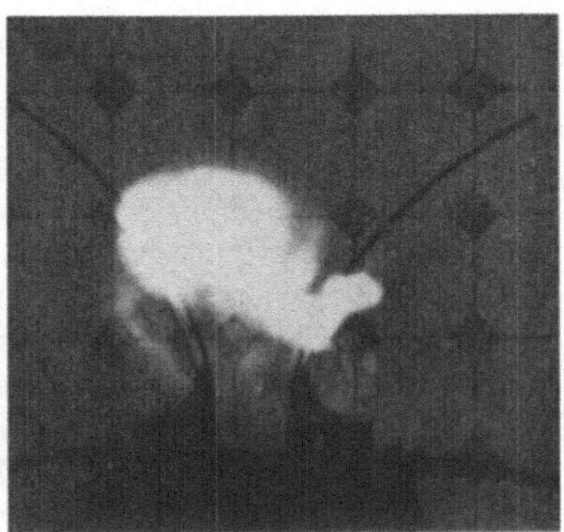

Abb. 52. Hörnersicherung. Firma Helios. 1899. Versuchapparat.

Apparaten einwandfrei erwiesen hat. Den Hörnerschalter hat man übrigens damals in Amerika in der Entwicklung der Hochspannungsschalter gewissermaßen überschlagen[1], weil dort die Ölschalter schneller als bei uns allgemein in Aufnahme kamen.

Als Mastschalter haben sich die Hörnerschalter auch nach der allgemeinen Einführung der Ölschalter dauernd in Anwendung erhalten und schließlich haben sie in neuerer Zeit in Amerika als Schalter für Freiluftanlagen, in Deutschland als Überstromschalter mit direkter Auslösung für kleine Transformatorenstationen eine recht erfolgreiche Wiederbelebung erfahren.

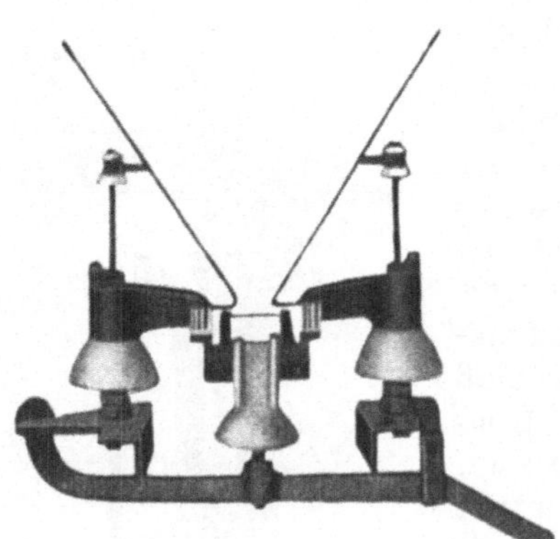

Abb. 53. Hörnersicherung. Firma Helios. 1900.

Im Frühjahr 1899 hatte ich bei der Firma Helios die Konstruktion einer Hörnersicherung in Angriff genommen. Abb. 52 zeigt die damalige erste Ausführung und eine damit erhaltene Lichtbogenaufnahme. Es dauerte aber noch etwa ein Jahr, bis ich aus diesen Anfängen eine brauchbare Form des Apparates entwickelt hatte, die nach Abb. 53 ohne weiteres verständlich ist. Diese Hörnersicherungen wurden in der

---

[1] Eine vereinzelte Anwendung für 33 kV in Los Angeles. El. World 1901 II, S. 96 (ohne Bild). — Eine Erwähnung des Schalters von Sprecher. Amer. Electr. 1900, S. 31.

Überlandzentrale Crottorf für 7000 Volt auf Masten zum Schutz und zur Abtrennung von Ortsnetzen verwendet[1] und bewährten sich gut. Eine erhebliche Verbreitung haben die 1901 von mir bei V. & H. konstruierten Hörnersicherungen gefunden (s. Abb. 54). Der große Vorteil der Einrichtung beruhte außer auf der

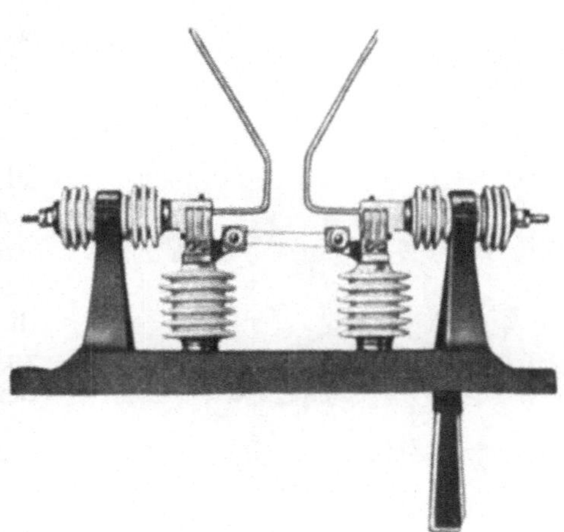

Abb. 54. Hörnersicherung. V. & H. 1901.

durchaus sicheren Wirkung bei schweren Kurzschlüssen auf dem gefahrlosen und billigen Ersatz der Patronen. Da das Modell (Abb. 54) nur oberhalb eines Bedienungsganges angebracht werden konnte, so wurde noch eine andere stehende Ausführung nach Abb. 55 eingeführt. Die Hörnersicherungen sind damals in den Industrieanlagen in Rheinland und Westfalen viel gebraucht worden. Sie waren z. B. auch in der Hochspannungsverteilungsanlage der Düsseldorfer Ausstellung 1902 in Anwendung, und da sich der Betrieb dort recht kurzschlußfreudig gestaltete, so hatten die Apparate hinreichend Gelegenheit zur Bewährung. — Als die Ölschalter mit selbsttätiger Auslösung aufkamen, hat man es in den Industrieanlagen im Anfang meist vorgezogen, zur größeren Sicherheit die Hörnersicherungen beizubehalten.

Abb. 55. Hörnersicherung. V. & H. 1902.

Erst allmählich ist man hiervon abgekommen, nachdem sich die Zwecklosigkeit dieser Vorsichtsmaßregel herausgestellt hatte.

---

[1] Dr. R. Apt: Die Hochspannungsüberlandzentrale Crottorf, Prov. Sa. ETZ 1901, S. 985.

V.

Röhrenschalter, Rollenschalter, Wasserschalter.

Auf die Konstruktion der Röhrenschalter ist man offenbar durch die Beobachtung gekommen, daß an gut schließenden Stöpselkontakten die Funkenbildung sehr gering ist, wenn man sie so schnell herauszieht, daß dabei ein luftverdünnter Raum entsteht, also ähnlich wie wenn man einen Stopfen aus einer Flasche zieht. Die Verwendung von Stöpselkontakten war in Amerika von jeher sehr beliebt. Insbesondere die Westgh. hat diese Schalterart frühzeitig bevorzugt, schon ihre Schalttafel für den Betrieb der Weltausstellung in Chicago 1893 war mit Stöpselschaltern ausgerüstet.

Die dort verwendeten Schalter zeigten bereits im wesentlichen den gleichen Aufbau wie die später sehr verbreitete verbesserte Konstruktion, die in Abb. 56 wiedergegeben ist. Der Apparat war ein Schalter hinter der Tafel, der aus Schaltelementen nach Abb. 56a zusammengesetzt war, von denen in der Regel zwei in Hintereinanderschaltung zur Unterbrechung einer Phase dienten.

Abb. 56. Röhrenschalter. Westgh. 1896.

Das Element bestand aus einem kräftigen Porzellanrohr, das in der Mitte mit einem seitlichen Ausblaseloch versehen war. In das Rohr war unten ein geschlossener Rohrkontakt und oben eine Führungsbuchse eingesetzt, ein mit geringem Spiel durch das Rohr gesteckter Kupferstab vermittelte den Stromschluß mit dem nächsten Element. Diese Elemente wurden sternförmig an einer Grundplatte hinter der Tafel befestigt; durch die Mitte war die Schaltstange zur Bewegung des gemeinsamen Halters für die Schaltstifte hindurchgeführt, sie wurde vor der Tafel durch einen langen Handhebel bewegt. Die Schalter ermöglichten eine sehr gedrängte Ausführung der Schalttafel (Abb. 57), man hat sie vielfach zusammen mit den Auspuffsicherungen (s. S. 24) verwendet, die auf der Abbildung auf der Vorderseite der Tafel rechts

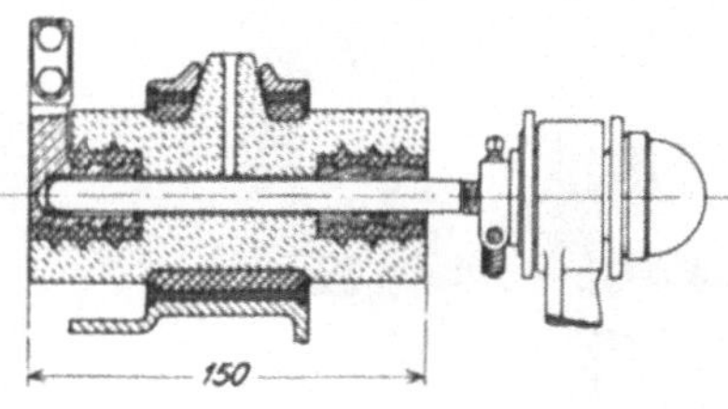

Abb. 56a. Schaltröhre des Röhrenschalters der Westgh. 1896.

unten sichtbar sind. — Die Röhrenschalter der Westgh. waren bereits
1896 für 500 bis 5000 Volt ziemlich verbreitet und fanden in der Folge-
zeit ein großes Verwendungsgebiet namentlich für kleinere Stationen

Abb. 57. Schaltanlage mit Röhrenschaltern. Westgh. 1899.

und für Verbraucheranlagen; in dieser Weise sind sie auch noch
längere Zeit nach Einführung der Ölschalter in Anwendung gewesen.

In Kanada hat man
ziemlich früh Stöpselschalter für Hochspannung in
einer recht eigenartigen
Ausführung verwendet;
sie wurden von der Royal
Electric Co. in Quebeck
fabriziert und man be-
zeichnete sie als Bajonett-
Stab-Schalter[1]. Es war
im wesentlichen ein ent-
sprechend großer ein-
poliger Stöpselschalter,
der der Hochspannung
wegen mit einer Holz-
stange gehandhabt wurde
(Abb. 58). Der fest-

Abb. 58. Schalttafel mit Bajonett-Stabschaltern.
12 kV. 1897.

stehende Kontakt befand sich oben an der Tafel und hatte die Form

---

[1] E. M. Archibald: Canadian water Power Plants. El. World 1897 II,
S. 416; 1899 II, S. 78, 999—1003.

eines nach unten zeigenden Fingers. Der Gegenkontakt war auf einer etwa 1,5 m hohen Stange angebracht und trug eine gut isolierte Zu-

Abb. 59. Schaltstation in Montreal. 1899.

leitungsschnur, die mit reichlichem Spielraum in mittlerer Höhe an der Schalttafel befestigt war. In der Einschaltstellung wurde der

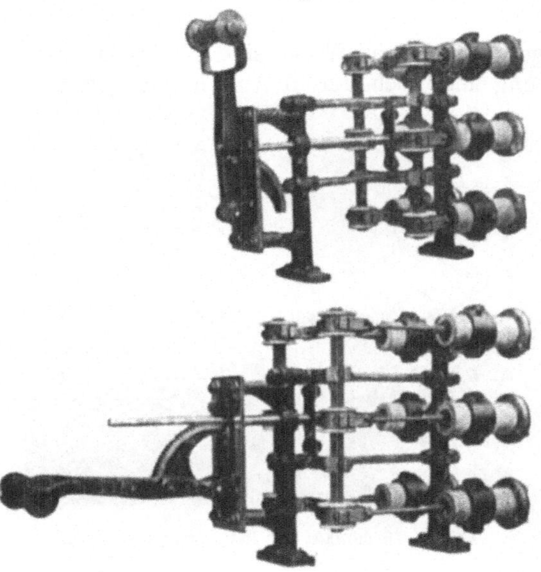

Abb. 60. Röhrenschalter. Oerlikon. 1898.

bewegliche Kontakt unten an der Stange in einer Führungsrinne gehalten. Zum Ausschalten faßte man die Stange mit beiden Händen und riß die Kontakte auseinander, wozu die Schnur hinreichend Spielraum bot. Die Schalter waren im Jahre 1897 anscheinend bereits ziemlich verbreitet; sie sind viel für höhere Spannungen gebraucht worden, denn es wird berichtet, daß sie für 12 kV mit gutem Erfolg verwendet worden seien. Abb. 58 zeigt solche Schalter in einer Zentrale unweit Quebeck für 12 kV und Abb. 59 gibt einen Blick in die Aufnahmestation der von Chambley (27 km) kommenden Fernleitung in der Stadt Montreal. In einem großen Raum waren hier 24 Transformatoren von 12 zu 2,3 kV aufgestellt. Vor jedem Transformator stand eine zugehörige Schalttafel, auf der für 12 kV zwei Bajonettschalter angebracht waren. Auf der Tafel links sind solche Schalter in ausgeschalteter Stellung zu sehen. — Ergänzend mag zu dem interessanten Bilde bemerkt werden, daß im Hintergrunde die eigentliche Verteilungstafel sichtbar ist. Hier befanden sich auf der oberen Galerie die 12 kV-Schalter für die ankommenden Fernleitungen. Es waren offene Hebelschalter; — aus der leider nicht durch eine Abbildung ergänz-

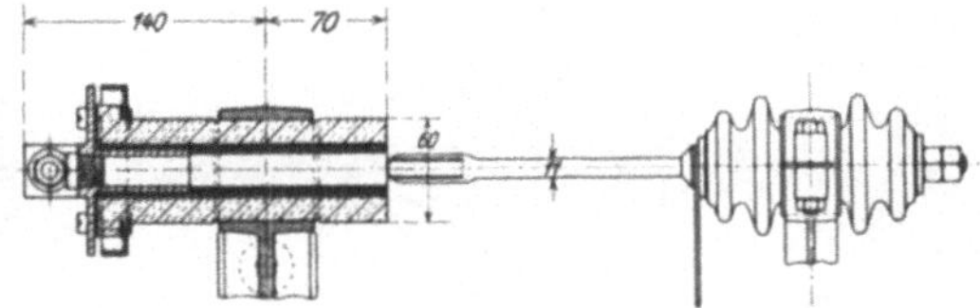

Abb. 61. Schaltröhre des Oerlikon-Schalters.

ten Beschreibung geht hervor, daß bei diesen Apparaten der Lichtbogen mit Druckluft ausgeblasen wurde, sie wurden durch einsteckbare, horizontal schwingende, etwa 0,8 m lange Handhebel bedient. Darunter war die Verteilungstafel für 2,3 kV, wo die Sekundärleitungen der 24 Transformatoren zusammenliefen und nach Bedarf auf die Speiseleitungen der Stadt geschaltet wurden.

In der Schweiz erhielt die Maschinenfabrik Oerlikon ein Patent (Nr. 18456), datiert vom 9. Dezember 1898, auf einen Röhrenschalter, der ebenfalls auf dem Stöpselprinzip beruhte. Die Ausführung des dreipoligen Schalters ist aus Abb. 60 zu ersehen, Abb. 61 zeigt einen Schnitt durch eine Schaltröhre.

Das Rohr war hinten geschlossen und der Stiftkontakt wurde ganz aus dem Rohr herausgezogen. Die Löschwirkung beruhte außer auf der Abkühlung des Lichtbogens an der Rohrwand, wohl auf dem plötzlichen Druckausgleich beim Austritt des Stiftes aus dem Gegenkontakt und aus dem Rohr. Diese Schalter haben etwa bis zum Jahre 1902 eine ziemliche Verbreitung gefunden, z. B. wurde das damals sehr moderne Elektrizitätswerk Lausanne (3 kV)

Abb. 62. Schaltsäulen zum Bedienen der Röhrenschalter. E.-W. Lausanne. 1901.

im Jahre 1901 damit ausgerüstet. Wie aus Abb. 62 zu ersehen ist, wurden die Schalter von Schaltsäulen aus, die auf einer Tribüne aufgestellt waren, durch Stangenantriebe bewegt[1]. — Im Jahre 1901 hatte ich Gelegenheit, mit einem solchen Röhrenschalter Versuche

---

[1] Apparatenanlage in der Zentrale und Umformerstation Pierre de plan des Elektrizitätswerkes Lausanne. ETZ 1901, S. 825.

anzustellen. Wenn die Unterbrechung schnell erfolgte, war das Feuer
bei dem Apparat merkwürdig gering und unterschied sich dadurch sehr
auffällig von den Hebel- und Hörnerschaltern. Leider war aber die
Wirkung nicht zuverlässig; das Feuer blieb bei mehrfachem Schalten
auch gelegentlich stehen, wie ich annahm, durch das Verschmutzen der
Kontakte und Rohre.
Jedenfalls nahm ich keine
Veranlassung, diese Kon-
struktionsrichtung weiter
zu verfolgen.

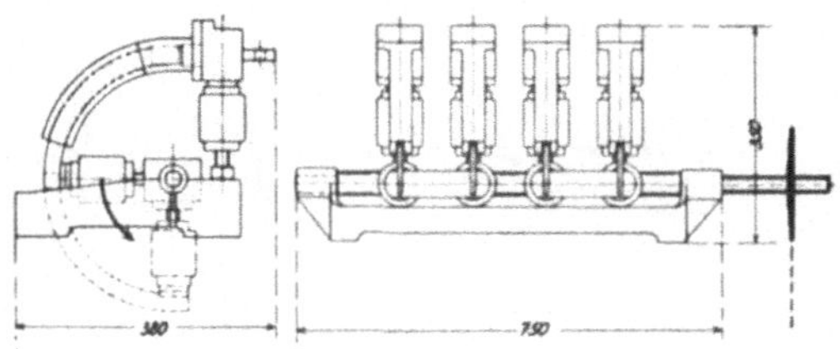

Abb. 63. Röhrenschalter. BBC. 1898.

Vermutlich auch aus
dem Jahre 1898 stammt
eine Konstruktion von BBC
(Abb. 63), die trotz ihrer
merkwürdigen Formgebung auch als ein Röhrenschalter anzusprechen
ist. Die Messer des Schalters waren hornartig in einem Viertelkreis-
bogen gekrümmt und bewegten sich mit geringem Spiel in Ambroin-
röhren. Der Schaltwinkel war 90⁰ und durch die U-förmige Verbindung zweier Messer wurde gleichfalls eine doppelte Unterbrechung

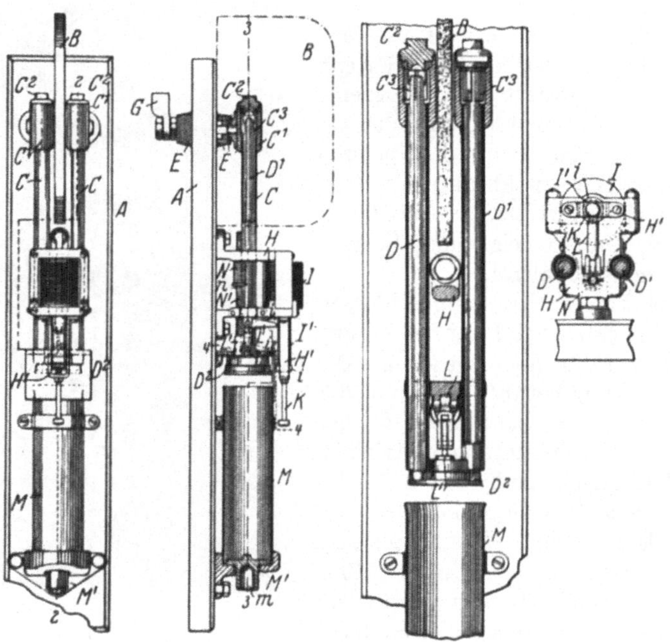

Abb. 64. Röhrenschalter mit Max.-Auslösung. Patent Hewlett. 1899.

je Pol bewirkt. Solche Schalter waren u. a. beinahe 10 Jahre im
Elektrizitätswerk Frankfurt in größerer Anzahl in Gebrauch.

Die Gen. El. hatte bereits im Jahre 1898 Röhrenschalter mit automatischer Auslösung gebaut, mit einem Rohr und einer Unterbrechung

je Phase[1]. In einem von E. M. Hewlett herrührenden Patent vom 11. Februar 1899 wurde diese Konstruktion durch Einführung der doppelten Unterbrechung mittels eines U-Bügels wesentlich verbessert. Die Konstruktion des einpoligen Apparates ist aus Abb. 64 nach der Patentzeichnung leicht zu übersehen, Abb. 65 zeigt die äußere Ansicht. Die beiden Zuleitungskontakte waren oben nebeneinander angeordnet, an beiden waren lange Fiberrohre befestigt, in denen sich der U-förmige Stabkontakt wie ein Posaunenschieber bewegte. Der U-Bügel trug am unteren Ende eine runde Scheibe, die bei der Abschaltung als Kolben in einen Luftbremstopf hinabtauchte und die Bewegung gegen Ende verzögerte. In der Einschaltstellung wurde der U-Bügel durch eine Klinke gehalten, die durch einen Elektromagneten gelöst werden konnte. Die Abwärtsbewegung wurde im Anfang durch eine Feder beschleunigt, bis der Bügel sich aus den Kontakten gelöst hatte. Die weitere Abwärtsbewegung wurde dann durch den Druck der heißen Gase an den beiden Unterbrechungsstellen wirksam unterstützt, — es heißt, daß bei Unterbrechung eines starken Kurzschlusses der Bügel mit großer Schnelligkeit herunter „geschossen" wurde. Die Stiftkontakte traten übrigens in der untersten Stellung nicht aus den Rohren heraus. Auf Abb. 65 ist links ein Holzstab sichtbar, gewissermaßen der Ladestock der Einrichtung. In der Ausschaltstellung steckte man diesen Stab unter den losen Bodenteller des Bremstopfes und schob damit die Scheibe mit dem U-Bügel in die Höhe, bis dieser in der Einschaltstellung durch die Auslöseklinke festgehalten wurde. — Die Handhabung z. B. eines dreipoligen Schalters dieser Art war ersichtlich etwas umständlich und natürlich der Einführung dieser Apparate in weiterem Umfange hinderlich. Die eigentliche Schaltleistung soll aber doch recht günstig gewesen sein. Als im Jahre 1901 zu Kalamazoo[2] die damals viel besprochenen Schaltversuche (Vergleich zwischen Hebel-, Röhren- und Ölschalter) stattfanden, durch die recht eigentlich die unbedingte Überlegenheit des Ölschalters dargetan wurde, schnitt ein Röhrenschalter nach dem oben beschriebenen System immerhin ziemlich gut ab, es wird berichtet, daß er noch bis 25 kV mitgemacht habe; darüber hinaus versagte er.

Abb. 65. Röhrenschalter mit Max.-Auslösung. Gen. El. 1899.

Die bisher besprochenen Arten von Röhrenschaltern sind in ihrer Wirkungsweise insofern ziemlich gleichartig, als der Kontaktstab aus der

---

[1] The Mechanicville Schenectady power transmission plant. El. World 1898 II, S. 233 u. 236.

[2] E. W. Rise jun.: The control of high potential systems of large power. El. World 1901 II, S. 374.

hinten geschlossenen Röhre herausgezogen wird. Demgegenüber schlug die Firma S. & H. mit ihrer im Jahre 1899 herausgebrachten Konstruktion (D.R.P. Nr. 114063 vom 17. Juni 1899) einen wesentlich anderen Weg ein, denn das Rohr war hierbei am hinteren Ende offen. Der Kontakt befand sich also, wie aus Abb. 66 ersichtlich, außerhalb der Röhre, was zunächst jedenfalls einige praktische Vorteile hatte. Der Fingerkontakt wurde in das Isolierrohr aus Gummiasbest hineingezogen (Schaltweg 250 mm). Auf diesem Wege passierte er zunächst einen isoliert eingelegten Metallring, dem nach dem Patent eine erhebliche abkühlende Wirkung auf den Lichtbogen zugeschrieben wurde. Die Löschwirkung der Einrichtung beruhte außer auf der Abkühlung durch den Ring und durch das Rohr wohl auch auf dem Luftwirbel, der durch das schnelle Hineinziehen des Fingerkontaktes an der Rohröffnung erzeugt wurde. Für größere Stromstärken war konzentrisch zu dem Fingerkontakt, der als Funkenzieher das eigentliche Ein- und Ausschalten besorgte, noch ein Kupferrohr als Schlußkontakt angeordnet. Wie bei den anderen Konstruktionen waren je zwei bewegte Kontakte U-förmig miteinander verbunden. Der Schornsteinaufsatz diente dazu, um das Zusammenschlagen der Lichtbogen außerhalb des Schalters zu verhindern. Die Schalter (Abb. 67) wurden listenmäßig für Spannungen von 3—15 kV geführt, sie sind aber nicht sehr viel in Anwendung gekommen. Bemerkenswert ist die Verwendung dieser Apparate bei Gelegenheit der Schnellbahnversuche Berlin—Zossen[1] 1901—1902. Die Apparate dienten hier als Lokomotivschalter, und zwar sowohl für die zugeführte Spannung 10 kV Drehstrom bei 50 Perioden, als auch für die Motoren (1150—1850 Volt), sie wurden mit Druckluft bewegt. In der Einschaltstellung verklinkte sich die Schalttraverse, beim Ausschalten ging der Druckkolben zunächst allein zurück, wobei kräftige Federn gespannt wurden. Am Ende des Kolbenweges wurde die Halteklinke gelöst und der Schalter schnellte durch die Federn in die Ausschaltstellung zurück.

Während sich von den Röhrenschaltern gewissermaßen noch ein Anklang in den Löschkammern vieler

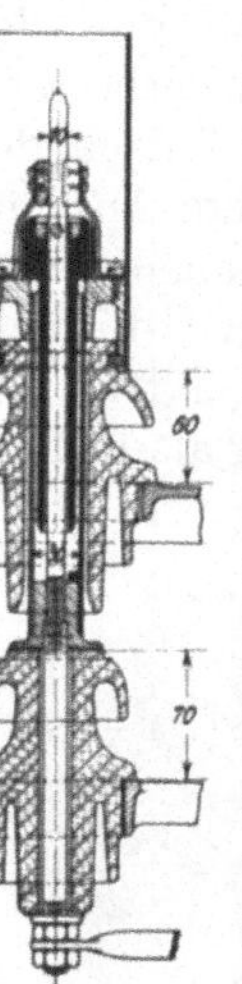

Abb. 66.
Schaltröhre des Röhrenschalters von S. & H. 1899.

Abb. 67. Röhrenschalter.
S. & H. 1899.

<hr>

[1] W. Reichel: Elektrische Schnellbahnen. ETZ 1901, S. 671.

moderner Ölschalter erhalten hat und die Hörnerschalter ja auch heute noch in Anwendung sind, ist eine andere merkwürdige Konstruktion von Hochspannungsschaltern restlos verschwunden. Es sind dies die Rollenschalter, die im Jahre 1896 von Hermann Müller bei der Firma Schuckert konstruiert wurden[1]. Der Apparat (Abb. 68) bestand aus einem als gewöhnlicher Hebelschalter ausgeführten Schlußschalter (in der Mitte) und dem als Funkenzieher hierzu dienenden Rollenschalter, der von dem Hauptschalter aus durch die abgeflachte Scheibe (3) bewegt wurde. Von der Mitte aus waren für einen Schalter von 50 Amp. 6000 Volt zu beiden Seiten je 8 Rollen (1) angeordnet, die einzeln auf federnden Zungen horizontal so angebracht

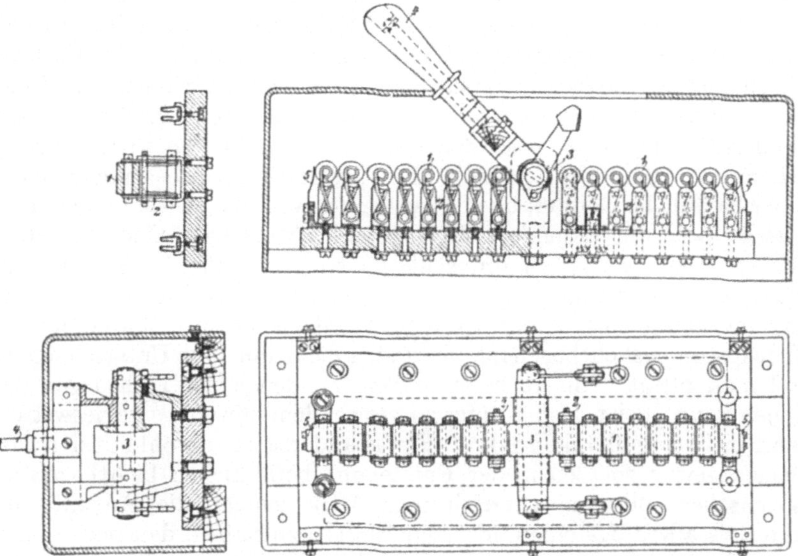

Abb. 68. Rollenschalter von Hermann Müller. Schuckert 1896.

waren, daß die im Ruhezustand, d. h. wenn der Schalter ausgeschaltet war, 1 mm Abstand voneinander hatten. Die letzte Rolle auf jeder Seite lehnte sich dabei lose gegen eine kräftige Blattfeder (5). Wenn der Schalter eingeschaltet wurde, so drückte zunächst die unrunde Scheibe (3) die nächsten Rollen zur Seite und diese Bewegung setzte sich bis an das Ende der beiden Rollenreihen fort, bis sie durch die Blattfedern (5) begrenzt wurde. Das erste Einschalten wurde also durch die Rollenkontakte bewirkt, wobei, wie aus der Abbildung zu ersehen ist, alle Rollen hintereinander geschaltet waren, danach schaltete der Schlußschalter ein. Umgekehrt besorgte der Rollenkontakt das letzte Ausschalten. Die Rollen federten dabei in ihre Mittellage zurück und die freie Ausschaltstrecke betrug also schließlich nur 16 × 1 mm für jeden Pol, bei einem dreipoligen Schalter im ganzen also 48 mm, was bei 6000 Volt nicht eben viel ist. Man wird diese merkwürdige Einrichtung

---

[1] ETZ 1898, S. 191. Ausschalter für hochgespannte Wechselströme.

heute wohl nur mit einem gelinden Gruseln betrachten, übrigens aber arbeitete sie unter sonst günstigen Umständen — geringe Stromstärke, induktionsfreie Belastung, keine Überspannung — doch noch besser als man meinen sollte, und solche Apparate sind denn auch an manchen Stellen, z. B. im Elektrizitätswerk Nürnberg, eine Zeitlang in praktischer Anwendung gewesen.

Der Konstruktion des Rollenschalters lag eine Beobachtung zugrunde, die man an den damals viel verwendeten Wurzschen Blitzschutzvorrichtungen gemacht hatte. Dieser Apparat bestand aus einer großen Anzahl kräftiger Metallrollen, die mit geringem Zwischenraum hintereinander angeordnet und mit einem Widerstand zwischen Leitung und Erde geschaltet waren. Bei Überspannung trat ein Überschlag ein, dem oft die Betriebsspannung nicht folgte, aber auch, wenn dies geschah, verlöschten die vielen kleinen Lichtbogen alsbald wieder. Man schrieb diesen Vorgang damals hauptsächlich auf Rechnung des bei den Rollen verwendeten Non-arcing-Metalls, von dem namentlich in der amerikanischen Fachliteratur dieser Zeit öfter die Rede ist. Es wurde nämlich behauptet, daß gewisse Metalle und Legierungen, insbesondere der in Amerika übliche Rotguß, auch Messing, ferner Zink, Antimon, Wismut, Quecksilber, die besondere Eigenschaft hätten, den Lichtbogen zu löschen oder wenigstens ihn schlecht zu unterhalten[1]. Es ist nicht richtig diese Wirkung zu leugnen, wie man es vielfach getan hat, wohl noch unrichtiger ist es allerdings sie zu überschätzen. Ein erheblicher Hochspannungslichtbogen kümmert sich nicht um diese Unterscheidung, und man pflegt denn auch an Stellen, an denen der Lichtbogen entstehen kann, meist doch Kupfer zu verwenden, obwohl es keineswegs zu den Non-arcing-Metallen gehört. Etwas anderes ist es wohl mit den ganz kleinen gewissermaßen in der Entstehung befindlichen Lichtbogen der Wurzschen Blitzschutzvorrichtung. Hier scheint die Auswahl des Materials allerdings einen gewissen Einfluß zu haben, den man freilich auch nicht zu hoch veranschlagen sollte. Die Löschwirkung der Einrichtung dürfte vielmehr in der Hauptsache auf die schnelle Abkühlung der kleinen Teillichtbogen durch die verhältnismäßig großen Metallrollen zurückzuführen sein. Dies wird verständlich, wenn man sich daran erinnert, einmal, daß die Wechselstromkurve 100 mal in der Sekunde durch Null geht und ferner, daß der Metalldampf eine wichtige Rolle bei der Unterhaltung des Lichtbogens spielt. Wenn nämlich durch die gute Wärmeableitung der Metallrollen eine kurze Zeit verbraucht wird, ehe genügend Metall für den Lichtbogen verdampft ist, dann fehlt für den Lichtbogen die leitende Brücke und er erlöscht leicht im Nullpunkt der Kurve. Es ist unschwer zu übersehen, daß diese Löschwirkung der Rollen nur zuverlässig sein wird, wenn einmal die Stromstärke gering ist und wenn außerdem die Teilspannung eines Lichtbogens nicht hoch ist. Bemerkenswert ist außerdem die große Ungleichmäßigkeit des Vorganges, da ja die Wirkung im einzelnen Falle von dem zufälligen Augenblickswert der Stromkurve beim Überschlag abhängt. Man kann sich

---

[1] Vgl. W. Hoepp: Über Unterbrechungslichtbogen bei elektrischen Schaltapparaten. ETZ 1913, S. 33.

hiervon leicht überzeugen, wenn man das Arbeiten einer Wurzschen Blitzschutzvorrichtung einige Zeit beobachtet. Man sieht dann, wie kaum merkbare Fünkchen mit recht deutlichen kleinen Lichtbogen regellos wechseln.

Der Gedanke, diese Löschwirkung der Rollen von der Blitzschutz-vorrichtung, deren Stromstärke durch einen Widerstand begrenzt wird, auf einen mechanisch bewegten Schalter zu übertragen, der doch auch mal gelegentlich einen kräftigen Strom abschalten sollte, war wohl von vornherein nicht gerade glücklich zu nennen. Daran konnte auch eine Überlegung nichts ändern, aus der immer ein besonderer Vorteil des Rollenschalters hergeleitet wurde und die sich auf die Auswertung des Nullpunktes der Wechselstromkurve bezieht. Beim Abschalten richten sich nämlich die Rollen, die beim Einschalten von der Mitte nach den Enden zu nacheinander zur Seite gedrängt waren, entsprechend ihrer Schrägung ebenfalls zeitlich nacheinander wieder auf, und es wurde nun angenommen, daß „wahr-scheinlich" wenigstens ein Rollenpaar sich ge-rade annähernd im Null-punkt der Kurve — also funkenfrei — voneinander trennen würde. Diese Wahrscheinlichkeitsüber-legung will uns heute nicht mehr so recht behagen, in der Tat blieb denn auch die Ungleichmäßig-keit der Wirkung be-

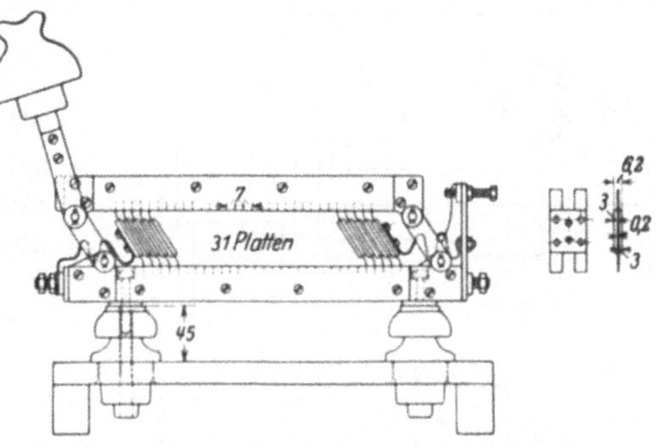

Abb. 69. Plattenschalter. Modell. S. & H. 1901.

stehen, und die Erfahrung zeigte, daß die Schalter nur da sicher arbeiteten, wo die Leistung sehr gering war.

Die Rollenschalter haben keine Schule gemacht. Zwar wurde noch im Jahre 1901 von S. & H. ein Patent genommen auf einen „Schalter für elektrische Ströme mit hintereinander geschalteten Stromschluß-platten"[1], ein Apparat (s. Abb. 69), bei dem statt der Rollen zahlreiche in der Einschaltstellung schräg geschichtete Metallplatten verwendet waren, die sich beim Übergang zur geraden Stellung um eine kurze Strecke voneinander entfernten — aber von einer praktischen Verwendung dieses Schalters wird nichts berichtet.

Im Zusammenhang mit den vorhergehenden Erörterungen über die Möglichkeit einer lichtbogenfreien Stromunterbrechung mag auch eine interessante Idee geschichtlich festgehalten werden, die allerdings erst viel später auftauchte und die darauf hinzielte, bei der Betätigung eines Schalters den Nullpunkt der Kurve gewissermaßen zwangläufig zu erfassen. Es ist dies ein Patent der Felten & Guilleaume Lahmeyer Werke aus dem Jahre 1909[2]. Das Schema (s. Abb. 70) zeigt zwei Schalter, einen zum Einschalten e und einen zum Ausschalten a.

---

[1] D.R.P. Nr. 134026 vom 17. Juli 1901.
[2] D.R.P. Nr. 220886 vom 13. März 1909.

Durch den von Hand betätigten Umschalter *u* kann entweder der eine oder der andere der beiden Schalter gesteuert werden. Geregelt wird der Vorgang durch einen synchron umlaufenden Kontaktschließer *m*, und zwar in folgender Weise: Stellt man zum Einschalten den Umschalter auf *e*, dann wird, wenn der Synchronkontakt *b* geschlossen wird, das Relais *r* erregt, das seinen Kontakt schließt und sich damit unabhängig von *b* über den Auslösemagnet *o* an den negativen Pol des Hilfsstromes legt. Solange der Synchronkontakt *b* andauert, hält er den Auslösemagnet *o* kurzgeschlossen. In dem Augenblick aber, wo *b* geöffnet wird, erhält *o* in Hintereinanderschaltung mit *r* Strom und der Schalter *e* wird ausgelöst und schaltet ein, worauf bei *h* auch der Hilfsstromkreis unterbrochen wird. Die Abschaltung durch Schalter *a* spielt sich in gleicher Weise ab, wenn man *u* nach *a* umlegt.

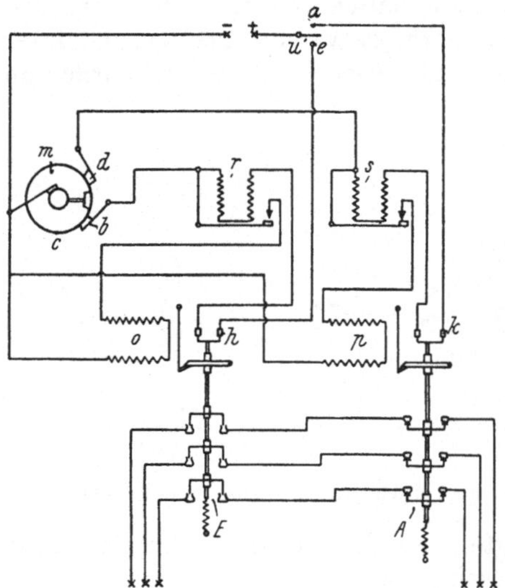

Abb. 70. Patent der F. & G. Lahmeyer W. — Schalten im Nullpunkt der Kurve. — 1909.

Man sieht, theoretisch war die Schaltung ganz folgerichtig überlegt, aber praktisch konnte die Einrichtung auch bei sorgfältigster Einstellung der verschiedenen Elemente nicht zuverlässig arbeiten, weil sich, abgesehen von anderen Bedenken und Fehlerquellen, die Klinkenauslösung der Hauptschalter zeitlich nicht auf die notwendige Genauigkeit hinbringen läßt, die in diesem Falle verlangt werden muß.

In den letzten Jahren vor der allgemeinen Einführung der Ölschalter hat man hier und da Wasserschalter in Anwendung gebracht. An sich mag die Idee, den Lichtbogen dadurch zum Erlöschen zu bringen oder wenigstens stark abzuschwächen, daß man ihn durch schlecht leitendes Wasser hindurchzieht, manches Verlockende bieten und derartige Konstruktionen sind wohl auch in vielen Fabriken probiert worden, auch ohne daß sie schließlich in die Praxis eingeführt wurden. Denn dem gedachten Vorteil stehen viele recht erhebliche Nachteile gegenüber, die im ganzen genommen die Einrichtungen als wenig zuverlässig erscheinen lassen. Man muß nämlich natürlich die Kontakte ganz aus dem Wasser herausziehen, um den Strom zu unterbrechen, das Wasser verdunstet und verändert seinen Widerstand, es fehlt jede Schmierung der Kontakte (ein Vorteil des Ölschalters, der immer unterschätzt wird) und die ganze Einrichtung ist, eben wegen des Wassers, elektrisch jedenfalls höchst unsauber, — kurz da, wo man diese Apparate angewendet hat, hat man wohl auf die Dauer keine rechte Freude daran gehabt. In Deutschland und in der Schweiz ist mir von der Anwendung solcher Wasserschalter nichts bekanntgeworden. Aus Amerika werden vereinzelte Anwendungen berichtet, so z. B. waren die Schalter der großen Ofenanlage für Karbiderzeugung (2,2 kV), die von den Niagaraanlagen[1] aus betrieben wurden, um 1900 mit solchen Apparaten ausgerüstet, die man, wie mir scheint, allerdings mit gleichem Recht als Flüssigkeitsanlasser ansprechen könnte. Hier wurde der Wasserschalter im Betriebe durch einen Hebelschalter kurzgeschlossen gehalten, zum Ausschalten wurde zunächst dieser geöffnet und dann der Wasserschalter langsam ausgeschaltet. — Am häufigsten sind die Wasserschalter in England[2] ange-

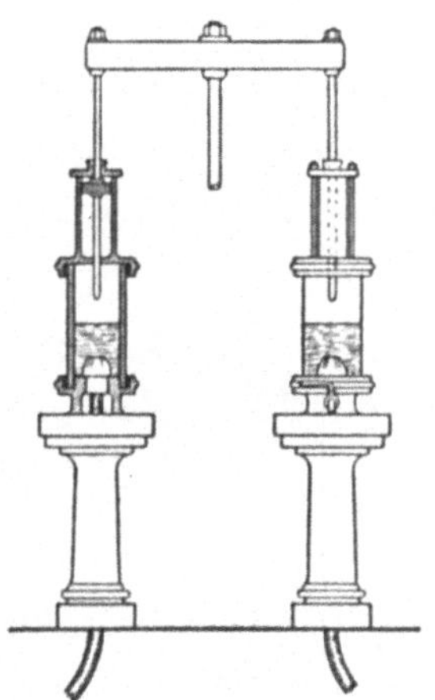

Abb. 71. Wasserschalter von Rawborth. 1900.

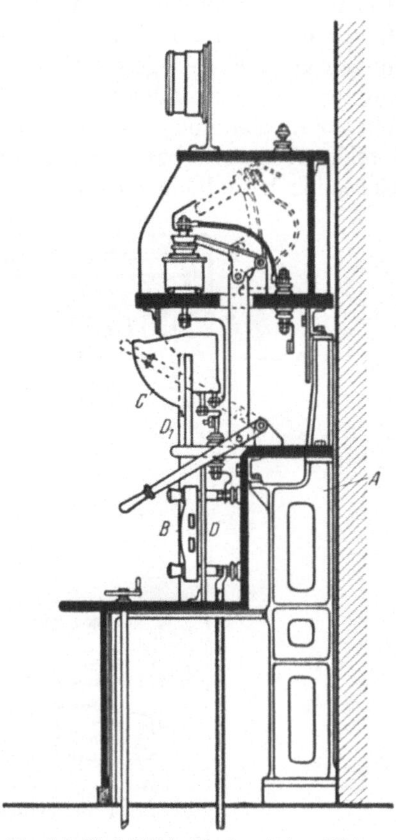

Abb. 72. Schalttafelfeld in Blackpool etwa 1902.

wendet worden. Abb. 71 zeigt eine Konstruktion von Rawborth, durch den Kolben über dem Schalter sollte wohl die Bewegung verlangsamt werden. Ferner zeigt Abb. 72 ein Schalttafelfeld in Blackpool, etwa 1902, in dem ein solcher Wasserschalter von Cowan eingebaut ist; es heißt aber, daß die Wasserschalter hier bald durch Ölschalter ersetzt wurden. — Eine erhebliche Verbreitung scheinen die Wasserschalter auch in England nicht gefunden zu haben.

---

[1] Amer. Electrician 1900, S. 14.

[2] Vgl. Andrews: El. Control, S. 43, 138, 142 u. 143; ferner El. Rev. 1902 I, S. 444.

VI.

Die Erfindung der Ölschalter.

Die Erfindung der Ölschalter hat nicht etwa wie ein Blitz plötzlich die Geister der Hochspannungstechniker erhellt, sie ging nicht wie ein Lauffeuer durch alle Lande, wie man sonst wohl von wichtigen Erfindungen anzunehmen gewohnt ist. Es hat vielmehr nach der ersten Erfindung noch etwa 5 Jahre gedauert, bis der Ölschalter allmählich allgemein zur Anwendung gelangte. Das lag zum Teil daran, daß überhaupt noch nicht überall ein besonderes Bedürfnis nach einer Verbesserung der im Gebrauch befindlichen Konstruktionen bestand, weil eben die Zen-

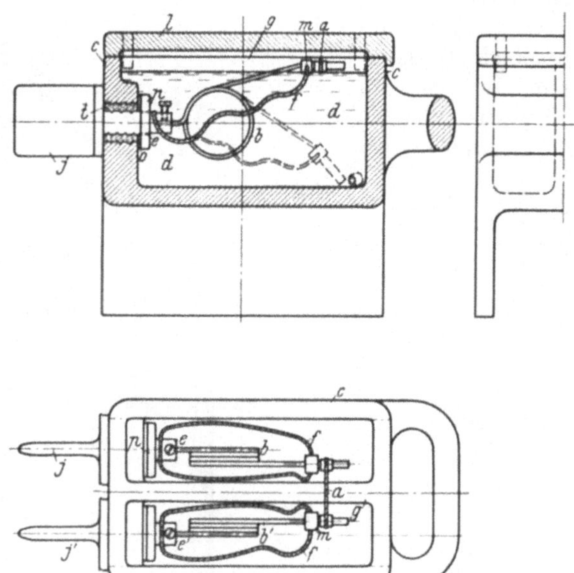

Abb. 73. Ölsicherung von Ferranti. Patentzeichnung. 1894.

tralen mit wenig Ausnahmem meist noch einen recht bescheidenen Umfang hatten, ferner aber auch daran, daß solange der schwierigste Teil des Schaltmanövers, die Abschaltung des Kurzschlusses, noch durch die Schmelzsicherungen erledigt wurde, die Anforderungen, die an die Schalter gestellt wurden, noch verhältnismäßig gering waren. Erst als man in den großen Werken in Amerika daran ging, den Kurzschluß durch automatische Schalter abschalten zu lassen, wurde für diese die Kurzschlußfestigkeit zu einem unbedingten Erfordernis, und erst als sich dabei herausstellte, daß die bisherigen Schalterkonstruktionen in dieser Hinsicht recht viel zu wünschen übrigließen, griff man zu dem Ölschalter, der bis dahin so ziemlich wie ein Veilchen im Verborgenen geblüht hatte.

Ich brauchte oben den vielleicht etwas anfechtbaren Ausdruck „erste“ Erfindung. In der Tat ist es bei der Erfindung der Ölschalter so, daß sich gewissermaßen drei Erfindungsherde unterscheiden lassen, in England, in der Schweiz und in Amerika, in denen die Erfindung des

Ölschalters der allgemeinen praktischen Verwendung entgegenreifte. Unter diesen drei Keimstätten des Ölschalters ist die älteste die Erfindung der Ölsicherung und des Ölschalters von L. Z. de Ferranti in England.

Im Jahre 1894 wurde von Ferranti ein englisches Patent auf eine Ölsicherung angemeldet[1], bei der zum ersten Male Öl als Löschmittel für den Lichtbogen verwendet wurde. Wie man aus der der Patentschrift entnommenen Abb. 73 und aus Abb. 74 erkennt, war die Sicherung in einem oben mit einem Deckel versehenen Porzellankasten untergebracht, der auf der Rückseite mit zwei Messerkontakten, vorn aber mit einem Handgriff versehen war, so daß man ihn nach Art einer Schublade in eine entsprechende Öffnung der Schaltwand einschieben konnte. Der Innenraum war durch einen Porzellansteg in zwei Tröge geteilt, die bis wenig unter den Rand des

Abb. 74. Ölsicherung. Ferranti 1894.

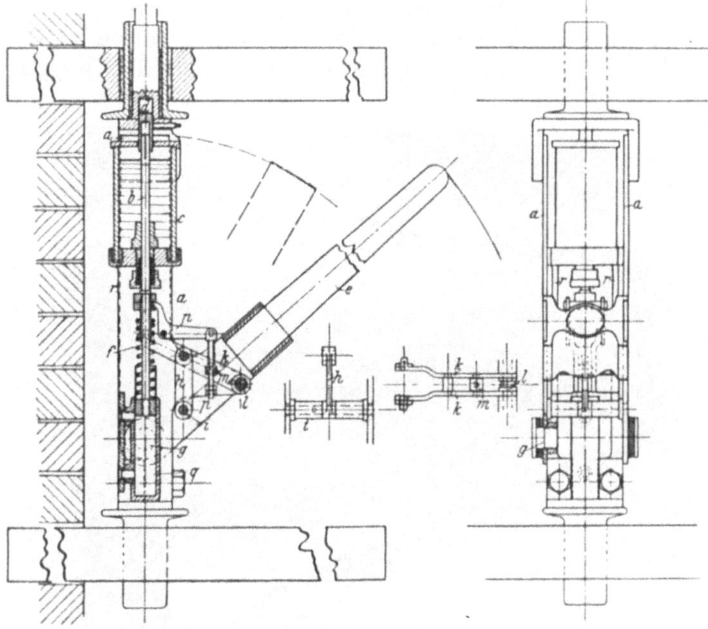

Abb. 75. Ölschalter. Ferranti. Patentzeichnung. 1895.

Steges mit Öl gefüllt wurden. In jedem der beiden Tröge war in Verbindung mit dem rückseitigen Messerkontakt ein nach unten ab-

---

[1] Der Titel des engl. Pat. Nr. 10917 vom 5. Juni 1894 von de Ferranti lautet: „Improvements in electric safety fuses or cutouts."

gefederter Kontaktarm angebracht. Die beiden Arme wurden quer über den Porzellansteg herüber durch den Schmelzdraht miteinander verbunden und dadurch hochgehalten. Der Schmelzdraht befand sich also außerhalb des Öles, und wenn er abschmolz, schnellten die beiden federnden Arme unter das Öl zurück. Der Lichtbogen entstand also in der Luft und wurde durch das Öl gewissermaßen abgeschnitten.

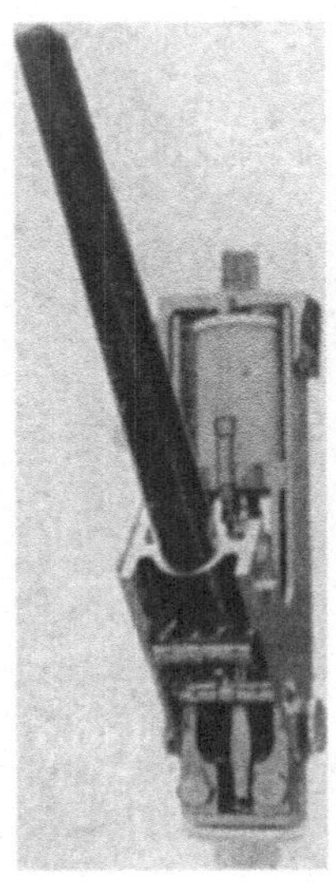

Abb. 76. Ölschalter 2 kV. Ferranti 1895.

Im folgenden Jahre meldete Ferranti das erste engl. Pat. (Nr. 13091 vom 6. Juli 1895) auf einen Ölschalter an, der sich in seiner Wirkungsweise an die beschriebene Ölsicherung anlehnt. Der Apparat bestand im wesentlichen aus einem außen gelegenen Luftschalter mit zwei parallelen Messern a (Abb. 75 und 76), der aber mit einem als Funkenzieher dienenden zusätzlichen Stiftkontakt b ausgerüstet war. Der Stiftkontakt befand sich in der Einschaltstellung oberhalb des Öltöpfchens c und erst beim Ausschalten tauchte der Stift in das Öl unter. Der Beginn der Stromunterbrechung geschah also auch hier in der Luft. Der Stiftkontakt hatte den Messern a gegenüber Nacheilung, denn zunächst wurde er bei der Abschaltung von der in dem Gestell gelagerten

Abb. 77. Einpolige Schaltanlage von Ferranti. 1896.

Klinke n zurückgehalten. Wenn diese im Verlauf der Schaltbewegung durch den Nocken m gelöst war, wurde der Stift durch die inzwischen gespannte Feder f mit großer Schnelligkeit in das Öl hinuntergezogen. Um die Bewegung gegen Schluß zu hemmen, war unten ein Öldämpfer angebracht.

Die Apparate von Ferranti waren gewissermaßen Spezialkonstruktionen für den genialen und eigenartigen Schalttafelaufbau, den er für sein Einphasensystem mit konzentrischen Kabeln entworfen hatte. Bei diesem System war der Außenleiter des Kabels schon von der Maschine an geerdet. Man hatte es also für alle Schaltmanöver nur mit einem Pol zu tun, und Ferranti hat es verstanden, den außerordentlichen technischen Vorteil, der in dieser Anordnung liegt, für den Aufbau seiner Schaltanlagen entsprechend auszunutzen. Da natürlicherweise die einpolige Anordnung es zuließ, die einzelnen Abzweige einer Verteilungsanlage ganz nahe zusammenzurücken, ergab sich als eine Eigentümlichkeit der Ferrantischen Schaltanlage (Abb. 77), daß eine Schalttafel mit einer großen Anzahl von Abzweigen nur einen sehr geringen Raum einnahm. Der Aufbau einer solchen Schaltanlage wird am leichtesten aus dem Querschnitt (Abb. 78) verständlich. Die geerdete Sammelschiene A befand sich unten, an ihr waren alle Außenleiter der konzentrischen Kabel angeschlossen. Die isolierte Sammelschiene J für die Innenleiter war ganz oben angebracht, jede Ableitung führte von hier zunächst durch einen Trennschalter T herunter zu einem Strommesser E, weiter herunter zum Ölschalter D und zur Sicherung C und endete schließlich in dem Innenleiter des Kabels. In der Kammer des Maschinenschalters war ein kleiner Zwischenkontakt G angebracht, wodurch die Maschine vor der Parallelschaltung auf die Synchronisierungseinrichtung (oben) geschaltet werden konnte. Die Schalttafel war meist an eine Mauer angebaut und alle Kammern waren mit emailliertem Schiefer unterteilt und ausgekleidet. Die Sicherungen waren an ihrem Handgriff bequem herauszuziehen, um den Schmelzdraht zu ersetzen, auch die Strommesser waren leicht zu entfernen.

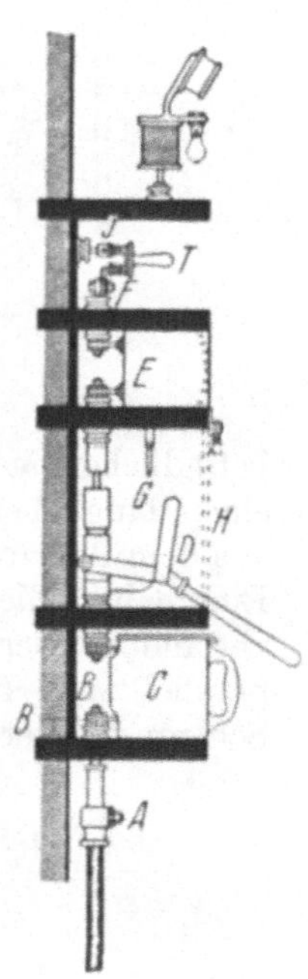

Abb. 78. Querschnitt eines Feldes. Ferranti 1896.

Die Besonderheit der Ferrantischen Anordnung sowohl bei der Sicherung wie beim Schalter ist die Stromunterbrechung in der Luft und das darauffolgende Untertauchen des Kontaktteiles unter das Öl. Dies ist auch in seinen Patentansprüchen eindeutig als Kennzeichen seiner Einrichtungen angegeben, und wenn man nach unseren heutigen Begriffen den Ölschalter als einen Apparat definieren wird, bei dem die Stromunterbrechung unter Öl erfolgt, dann wären die Apparate von Ferranti in diesem Sinne wohl nicht als eigentliche Ölsicherung und Ölschalter anzusprechen. Aber wenn auch Ferranti seinen Apparaten nicht die grundsätzliche Ausführung gegeben hat, die uns heute fast selbstverständlich erscheint, so ist er doch der erste gewesen, der bei Sicherungen und Schaltern das Öl zum Löschen des Lichtbogens mit gutem Erfolg verwendet hat und der damit den Weg zeigte, auf dem die sichere Beherrschung großer Hochspannungsleistungen möglich wurde. — Später, etwa um 1902, nachdem die Erfindung des Ölschalters sich bereits anderweitig durchgesetzt hatte, hat Ferranti für höhere Spannungen (15 kV) auch Schalter gebaut, bei denen die Stromunterbrechung völlig unter Öl erfolgte. Ein solcher Apparat ist in Abb. 79 u. 80 dargestellt. Der Ölschalter ist wieder der Funkenzieher zu einem außerhalb des Öles

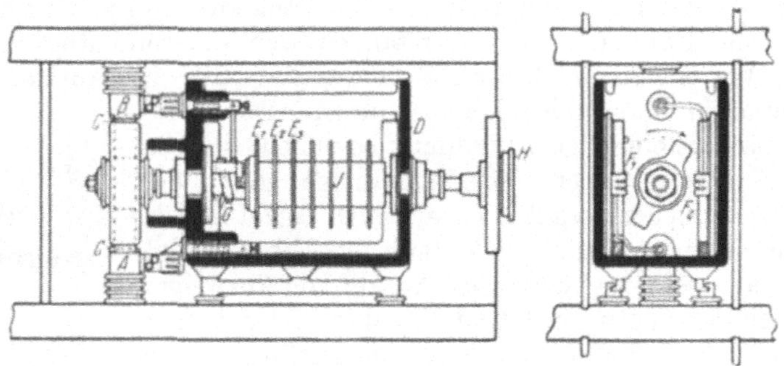

Abb. 79. Ölschalter 15 kV. Ferranti 1902.

befindlichen Messerschalter, er hat eine walzenartige Form und ist in einem länglichen Porzellankasten untergebracht. Die Achse tritt hinten aus dem Apparat heraus und trägt hier den Messerschalter C, der beim Einschalten die in der Schaltwand feststehenden Kontakte A und B verbindet. Der Topf des Ölschalters hat außen Messerkontakte für den parallel zum Bürstenschalter liegenden Ölschalter, der nach Art eines Schleppschalters Nacheilung gegen den Hauptschalter hat und der aus

Abb. 80.
Ölschalter 15 kV. Ferranti 1902.

sieben auf der Walze mit Zwischenlage aufgereihten Messern E besteht, durch die an den in Reihe verbundenen Gegenkontakten F eine 14fache Unterbrechung unter Öl bewirkt wird. Der Apparat wurde in die Schaltwand eingeschoben (Abb. 81) und war mit einem gleichartigen Schalter durch eine Schwinge gekuppelt, da er zum Schalten von Zweiphasenstrom gebraucht wurde. In der Abbildung ist unten auch die zugehörige Ölsicherung sichtbar, deren Querschnitt in Abb. 82 wiedergegeben ist. Wie man erkennt, ist der Schmelzdraht um die Kanten zweier zueinander geneigter Porzellanrohre herumgelegt und mit beiden Enden an weiche Kupferlitzen befestigt, die in dem unteren Teil des Apparates um Schnurrollen herumgelegt sind. Die Rollen sind gegen die Achse drehbar abgefedert, so daß, wenn oben der Sicherungsdraht schmilzt, die beiden Litzenenden in die mit Öl gefüllten Porzellanrohre herunterschnellen. — Eine erhebliche Anwendung scheinen diese späteren Apparate von Ferranti nicht gefunden zu haben, während die vorher beschriebenen alten Konstruktionen für Einphasenstrom in England eine große Verbreitung erlangten. Der zunächst eingeschlagene Weg, der für 2000 Volt und Einphasenstrom gut war, ließ sich eben für höhere Spannung, große Leistungen und Mehrphasenstrom nicht mehr mit gleichem Vorteil verfolgen.

Die Frage ist wohl nicht unberechtigt, wieso es kam, daß Ferranti bei seiner ersten Konstruktion von Ölschaltapparaten an der einfacheren Lösung der Aufgabe — das ganze Ding unter Öl zu setzen — gewissermaßen vorbeigegangen ist. Daß ihm das nicht eingefallen sein sollte, ist wohl nicht anzunehmen. Er muß also wohl Bedenken gehabt haben, die uns heute kaum mehr verständlich sind, ähnlich wie bei vielen anderen Erfindungen gegen die einfachste und natürlichste Lösung der Aufgabe teils von den Erfindern selbst, teils von anderen, oft die merkwürdigsten Bedenken vorgebracht worden sind. Ein Kontakt unter Öl — das schien eine recht fragwürdige Sache zu sein; schon in der Luft war ein

Abb. 81.   Schalttafel für Zweiphasenstrom 15 kV.   Ferranti 1902.

Kontakt, der nicht verlötet oder verschraubt war, eine wenig angenehme Stelle, und nun sollte man ihn auch noch in das hochisolierende Öl stecken, von dem man wußte, daß es sich in die feinsten Ritzen hineinzieht. Daß hier ein Irrtum vorliegt, weil nämlich die Luft bekanntlich auch gut isoliert, auch in alle Ritzen eindringt und außerdem noch die unerfreuliche Eigenschaft hat, auf die Metalloberfläche oxydierend, d. h. also leitungsverschlechternd einzuwirken — daß also faktisch der Kontakt unter Öl im Grunde besser und haltbarer ist als in Luft, auch abgesehen

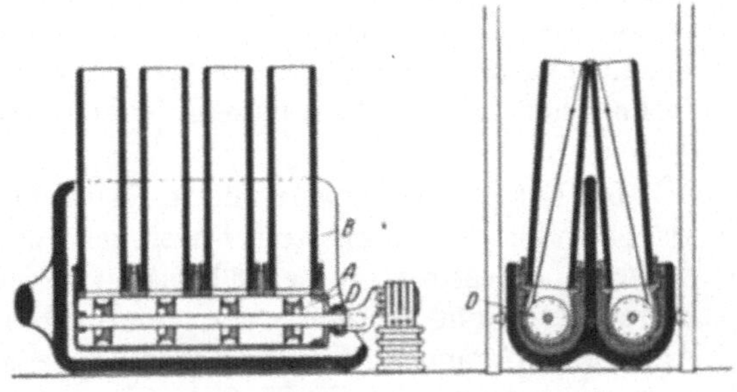

Abb. 82.   Ölsicherung 15 kV.   Ferranti 1902.

von der besseren Wärmeableitung —, das leuchtete damals zunächst niemanden ein, und es scheint, daß die meisten Erfinder der Ölschalter sich im Anfang mit diesen Bedenken herumgeplagt haben.

Und dann der Lichtbogen unter Öl — der war erst recht nicht geheuer. — Vielleicht darf ich als Stimmungsbild über meinen ersten Ver-

such nach dieser Seite hin berichten, der allerdings erst einige Jahre
später, Ende 1900, angestellt wurde. Ich war damals bei der Firma
Helios und hatte aus der Schweiz allerhand Sagenhaftes über den neuen
Ölschalter von Brown gehört. Um der Sache näherzukommen, stellte
ich zunächst einen Vorversuch über die Unterbrechung von Hochspannungsstrom unter Öl an. In einer auf dem Fußboden isoliert
stehenden ziemlich geräumigen Wanne, die mit hellem Öl gefüllt war,
war ein Kontakt einer Einphasenleitung befestigt. Der Gegenkontakt
war mit einem Kabel am Ende eines etwa 1,2 m langen Holzstabes angebracht; man nahm den Stab in die Hand und konnte nun nach Belieben den Stromschluß unter Öl herstellen und öffnen. Die Belastung
mag etwa 50 Amp. bei 3000 Volt gewesen sein, und da man von oben
bequem in die Wanne hineinsehen konnte, so war der Vorgang gut zu
verfolgen. Ich sah also den Lichtbogen unter Öl, fand ihn gar nicht so
klein und bemerkte gewissermaßen als Quittung über jede Stromunterbrechung ein Rußwölkchen im Öl. — Nach diesem Befund schien mir die
Sache doch nicht so harmlos zu sein, wie man sich erzählte, und ich ent-
schied mich dafür, sie liegenzulassen und lieber den Weg der Hörner-
schaltapparate weiter zu verfolgen, den ich gerade mit gutem Erfolg
eingeschlagen hatte. Das war gewiß etwas voreilig, aber es war damals
in der Tat nicht so leicht zu übersehen, daß die natürlichen Bedenken
gegen den Lichtbogen unter Öl bei den in jener Zeit noch niedrigen Hochspannungen und verhältnismäßig kleinen Energiemengen zunächst be-
langlos sein würden, — man konnte gewissermaßen nicht gut annehmen,
daß der Ölschalter das geduldige Schaf sein würde, als das er sich weiterhin wenigstens für die ersten Jahre erwiesen hat.

Wenn wir die Erfindung der Ölschalter vorerst in Europa weiter
verfolgen, so ist zu berichten, daß eigentlich niemand von Ferrantis
Arbeiten ernsthaft Notiz nahm. Ferranti machte damals so ziemlich
alles anders als die anderen Elektriker, er machte seine besonderen
Maschinen, Meßinstrumente, Kabel, mochte er also auch seine besonderen Schalter machen. — Man hörte in Deutschland sehr wenig
davon, die ETZ schwieg sich aus, wie denn überhaupt alles, was mit
Schaltapparaten und Schaltanlagen zusammenhing, in den deutschen
technischen Zeitschriften damals recht dürftig behandelt wurde.

Man hat in der Schweiz und in Deutschland immer C. E. L. Brown
als Erfinder des Ölschalters angesehen, und ich meine, daß wir ihm
diesen Ruhmestitel mit Recht belassen können, auch wenn er, allgemein
betrachtet, nicht der erste war, der für Hochspannungsschalter Öl zur
Anwendung brachte. Aber er hat wenigstens in Europa zuerst Apparate
hergestellt, bei denen die Unterbrechung völlig unter Öl erfolgte, und
er hat bei seiner ersten Ausführung die wichtigsten Konstruktions-
grundsätze für den Ölschalterbau, die heute noch Geltung haben, bereits
zur Anwendung gebracht. So gesehen, erscheint die Frage auch ziemlich
unerheblich, ob Brown die Konstruktionen von Ferranti gekannt habe.
Ich möchte das meinerseits wohl für wahrscheinlich halten, denn die
Elektrotechnik war damals noch mehr international als heute und so-

wohl Ferranti als auch Brown waren in ihr führende Persönlichkeiten — aber, wie gesagt, ich meine, der Ruhm der Ölschaltererfindung in Europa verteilt sich nach obiger Darstellung sinngemäß zwischen beide.

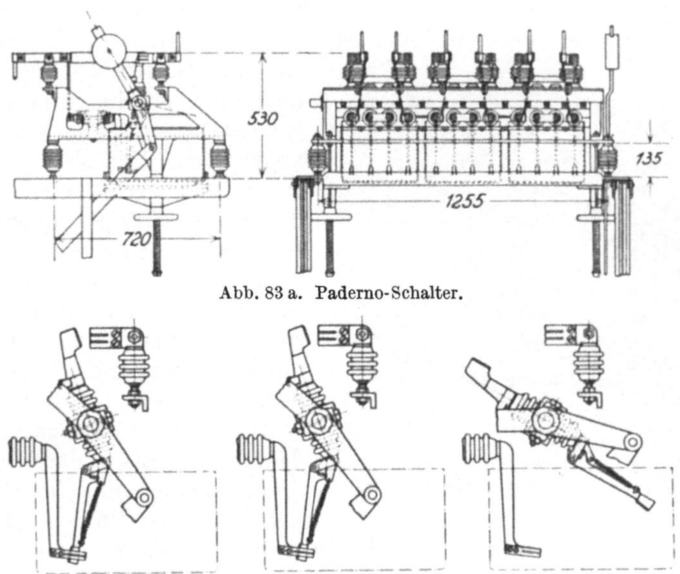

Abb. 83 a. Paderno-Schalter.

Abb. 83 b. Paderno-Schalter, Schaltvorgang.

Die Schwierigkeiten der höheren Spannung und der immer größer werdenden Leistungen haben Brown zur ersten Ölschalterkonstruktion veranlaßt. Damals, 1897—1898, wurde von der italienischen Edison-Gesellschaft das Elektrizitätswerk Paderno a. d. Adda gebaut[1], das die Versorgung der Stadt Mailand mit elektrischem Strom übernehmen sollte. Die Zentrale sollte bei vollem Ausbau etwa 10000 kW leisten, die Übertragungsspannung war 13,5 kV dreiphasig und wurde direkt in den Maschinen erzeugt. Jede Maschine hatte eine Leistung von 2000 PS — man brauchte also dringend zuverlässige Hochspannungsschalter.

Der verwendete Apparat, der in den letzten Monaten des Jahres 1897 konstruiert wurde, war ein Drehölschalter, der für jede der

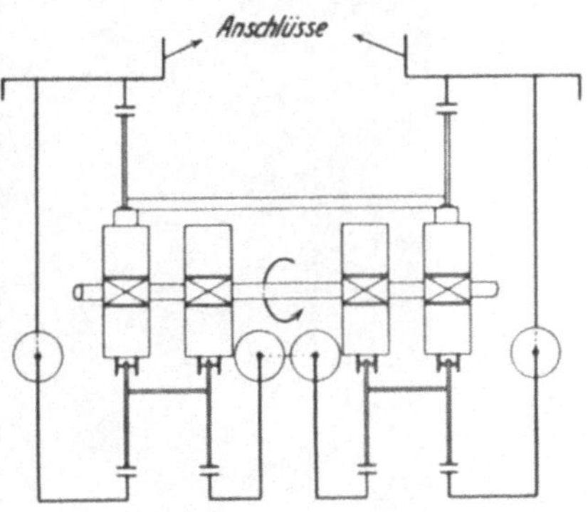

Abb. 83 c. Paderno-Schalter. Schema der Unterbrechung für eine Phase.

drei Phasen eine vierfache Unterbrechung bewirkte (Abb. 83 a, b, c).

---

[1] E. Vanotti: Das Elektrizitätswerk in Paderno d'Adda. ETZ 1899, S. 2. Die Beschreibung des Ölschalters ist dürftig (kein Bild). — Die Abb. 84 a und b sind aus einer Aufsatzreihe von B. A. Behrend: The dept of electrical engineering to C. E. L. Brown, der El. World 1902 I, S. 393, entnommen, beginnend 1901 II, S. 809.

Die 3 × 4-Einzelschalter wurden von einer gemeinsamen Welle bewegt
und befanden sich in drei eisernen Ölkesseln, die auf einem einfachen
Gestell nebeneinander aufgestellt waren und mit diesem zusammen
durch zwei an den Enden befindliche Schraubenspindeln herunter-
gelassen werden konnten. Anfangs hatte man anstatt der eisernen
Gefäße Glaströge vorgesehen,
aber man hat die Schalter doch
gleich schon mit eisernen Töpfen
abgeliefert. Die Metallteile des
Ölschalters ragten von oben in
die offenen Öltöpfe hinein. Alle
Isolatoren befanden sich also
außerhalb des Öles. Die Welle
war etwa 150 mm über dem Ölspiegel gelagert und bewegte
unten die Messer des Ölschalters,
oben aber für jeden Pol zwei
kräftige Überbrückungskontakte,
denn auch hier war der Ölschalter
gewissermaßen nur der Funkenzieher für den in der Luft be-

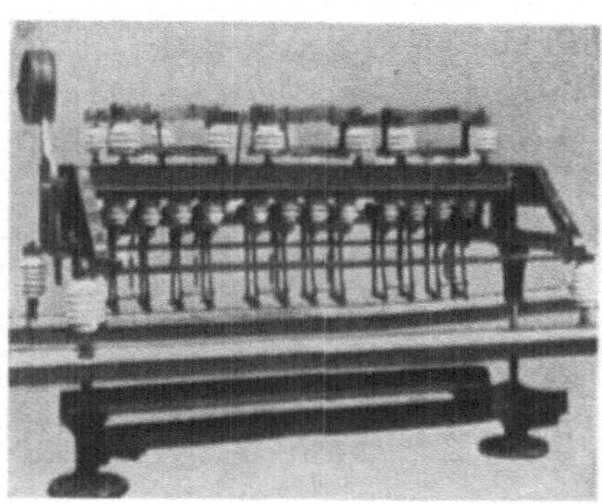

Abb. 84 a. Ölschalter von C. E. L. Brown im
E.-W. Paderno 1898. (Ölkästen abgenommen.)

findlichen parallel geschalteten Hauptschalter. Natürlich mußte der
Ölschalter Nacheilung gegen den Luftschalter haben und diese Forde-
rung wurde in sehr geschickter Weise durch die Momentschaltung des
Ölschalters erfüllt. Das Ölschaltermesser war nämlich ähnlich wie das
Schaltmesser eines Hebelschalters an seiner Befestigungsstelle für sich

Abb. 84 b. Anbringung des Ölschalters oben im Gerüst der Tafel.
Paderno 1898.

um einen gewissen Winkel zwischen Anschlägen drehbar gelagert und
wurde bei der Bewegung der Welle zunächst von seinem Gegenkontakt
mit Reibung festgehalten. Inzwischen wurde der Luftschalter geöffnet
und erst, wenn das Ölschaltermesser durch den Anschlag mitgenommen
wurde, verließ es den Kontakt, und zwar unter Einwirkung einer

Feder mit guter Schnappwirkung. Die Bewegung der Schalterwelle erfolgte seitlich durch einen Stangenantrieb mittels eines Handhebels vor der Tafel, der Schalter war direkt hinter der Schalttafel in etwa 2 m Höhe am Gerüst befestigt (Abb. 84a u. b). Wie man sieht, waren diese ersten Paderno-Ölschalter recht solide Apparate. Die Konstruktion war gewiß etwas schwerfällig, aber gerade die Einzelheiten der unter Öl befindlichen Schalterteile waren mit großer Sorgfalt behandelt. Mit genialem Scharfblick hatte Brown erkannt, worauf es bei der Konstruktion ankommt, die tiefe Lage der Kontakte unter Öl, der große Schaltweg, die Mehrfachunterbrechung, die große Schaltgeschwindigkeit durch die Schnappschaltung — diese Gesichtspunkte bei der Konstruktion gelten auch heute noch als wesentliche Kennzeichen eines guten Ölschalters. — Die Schalter haben dann auch in Paderno sehr gut gearbeitet. Nach ihrem Einbau probierte man sie mehrfach mit der vollen Maschinenleistung (80 Amp. bei 14 kV) sowohl auf einen Wasserwiderstand als auch auf eine untererregte Maschine, letzteres um phasenverschobenen Strom zu erhalten. — Das Abschalten ging immer ganz glatt, und es zeigte sich nichts Nachteiliges.

Nach diesem Erfolg der Paderno-Schalter hat Brown die Konstruktion des Ölschalters ziemlich bedächtig weiter verfolgt. Zunächst wurde für kleinere Spannungen der Apparat etwas vereinfacht. Für Hagneck (1898, 8 kV) wurden Schalter ganz ähnlicher Bauart verwendet, die aber je Phase nur zweifache Unterbrechung unter Öl hatten. In der ersten Zeit wurden die Ölschalter von Brown nur als Maschinenschalter verwendet, während für die Abzweige immer noch Luftschalter in Gebrauch blieben, soweit man sich nicht überhaupt nur mit Röhrensicherungen begnügte. Aus diesem Grunde hatten die ersten Ölschalter von Brown auch keine automatische Auslösung, und erst als ähnlich wie in Amerika auch für die europäischen Anlagen der Wunsch dringend wurde, die Sicherungen der Abzweige durch Schalter mit selbsttätiger Auslösung zu ersetzen, begann auch Brown allmählich den Ölschalter allgemein als Hochspannungsschalter für alle Zwecke zu verwenden. Zu dieser erweiterten Anwendung der Ölschalter war es nötig, den Paderno-Schalter zu einer handlichen Gebrauchstype umzubilden. Das wurde bis zum Jahre 1900 erreicht, um diese Zeit erscheint der Ölschalter bei BBC. in dem Gewande des einfachen ganz geschlossenen Apparates mit oberen Durchführungen und ohne zusätzlichen Luftschalter.

Diese erste Ausführung eines geschlossenen Ölschalters von BBC. ist deshalb geschichtlich recht interessant, weil ihr gewissermaßen noch sichtbar die Eierschalen der Erfindung anhaften. Wie bereits bei der Besprechung der Ferranti-Apparate auseinandergesetzt, scheuten die Erfinder des Ölschalters zunächst vor dem dauernden Kontakt unter Öl, von dem man irrigerweise allerhand Nachteile befürchtete. Um dieser Schwierigkeit auszuweichen, war bei dem Ölschalter von BBC. 1900 die Anordnung (nach einem D.R.P. Nr. 121420 vom 15. September 1900) so getroffen, daß in der Einschaltstellung das Kontaktmesser sich außerhalb des Öles befand, was, wie aus Abb. 85 ersichtlich ist, einfach durch recht lange Kontaktfedern erreicht wurde. Der Apparat war ein

Drehölschalter, die sechs in einer Reihe angeordneten Messer wurden direkt von der Welle bewegt, der Schalter hatte also zweifache Unterbrechung je Phase.

Um die Zeit, als diese Schalter zur ersten Anwendung gebracht wurden, hatte man auch bei den deutschen Firmen bereits angefangen, sich mit Ölschaltern zu beschäftigen — aber wir wollen diese Entwicklung hier jetzt nicht weiter verfolgen, sondern ein Bild zu gewinnen versuchen, wie in dem dritten Erfindungsherde, in Amerika, die ersten Ölschalter entstanden.

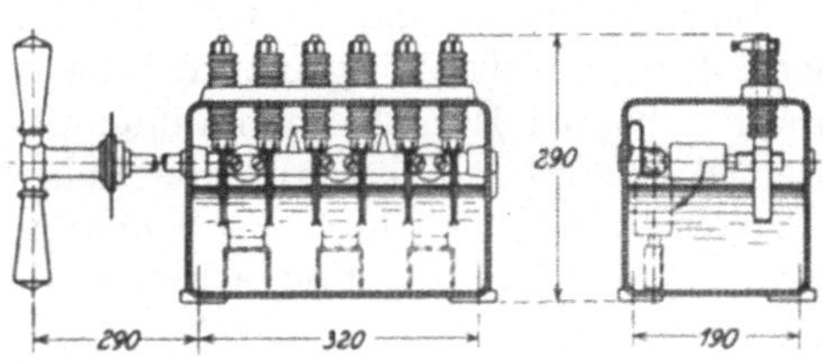

Abb. 85. Drehölschalter BBC. 1900.

In Amerika hat wohl zuerst E. M. Hewlett, Ingenieur der Gen.El., Öl zu Schaltzwecken verwendet. Bereits im Jahre 1895 konstruierte er für die Tidewater Oil Co., Bayonne, New-Jersey, einen Schalter nach Art eines Kontrollers, der in einem mit Öl gefüllten eisernen Kessel horizontal untergebracht war (Abb. 86). Es handelte sich damals darum, in der genannten Fabrik wegen der Gefahr leicht entzündbarer Gase den offenen Lichtbogen beim Schalten zu vermeiden. Durch die günstigen Erfahrungen mit diesen Apparaten wurde Hewlett veranlaßt, die Anwendung von Öl bei Schaltern weiter zu verfolgen. Man hatte damals nach dem Vorbilde der Niagara-Apparate (s. S. 30) schon häufiger Hochspannungsschalter mit Fernantrieb durch Druckluft versehen, und Hewlett verwendete diese Art der Fernbewegung nun auch für Ölschalter. Die ersten Apparate dieser Art scheinen von der Gen.El. für die Pennsylvania Railroad Co. hergestellt worden zu sein, sehr bekannt wurde ihre Ausführung für die große Zentrale der Brooklyn Edison Co., New York, die im Jahre 1898 in Betrieb gesetzt wurde[1]. Die Zentrale erzeugte Drehstrom von 25 Perioden und 6,6 kV, beim ersten Ausbau betrug die Leistung 25000 kW, es war aber Raum vorgesehen, um die Leistung zu vervierfachen. Die Ölschalter

Abb. 86. Erster Ölschalter von Hewlett. 1895.

waren nur als Maschinenschalter in Anwendung, ferner als Kuppelschalter zwischen den drei Sammelschienensystemen. Für die Abzweige verwendete man Sicherungen von der auf S. 23 beschriebenen Auspufftype und die üblichen Messerschalter. Für die Ölschalter hatte man noch einen Notschutz vorgesehen. Die Einrichtung bestand je

---

[1] El. World 1898 II, S. 580; Amer. Electrician 1899, S. 449.

Phase aus einem Trennschalter und parallel dazu aus einer dünndrähtigen Shunt-Sicherung (s. S. 24), die in einem besonderen Raum über der Schalttafel untergebracht war. Im Notfall konnte man den Trennschalter ziehen, worauf die Sicherung zur Wirkung kam und die Abschaltung besorgte. Man sieht, auch hier wurden, wie in Paderno, die Ölschalter zunächst nur verwendet, um die Sicherheit der Schaltmanöver mit den Maschinen zu verbessern, das Abschalten der Kurzschlüsse in den Ableitungen überließ man noch den Schmelzsicherungen.

Die Grundform der dreiphasigen Ölschalter (Abb. 87) war gegeben durch drei im Dreieck aufgestellte hölzerne Ölfässer. In jedes der Fässer

Abb. 87. Ölschalter mit Druckluftantrieb für die Brooklyn Edison Co. Gen. El. 1898.

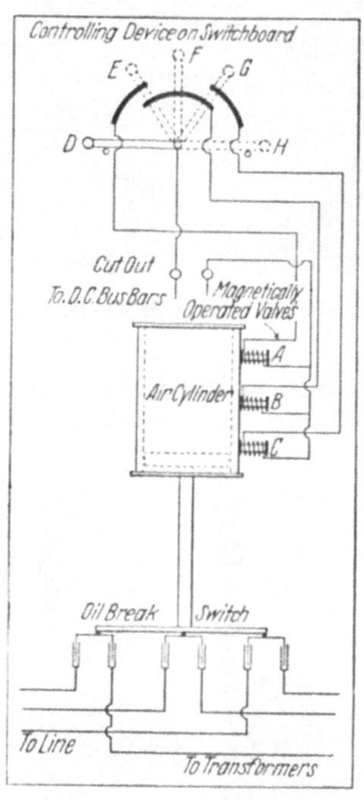

Abb. 87a. Steuerung des Druckluftantriebes an dem Ölschalter. Gen. El. 1898.

ragte von oben als beweglicher Kontakt ein Kupferbügel in Form eines umgekehrten U hinein, durch den die Leitung doppelt unterbrochen wurde. Die feststehenden Kontakte waren im Faß versenkt, aber die Anschlüsse waren, wie aus der Abbildung ersichtlich ist, aus jedem Faß nach oben herausgeführt. Die bewegten Kontakte für alle drei Phasen waren an einer gemeinsamen Platte befestigt, die von der Kolbenstange des über dem Deckel des Apparates angeordneten Druckluftzylinders gehoben oder gesenkt werden konnte. Die Steuerung des Druckluftantriebes geschah unter Zuhilfenahme elektromagnetischer Relais, welche kleine Druckluft-Hilfsventile bewegten, die nun ihrerseits die eigentlichen Steuerventile für den Zylinder betätigten. Die Schaltung der drei Steuerelektromagnete geht aus dem Schema Abb. 87a hervor.

5*

War *A* erregt, dann bewegte sich der Kolben abwärts, der Schalter wurde also eingeschaltet. War *C* erregt, dann ging der Kolben nach oben und schaltete den Schalter aus. Wenn *B* eingeschaltet war, dann wurde eine

Abb. 88. Ölschalter mit Druckluftantrieb in einer Station der Chicago Edison Co. Gen. El. 1899.

mechanische Verklinkung betätigt, die den Schalter in den Stellungen „ein" oder „aus" festhielt. Wie man sieht, wurde die Einrichtung zwar von der Ferne aus elektrisch gesteuert, war aber noch nicht für elektrische Auslösung vorgesehen. Immerhin hat man schon damals den Gedanken erwogen, eine Vorrichtung anzubringen, die in Abhängigkeit von der Synchronisiereinrichtung das Einschalten des Ölschalters bei falscher Phase verhindern sollte[1] — von der Durchführung einer solchen Einrichtung wird freilich nichts berichtet. — Abb. 88 gibt noch ein interessantes Bild wieder, nämlich die Anwendung solcher Schalter bei der Chicago Edison Co. 1899.

Abb. 89. Handölschalter der Cloos El. Engin. Co., Milwaukee. 1898.

Während die Weiterentwicklung dieser Ölschaltertype, die die Reihe der amerikanischen Groß-Ölschalter mit Fernantrieb für Zentralen und Unterwerke eröffnete, dank guter Veröffentlichungen aus dieser Zeit leicht zu verfolgen ist, ist es ziemlich schwierig, die geschichtliche Entwicklung

---

[1] El. World 1899 II, S. 14; Amer. Electrician 1899, S. 325.

des normalen direkt hinter der Tafel angebrachten Hand-Ölschalters in Amerika klarzulegen. In der El. World 1898 II (S. 663), im Dezember-Heft, ist ein Hand-Ölschalter der Cloos Electric Engineering Co., Milwaukee, Wisconsin, beschrieben, der jedenfalls einiges historisches Interesse beanspruchen darf. Bei dem Apparat (Abb. 89) wurde der gußeiserne Ölkasten an der Schaltwand befestigt. Die Kontaktbewegung geschah nach oben, weil man nämlich den Kontakt nach Art einer Plunger-Pumpe ausgeführt hatte. Hierdurch wurde bewirkt, daß im Moment der Unterbrecher durch den Luftdruck Öl zwischen die Kontakte gepreßt wurde. Bei diesem Apparat wurde also wohl zuerst eine künstliche Ölbewegung angewendet. Die Konstruktion ist aus Abb. 90 zu ersehen, wenn man hinzufügt, daß bei dem zweipoligen Apparat auf jeder Schmalseite des Kastens eine Leitung

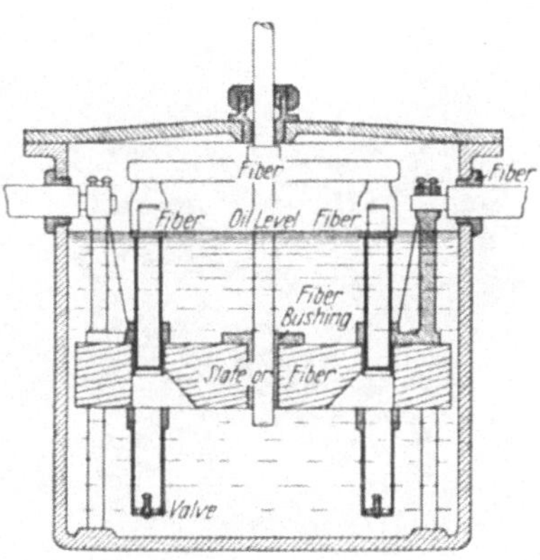

Abb. 90.
Anordnung des Cloos-Schalters. 1898.

herein- und wieder herausgeführt wurde, und daß je Pol zwei Plunger-Kontakte vorhanden waren, deren Zylinder ein gemeinsames Schlußstück bildeten. Die zweipolige Type hatte also vierfache Unterbrechung, sie war normal nur für 20 Amp. 2,5 kV bestimmt und war nur $100 \times 150 \times 175$ mm groß, doch gab es auch einen größeren dreipoligen Schalter für 300 Amp. 2,5 kV. Eine erhebliche Verbreitung scheinen übrigens diese Ölschalter der Cloos Co. nicht erlangt zu haben.

Eine andere Schalterkonstruktion dieser Art, die in mancher Beziehung schon einen erheblichen Fortschritt darstellt, ist der Ölschalter der Incandescent-Arc Light Comp. 1900 (Abb. 91). Hier ist der Schalter bereits von vornherein für selbsttätige Auslösung vorgesehen, der Topf ist abnehmbar und mit Holz ausgefüttert. Die Kontakte waren parallel zur Schaltwand angeordnet und die Schaltmesser waren mit runden Zwischenscheiben auf einer Welle aufgereiht, die

Abb. 91. Handölschalter der
Incandescent-Arc Light Co. 1900.

ebenfalls parallel zur Schaltwand im Kasten gelagert war und von einem vor der Tafel befindlichen Hebelantrieb ohne Freiauslösung bewegt wurde. Der Auslösemagnet befand sich vor der Tafel, die zugehörigen Stromwandlerrelais sind auf der Rückseite der Tafel sichtbar, die Auslösung geschah anscheinend mit Hilfsstrom oder nach dem Schema Abb. 94b. — Zu jener Zeit (etwa 1899) haben sich wohl noch mehrere andere Firmen mit der Konstruktion solcher Ölschalter beschäftigt, insbesondere wird hierfür die Condit-Electric Mfg. Comp. genannt, deren von L. L. Eldon konstruierte Schalter eine größere Verbreitung erlangten.

Die Gen.El. hat in dieser Zeit ebenfalls die Konstruktion eines einfachen Hand-Ölschalters durchgebildet, und zwar mit ausgezeichnetem Erfolge, denn damals wurde von W. L. R. Emmet und E. M. Hewlett jene Ölschaltertype[1] geschaffen, die seitdem eine Grundform geblieben ist und die sicherlich eine der besten Lösungen des Problems der Ölschalterkonstruktion überhaupt darstellt. Der Apparat ist in Abb. 92a ·wiedergegeben. Der Deckel des Ölschalters war mit einem rechtwinkligen Ansatz an der Schaltwand aufgehängt, der Ölkasten war mit Holz ausgefüttert und die sechs Einführungen standen in zwei Reihen senkrecht zur Tafel. Die drei bewegten Kontaktbrücken wurden von kräftigen runden Holzstäben getragen, die oberhalb des Deckels durch eine Traverse verbunden waren.

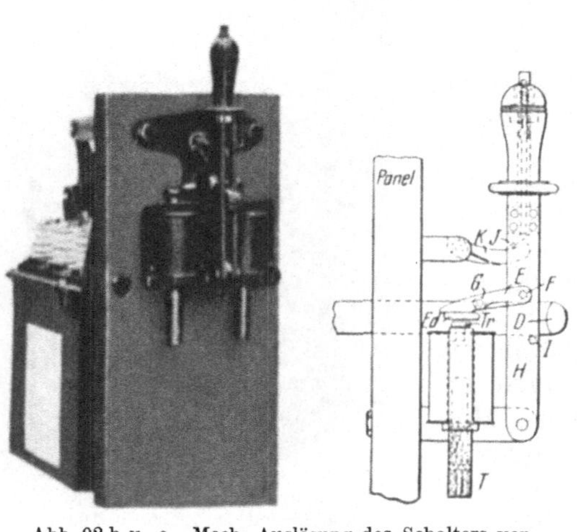

Abb. 92 a. Hand-Ölschalter von Emmet und Hewlett. Gen. El. 1901.

Die bewegten Kontakte hatten die Form abgestumpfter vierseitiger Pyramiden und ihnen entsprachen an den Durchführungsrohren befestigte, sehr kräftige, im Viereck schräggestellte Kontaktfedern, wodurch also ein leicht lösbarer konischer Kontakt gebildet wurde. — Daß die Ausbildung gerade dieser wichtigen Innenteile des Schalters damals bereits das Produkt einer gewissen Entwicklung war, kann man aus Abb. 93 erkennen, die eine frühere Ausführung dieses Schalters aus dem Jahre 1900 wiedergibt.

Abb. 92 b u. c. Mech. Auslösung des Schalters von Emmet und Hewlett. 1901.

Der Kniehebel im Antriebe Abb. 92a diente dazu, um auf leichte Weise den nötigen Kontaktdruck zu erzeugen. Bei dem einfachen Hand-

---

[1] Die amer. Pat. Nr. 789597 und 942491, beide vom 14. Februar 1901.

schalter war der Kniehebel in der Einschaltstellung etwas überzogen, um den Schalter festzuhalten. In der Ausführung für selbsttätige Überstromauslösung (Abb. 92b u. c) war der Kniehebel dagegen nicht durchgedrückt und der eingeschaltete Schalter wurde dadurch gesichert, daß der Handhebel vor der Tafel durch eine Klinke festgehalten wurde, die beim Abschalten von Hand durch einen Druckknopf am Handgriff gelöst werden mußte. Die beiden Auslösespulen (Springer), die von Stromwandlern erregt wurden, waren vor der Tafel angebracht und lösten bei Überstrom eine Verklinkung zwischen dem Handgriff und der Antriebsstange. Der Schalter schaltete nun aus, da der Kniehebel durch das Gewicht des bewegten Schalterteiles einknickte; hierbei wurde die Antriebsstange nach vorn zurückgestoßen, wodurch sie anzeigte, daß der Schalter selbsttätig ausgelöst habe. Da bei der Auslösung der Handhebel in Ruhe verblieb, so hatte dieser Ölschalter also bereits Freiauslösung.

Es mag erwähnt werden, daß — abgesehen von der frühzeitigen Anwendung der Freiauslösung bei Straßenbahnautomaten in Deutschland 1898 (s. S. 96) — auch in Amerika der Gedankengang der Freiauslösung bereits früher erörtert worden ist. In einem Aufsatz von S. H. Sharpstein in der Amer. Electrician, Januar 1899, S. 29, wird klar und mit richtiger Begründung die Forderung aufgestellt, „daß, wenn der Schalter auf einen Kurzschluß geschaltet wird, er wieder öffnet, unabhängig vom Handgriff". — Allerdings ist gerade bei der Freiauslösung der Weg vom Grundgedanken bis zu einer einfachen und praktischen Konstruktion ein recht schwieriger, das

Abb. 93. Ölschalter 15 Amp. 40 kV der Gen.El. 1900.

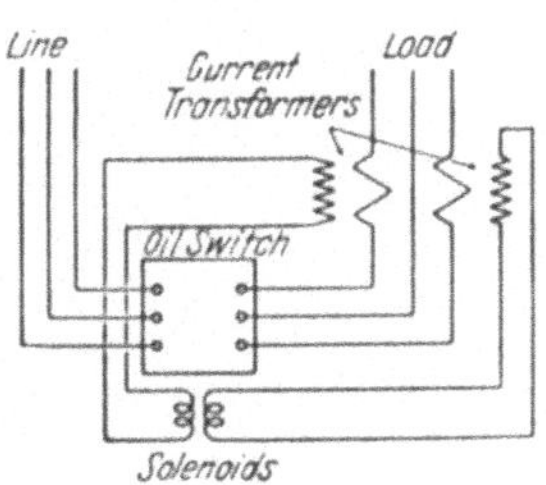

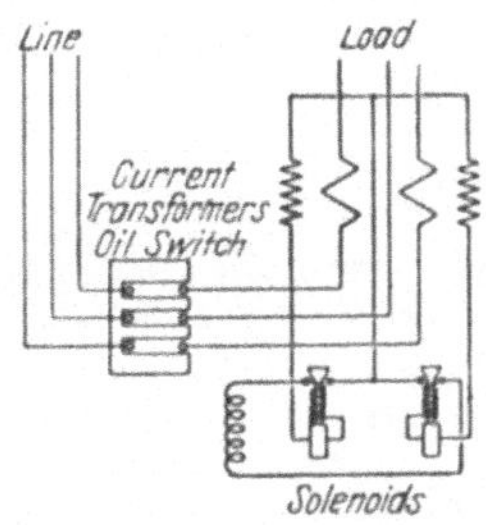

Abb. 94a u. b. Stromwandlerauslösungen.

Verdienst der beiden Konstrukteure Emmett und Hewlett liegt also ebensowohl in der sinnreichen Ausbildung der Auslösevorrichtung begründet, wie in der schlichten und zweckentsprechenden Anordnung der festen und beweglichen Kontakte.

Die Auslösung der Schalter geschah, wie schon bemerkt, durch Stromwandler, und zwar meist in einfacher Weise direkt (Abb. 94a),

was auch genügte, wenn es sich im wesentlichen um eine Kurzschluß-
auslösung handelte. Aber diese einfache Einrichtung verlangt kräftige
Stromwandler und hat den Nachteil, daß sie
bei langsam ansteigender Stromstärke un-
sicher ist, weil dann der aufsteigende Eisenkern keinen kräftigen Schlag auf die Klinke
ausführt, sondern matt heraufschleicht. Hiergegen hat man frühzeitig die Einführung von
Niederspannungs-Maximalrelais (Abb. 95) angewendet. Man nahm dabei entweder Gleichstrom zu Hilfe, wobei das Relais den Gleich-
stromkontakt für die Auslösespule schloß,
oder aber man löste auch bei Anwendung von
direkter Stromwandlerauslösung mit einem
Stromstoß aus. Dabei unterbrachen die
Relais bei Überstrom (Abb. 94b) einen Stromschluß, durch den sie vorher den Auslösemagneten kurzgeschlossen hatten. In Zen-

Abb. 95.
Niederspannungs-Maximalrelais.

tralen und größeren Stationen hat man sehr bald die Auslösung mit
Hilfsgleichstrom bevorzugt unter Einfügung eines unabhängigen Zeitrelais, wie bereits im 3. Kap., S. 32, beschrieben.

Die Handschalter der Gen.El.[1] wurden verwendet für 2,5, 7, 15 kV bei
300, 250, 100 Amp. Die Grundfläche
des Ölkastens betrug etwa 30 × 30 cm.

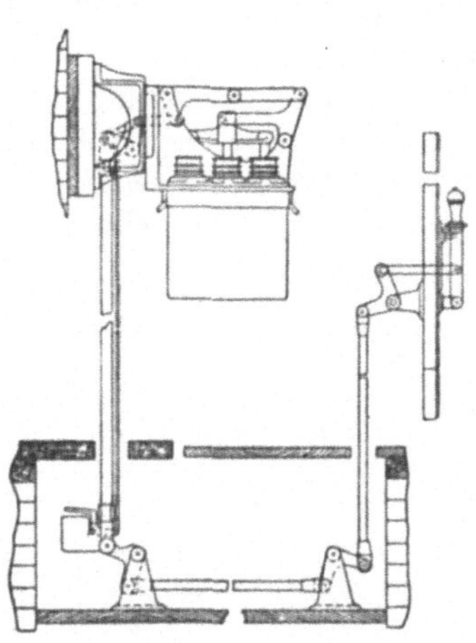

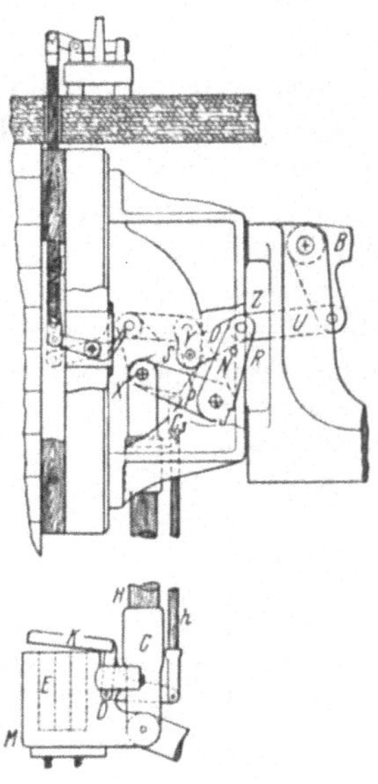

Abb. 96. Handschalter mit
Stangenantrieb. Gen. El. 1902.

Abb. 97.
Auslösung des Stangenantriebes.

Diese Apparate sind alsbald auch mit Stangenantrieben versehen
worden, von denen Abb. 96 u. 97 ein Beispiel geben. Die Einzelheiten der
Auslösung sind hierbei recht bemerkenswert. Um bei der Auslösung

---

[1] El. World 1901 II, S. 374; 1902 II, S. 247 u. 389; El. Rev. 1902 I, S. 320;
1902 II, S. 456; ETZ 1903, S. 274.

nicht das ganze Gestänge mitbewegen zu müssen, hatte man den Auslösemagneten an der letzten Schaltstange vor dem Ölschalter angebracht, der Auslösemagnet nahm also an der normalen Bewegung des Gestänges teil. Die Auslösung geschah so, daß der Anker mittels eines langen Stößers einen Kniehebel *SO* zum Durchknicken brachte, der die Stelle einer Verklinkung vertrat. Die Ausschaltbewegung erfolgte dann wieder durch das Gewicht der bewegten Kontakte, während das Schaltgestänge durch die Verklinkung am Handhebel festgehalten wurde. Der in der Abb. 97 oben befindliche kleine Schalter wurde, wie ersichtlich, in der Stellung „ausgelöst" umgestellt, er machte dann Kontakt für eine Signallampe.

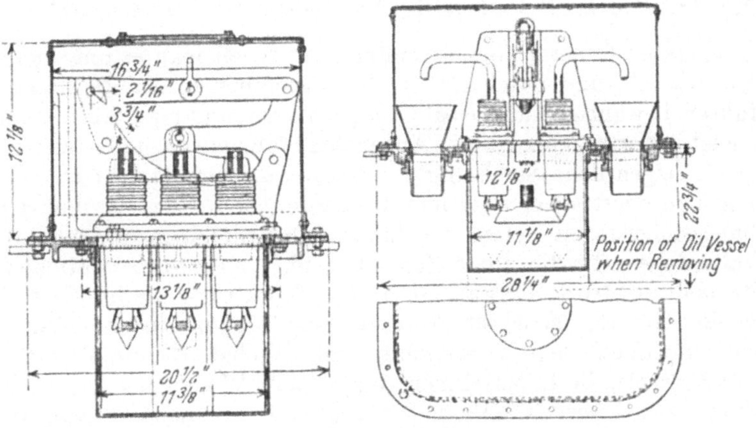

Abb. 98 u. 99. Kabelölschalter in Buffalo. Gen. El. 1902.

Man hat sehr bald versucht die Schaltleistung dieser Ölschalter dadurch zu erhöhen, daß man die drei Phasen in drei einzelne flache Ölkästen verteilte, die hart nebeneinander gesetzt und mit einem gemeinsamen Deckel abgedeckt wurden. In einer Veröffentlichung aus dem Jahre 1902 wird die Leistungsfähigkeit des Einkesselschalters dahin begrenzt, daß gesagt wird, der Apparat könne wohl äußerst den Kurzschluß einer 2500 kW-Maschine abschalten. Bei höheren Leistungen wird empfohlen, Dreikesselschalter anzuwenden. — Es mag noch erwähnt werden, daß man diese Schaltertype auch sofort zum Abtrennen von in den Straßen verlegten Kabeln verwendet hat, wozu sich die Kniehebelanordnung gut eignete, da sie, wie aus Abb. 98 u. 99 hervorgeht, bequem auch von oben bewegt werden konnte. Solche Schalter waren bereits Anfang 1902 in Buffalo in Anwendung[1].

Wie wir im folgenden Kapitel sehen werden, hat sich die Einführung der Ölschalter in den großen Zentralen in Amerika — unter dem Druck der großen Schaltleistungen — verhältnismäßig schnell vollzogen. Aber es hat doch länger — etwa bis 1904 oder 1905 — gedauert, bis die Anwendung des Ölschalters auch in kleineren Zentralen und bei den Ver-

---

[1] El. Rev. 1902 I, S. 319.

brauchern allgemein wurde. Noch im Herbst 1903 findet sich in der Electr. World eine eingehende Beschreibung[1] von normalen Schalttafelausführungen der Westgh., die noch alle mit Hebel- oder Röhrenschaltern ausgeführt sind. Am Schlusse ist nur gesagt, daß die Firma zur Zeit auch viele Schalttafeln mit Ölschaltern mit mechanischem oder elektrischem Antrieb baue — „aber da diese in der Regel besonderen Bedingungen genügen müssen, so fallen sie kaum unter dieselbe Klasse, wie die in diesem Aufsatz beschriebenen normalen Tafeln; sie wurden demnach nicht erwähnt".

VII.

Die Ölschalter der amerikanischen Großzentralen.

Die ersten Generatoren-Ölschalter, mit denen man es unternommen hatte, das Ab- und Zuschalten großer Maschinen in den Zentralen auszuführen, bewährten sich alsbald ausgezeichnet, und man faßte nunmehr ein solches Vertrauen zu diesen Apparaten, daß man dazu überging, ihnen auch die eigentliche Sicherung gegen die Kurzschlußgefahr in den Abzweigen zu übertragen, wozu man bis dahin, wie wir wissen, immer noch Schmelzsicherungen verwendet hatte. Dementsprechend wurden die Schaltanlagen für die große Zentrale und die Umformerstationen der Metropolitan Street Railway Co. of New York City, die im Jahre 1899 von der Gen.El. errichtet wurden, bereits ganz auf der Grundlage einer ausschließlichen Verwendung von Ölschaltern projektiert[2]. In dieser Zentrale, die 11 Maschinen von je 3500 kW bei 6,6 kV 25 Perioden enthielt, waren über 100 Ölschalter eingebaut, eine noch größere Anzahl war in den Unterwerken verteilt. Die neuen von E. W. Rice jun. zusammen mit E. M. Hewlett entworfenen Ölschalter mit Druckluftantrieb (Abb. 100) zeigten gegenüber den bisherigen Ausführungen eine ganz neuartige Konstruktion[3]. Für jede Phase waren zwei zylinderförmige Öltöpfe angeordnet; die Stromzuführung geschah für jeden Topf von unten und der Stromschluß zwischen je zwei Töpfen einer Phase wurde durch zwei oben wie ein umgekehrtes U verbundene Rundkupferstäbe herbeigeführt, die in die Öltöpfe eintauchten und bei der Einschaltung unten im Boden der Öltöpfe ihre ringförmigen federnden Gegenkontakte fanden. Der Schalter hatte also eine zweifache Unterbrechung je Phase, der Hub betrug 300 mm (für 6 kV), der Unterbrechungsweg war also auch nach modernen Begriffen recht reichlich. Die Öltöpfe waren aus Metall, das mit Fiber ausgebüchst war, um ein Überschlagen des Lichtbogens beim Abschalten zu verhindern. Der geringe Ölinhalt der Töpfe gegenüber den früheren Ölfässern war ein Vorteil der neuen Konstruktion, der bei der großen Zahl der Ölschalter in

---

[1] Stephan A. Hayes: Alternating current switch board. El. World 1903 II, S. 508.

[2] J. E. Woodbridge: The polyphase distributing system of the Metropolitan Street Railway Co. of New York City. El. World 1900 I, S. (463) 541.

[3] Eine erste Erwähnung dieser Schalter siehe El. World 1899 I, S. 108 (ohne Bild); ferner El. World 1899 I, S. 760 (mit Skizze).

der Zentrale in Rücksicht auf die mögliche Gefahr eines Ölbrandes sehr hoch bewertet wurde. Die Stiftkontakte der Apparate waren für 300 Amp. bemessen. Für größere Stromstärken bis 800 Amp. wurde ein zusätzlicher, außer Öl befindlicher Kontakt in Hutform, später eine Tastbürste verwendet, die in der Einschaltstellung die beiden Öltöpfe überbrückte. Nach oben zu wurde das Verbindungsstück der beiden Kupferstäbe von einer kräftigen Holzstange getragen und die drei Holzstangen des dreipoligen Schalters waren oben durch ein Querhaupt verbunden, das von der Kolbenstange des darüber befindlichen Luftzylinders bewegt wurde. Nach unten zu waren die beiden Öltöpfe für jede Phase mit ihren Durchführungsisolatoren in einer Gußplatte befestigt, die so ausgebildet war, daß sie in die Phasenkammer eingeschoben werden konnte. Hier waren von unten die beiden Kabelenden ebenfalls mit Durchführungen eingeführt und endigten in schalenförmigen Kontaktfedern. Diesen standen oben an den Durchführungen der Öltöpfe plattenförmige Endkontakte gegenüber, und man konnte nun durch Drehung eines Schlitzhebels die zunächst lose eingeschobene Platte mit den Öltöpfen etwas senken und dadurch die Öltöpfe mit den Kabelanschlüssen in Kontakt bringen. Diese Einrichtung hatte den Zweck, die etwaige Auswechselung der Öltöpfe zu erleichtern. Der Schalter war in einem

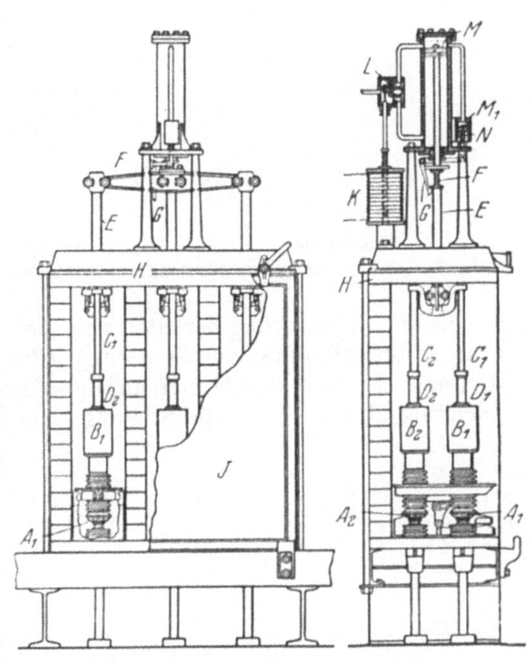

Abb. 100.   Ölschalter der Gen. El. 6.6 kV 1899, mit Druckluftantrieb.

dreiteiligen Gestell aus Ziegelmauerwerk untergebracht, das oben durch eine Steinplatte abgedeckt war und nach vorn durch eine abnehmbare Eisenplatte verschlossen wurde. Die Fernsteuerung des Druckluftantriebes geschah durch einen einzigen Magnet, dem eine kräftige Feder entgegenwirkte. Wenn der Magnet Strom erhielt, wurde das Steuerventil des Luftzylinders (ähnlich wie der Schieber einer Dampfmaschine) so gestellt, daß die Druckluft den Kolben nach unten drückte. Der Ölschalter schaltete also ein. Wurde der Magnet stromlos, dann wurde durch die Feder das Ventil umgestellt, die Luft drückte den Kolben nach oben und der Schalter schaltete aus. In der angehobenen Stellung wurde der Schalter noch durch einen riegelartigen Haken gesichert, der von dem Kolben eines kleinen Hilfszylinders zunächst gelüftet wurde, wenn der Steuermagnet das Ventil zum Einschalten des Schalters

verstellte. Der Steuermagnet mußte also in der Einschaltstellung des
Schalters dauernd eingeschaltet bleiben. Er hatte deshalb zwei Wicklungen, eine dickdrähtige eigentliche Arbeitswicklung für die Verstellung
des Ventils und eine zunächst kurzgeschlossene dünndrähtige Haltewicklung, die durch die Ventilbewegung bei Beendigung des Hubes vorgeschaltet wurde (siehe das
Schema Abb. 104).

a   b   c

eingeschaltet   ausgelöst   von Hand ausgeschaltet

Abb. 101. Pultschalter mit Auslösung. Gen. El. 1899.

Da die Rückleitung der Steuermagnete für alle Schalter gemeinsam
war, so brauchte man zur Steuerung jedes Schalters nur eine besondere
Leitung. Freilich konnte man auf diese Weise keine zwangsläufige Rückmeldung über die jeweilige Stellung eines Ölschalters erhalten, aber die

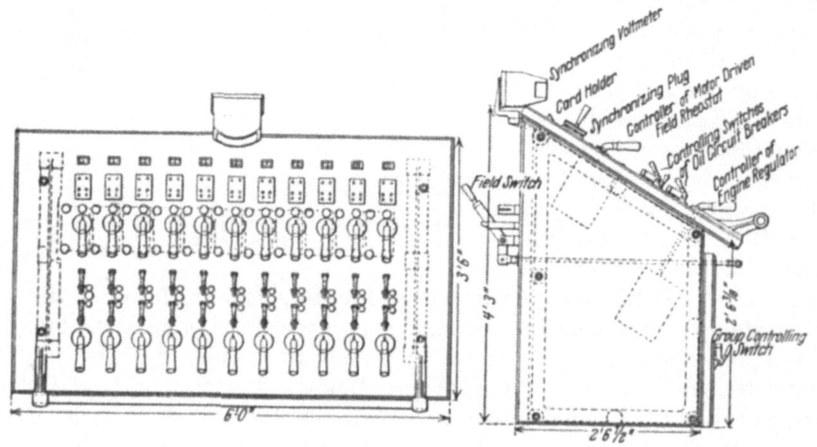

Abb. 102 u. 103.   Steuerpult für die Maschinen-Zentrale der Metropolitan Railway.
New York, 1899.

Konstruktion des Steuerschalters an der Kommandostelle war in recht
sinnreicher Weise so gemacht, daß der Steuerschalter in seiner jeweiligen
Stellung gewissermaßen ein Abbild der Stellung des Ölschalters darstellte. Der Steuerschalter war nämlich selbst ein kleiner Automat
(Abb. 101). In der Einschaltstellung a, bei der also auch der Ölschalter

eingeschaltet war, wurde der Steuerschalter entgegen einer Feder durch
eine oben am Apparat sichtbare Klinke festgehalten. Die Klinke konnte
durch einen hinter der Tafel befindlichen Auslösemagneten gelüftet
werden. Wenn dies durch selbsttätige Auslösung irgendwelcher Art geschah (s. weiter unten), dann fiel der Steuerschalter in die Stellung *b*
zurück, der Steuerstrom des Ölschalters wurde unterbrochen und dieser
schaltete aus. Wollte man den Steuerschalter von Hand ausschalten,
dann bewegte man zunächst nur den Handgriff leer nach unten, während
der eigentliche Schalter durch die obere Klinke festgehalten wurde.

Schließlich kuppelte sich
der Handgriff in einer
Stellung schräg nach
unten durch einen An-
schlag und eine leichte
Verklinkung wieder mit
dem Schalter, und dann
erst konnte man durch
einen kräftigen Druck
auf den Handhebel die
obere Halteklinke lösen
und den Steuerschalter
öffnen. Dieser kam da-
durch in die Stellung *c*,
wobei natürlich der Öl-
schalter ebenfalls aus-
schaltete. Die drei Stel-
lungen des Steuerschal-
ters zeigten also der Be-
dienung an den Pulten
an, ob der Ölschalter
eingeschaltet war *a*, ob
er selbsttätig ausgelöst
hatte *b* oder ob er von
Hand mittels des Steuer-
schalters ausgeschaltet
war *c*. Die Steuerschalter
der Ölschalter waren in

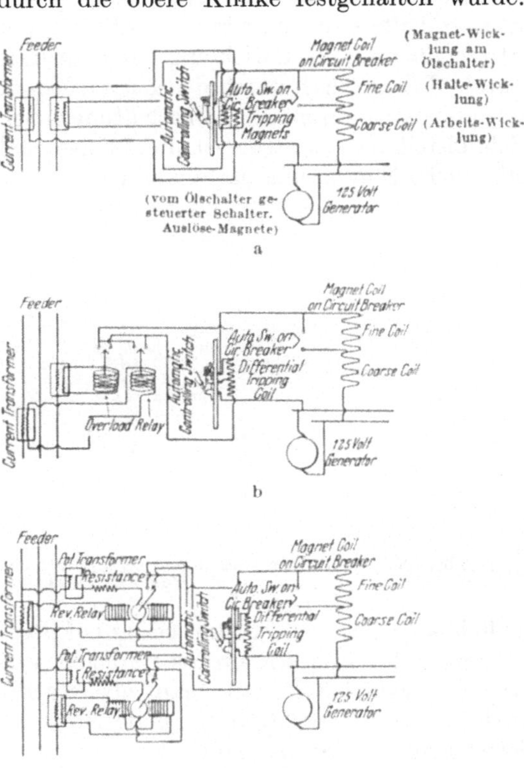

Abb. 104 a, b, c.   Schemas für die Auslösung des Ölschalters
mit Druckluftantrieb. Gen. El. 1899.

größerer Anzahl mit den anderen Schalt- und Regulierapparaten auf
Pulten vereinigt, die durch davorstehende Meßinstrumententafeln
zweckmäßig ergänzt wurden (Abb. 102 u. 103).

Die selbsttätige Auslösung des Steuerschalters (Abb. 104a, b, c) geschah entweder direkt durch Stromwandler, Schema *a*, oder durch Niederspannungs-Maximalrelais und Hilfsgleichstrom von 125 Volt, Schema *b*,
oder endlich durch Rückstromrelais, ebenfalls mit Hilfsgleichstrom,
Schema *c*.

Das Schema *a* ist ohne weiteres verständlich. Die Entklinkung des
Steuerschalters bei Überstrom geschieht hier durch zwei von Stromwandlern erregte Auslösemagnete. Anders ist dies bei den Schemas *b*

und *c.* Hier wird die Freigabe der Auslöseklinke durch einen Gleichstrom-Minimalmagneten mit zwei Wicklungen bewirkt. Die eine Wicklung hält den Auslöseanker normal fest, wenn der Steuerschalter geschlossen ist, die zweite Wicklung ist gegengewickelt und wird durch
die beiden Maximalrelais bei Überstrom der ersten parallel geschaltet.
Dann verschwindet der Magnetismus, der Anker fällt und entklinkt dadurch den Steuerschalter. Da der Strom der Haltewicklung des Steuerschalters der dünndrähtigen Haltewicklung des Ventilmagneten entsprechen mußte, so war es nötig, beim Einschalten die Haltewicklung des
Steuerschalters zunächst kurzzuschließen, weil ihr Widerstand sonst den
Strom für die Arbeitswicklung des Ventilmagneten zu sehr geschwächt
hätte. Das geschah durch den oberen Kontakt an dem Steuerschalter,
der also nur während der Einschaltung, aber nicht in der gezeichneten
Schlußstellung des Steuerschalters eingeschaltet war. Diese etwas umständliche Einrichtung hatte man gemacht, um die Kontakte der Maxi-

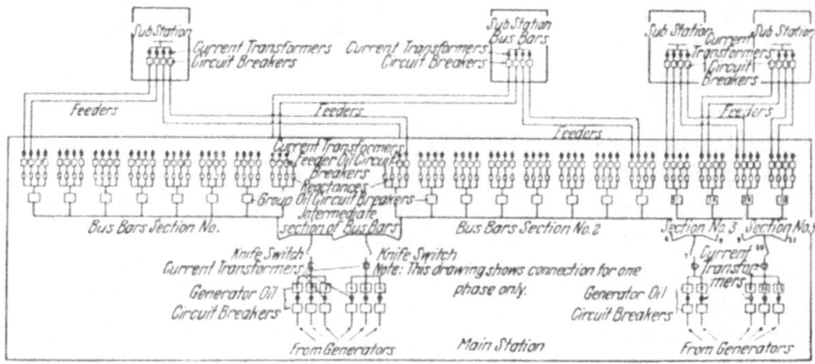

Abb. 105. Schema der Zentrale und der Unterstationen der Metropolitan Railway,
New York, 1899.

malrelais zu schonen. Das in bezug auf den Steuerschalter gleichartige
Schema *c* des Rückstromrelais ist leicht verständlich, wenn man sich
erinnert (vgl. S. 34), daß man als Rückstromrelais damals kleine,
zwischen zwei Anschlägen spielende Motoren verwendete, deren lamelliertes Feld von der Spannung, deren Anker vom Strom erregt wurde. —
Es mag noch erwähnt werden, daß sämtliche Relaisanordnungen im Anfang ohne Verzögerung arbeiteten, denn das Zeitrelais wurde erst im
gleichen Jahre 1899 erfunden, als diese Anlage in Betrieb kam (s. S. 32).
Über die Gesamtverteilung der Ölschalter in der Anlage, die Unterteilung der Sammelschienen und die Verbindungsleitungen mit den
Unterstationen gibt das Schema Abb. 105 in übersichtlicher Weise Aufschluß, während Abb. 106 einen Querschnitt der Schaltanlage in der
Zentrale zeigt. — Von der Anwendung eines Doppel-Sammelschienen-
Systems hatte man aus Gründen der Einfachheit abgesehen, aber man
hatte vier Teilsammelschienen angeordnet. Jede Unterstation wurde von
zwei Teilsammelschienen durch je zwei Leitungen gespeist, wobei man
für die Leitungsführung unterwegs möglichst verschiedene Wege wählte.
Die abgehenden Leitungen hatten, wie ersichtlich, zunächst jede ihren
besonderen Ölschalter. Außerdem waren je vier Leitungen nochmals in

eine Gruppe zusammengefaßt, un d jeder Gruppe war ein zweiter Ölschalter als Gruppenschalter vorges chaltet, so daß sich von den Sammelschienen aus in jedem Abzweig zwei Ölschalter in Reihe befanden. — Die einzelnen Ölschalter der abgehenden Kabel waren mit Maximalauslösung nach Schema *a* gesichert, die Gruppenölschalter mit Maximalauslösung nach Schema *b*. Die Maschinenschalter waren ohne jede selbsttätige Auslösung, doch waren hier Rückstromrelais vorhanden, die aber bei Rückstrom nur rote Signallampen aufleuchten und eine Glocke ertönen ließen. Ausgeschaltet wurden die Maschinenschalter durch die Steuerschalter immer nur von Hand. Die Anwendung der Rückstromrelais nach Schema *c* war beschränkt auf die Ölschalter der ankommenden Kabel in den Unterstationen. Die Rückstromauslösung hatte hier den Zweck, bei Kurzschluß in einem Fernkabel von der Unterstation aus die Abschaltung des kranken Kabels zu bewirken.

Wie aus dem Schema hervorgeht, waren Trennschalter nur an den Sammelschienen verwendet für die Gruppen der Maschinenschalter und zur Verbindung der Sammelschienenabschnitte. Sie waren in den Sammelschienenkanälen eingebaut und wurden horizontal bewegt. Wenn ein Trennschalter gezogen wurde, dann stieß er zunächst nach einer kleinen Öffnungsstrecke gegen einen Riegel. Wenn bei dieser Hantierung ein Lichtbogen auftrat, sollte nach der Betriebsanweisung der Trennschalter sofort wieder geschlossen werden. Nur im anderen Fall durfte der Riegel entfernt und der Trennschalter völlig geöffnet werden. Man wollte auf diese Weise das etwaige Übergreifen eines Lichtbogens auf die darüber liegenden Sammelschienen der anderen Phase verhindern.

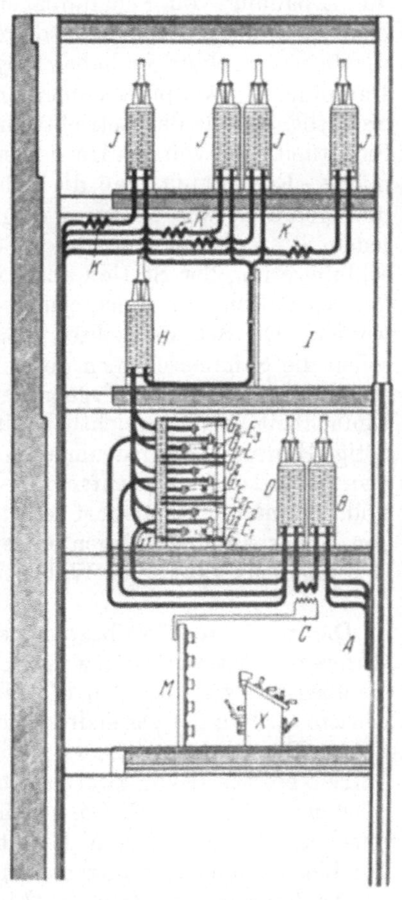

Abb. 106. Schnitt durch die Schaltanlage der Metropolitan Railway, New York City, 1899. *B* Maschinenschalter 800 A., *H* Gruppenschalter 800 A., *I* Schalter für abgehende Kabel.

Man kann wohl sagen, daß die Schaltanlage für die Metropolitan Street Railway mit der ersten folgerichtigen Anwendung von Ölschaltern mit selbsttätiger Auslösung zur Kurzschlußabschaltung ein imponierendes Bauwerk elektrotechnischer Ingenieurkunst war, das einen bedeutenden Markstein in der Geschichte der Hochspannungsschalttechnik festlegt und das in vieler Hinsicht für lange Zeit ein Vorbild für die Errichtung elektrischer Schaltanlagen geworden ist. Im Hinblick auf die Erbauung dieses Werkes hat E. W. Rice jun. in einem ausgezeichneten in Buffalo gehaltenen Vortrag[1] 1901 zunächst die Überlegenheit der Ölschalter auf Grund von vergleichenden Versuchen gegenüber Luftschaltern dargelegt und anknüpfend daran Anforderungen an die Erbauung von Schaltanlagen entwickelt, die heute ganz normal modern anmuten, die aber damals den Fachgenossen wohl gänzlich revolutionär geklungen haben mögen. Er betont, daß, nachdem man die Dampfkessel, Dampfmaschinen und Generatorenanlagen auf eine außerordentliche Höhe der Betriebssicherheit gebracht habe, eine gleichartige Sicherheit auch von den Hochspannungs-Schaltanlagen gefordert werden müsse. Er verlangt, daß die Schaltanlage in einem besonderen Raum untergebracht werde, ferner möglichst getrennte Leitungsführung, für jeden Strang einen besonderen Schalter; die Schalter sollen die Kurzschlußleistung der Station abschalten können, in Zellen eingebaut sein und elektrisch von einer sicher gelegenen Zentralstelle aus gesteuert werden. Die Schalter sollten möglichst doppelt vorhanden sein, ferner sollen die Sammelschienen doppelt oder sonst richtig unterteilt und in getrennten Kanälen untergebracht sein. Im allgemeinen sei möglichste Einfachheit und Übersichtlichkeit der Anlage zu fordern und eine unnötige Häufung von Instrumenten usw. möglichst zu vermeiden. — Kurz, man sieht, daß die Gesichtspunkte, die Rice entwickelte, die Grundsätze sind, die man heute als fast selbstverständliche Richtlinien für den Bau von Hochspannungsanlagen ansieht, die aber damals unzweifelhaft die Geltung neuverkündeter Wahrheiten hatten.

Die im Jahre 1900 begonnene, 1901 vollendete große Zentrale der Waterside Station der New York Edison Comp. (6,6 kV, 25 Perioden), die ebenfalls von der Gen. El. gebaut war, zeigte weitere große Fortschritte im Bau der Ölschalter und in der allgemeinen Anordnung. Hier ist der Druckluftantrieb der Ölschalter bereits durch den elektrischen Antrieb ersetzt, der in zwei verschiedenen Ausführungen erscheint. Die meisten von der Gen. El. Co. gelieferten Schalter waren mit Motorantrieb versehen, aber eine Anzahl Schalter, die von der General Incandescent Arc Light Comp. herrührten, wurden durch Zugmagnete bewegt.

Der Schalter der Gen. El. (Abb. 107) zeigt im Bau des eigentlichen Ölschalters nur geringe Abweichungen von der früheren Ausführung mit Druckluftantrieb. Um so größeres Interesse verdient der neue elektrische Fernantrieb des Schalters. Der $^1/_2$ PS-Serienmotor (125 Volt) arbeitet mittels Schnecke und Schneckenrad auf die Antriebswelle des Schalters, die bei jeder Schaltbewegung „ein" (herunter) oder „aus" (herauf), eine halbe Drehung in gleicher Richtung macht und die Bewegung durch eine Kurbel und die Pleuelstange E an eine scherenartige Hebelverbindung weitergibt, durch die das Querhaupt der drei Schaltstangen in seinem Mittelpunkt bewegt wird. Dieser Punkt ist gerade geführt (Abb. 107a, Evansscher Lenker), weil die kleine Schwingbewegung der (links) seit-

---

[1] E. W. Rice jun.: The control of high-potential-systems of large power. El. World 1901 II, S. 374.

lichen Pendelstütze als annähernd geradlinig anzusehen ist. Der Motor ist in der Ruhelage bei M von der Schneckenwelle entkuppelt und wird nur, wenn er Strom erhält, durch die magnetische Kupplung L ein-

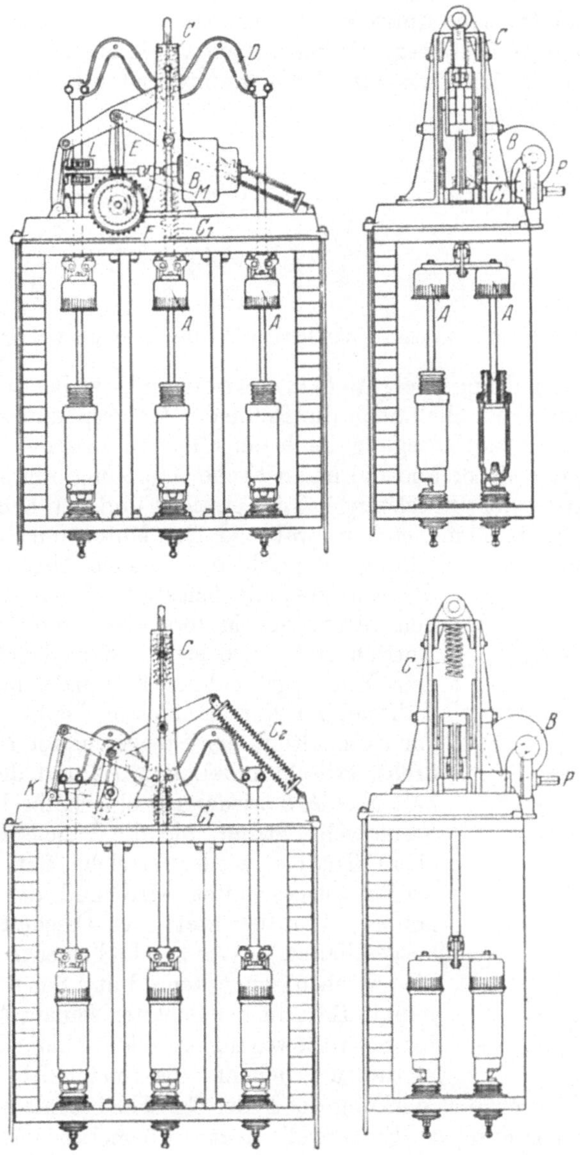

Abb. 107. Ölschalter der Gen. El. mit elektrischem Antrieb.
Waterside Station New York 1901.

gerückt. Das Schneckenrad überträgt seine Bewegung auf die Welle unter Zwischenfügung einer Ratsche, so daß also die Schaltwelle schneller umlaufen kann als das Schneckenrad. Die Federn C und $C\,1$ dienen so-

wohl zum Abbremsen der Schaltbewegung in der Nähe der Endlage als
auch zur Unterstützung der Schaltbewegung im Anfang. Bei der Einschaltung wird der Steuerumschalter am Pult (H in dem Schema
Abb. 108) nach rechts gedreht, die Kupplung L rückt ein, der Motor
läuft an und dreht die Antriebswelle zunächst über den oberen Totpunkt
der Pleuelstange E hinweg. Hiernach kommt die obere Prellfeder C und
das Gewicht des Schalters zur Wirkung, unterstützt die Motorbewegung

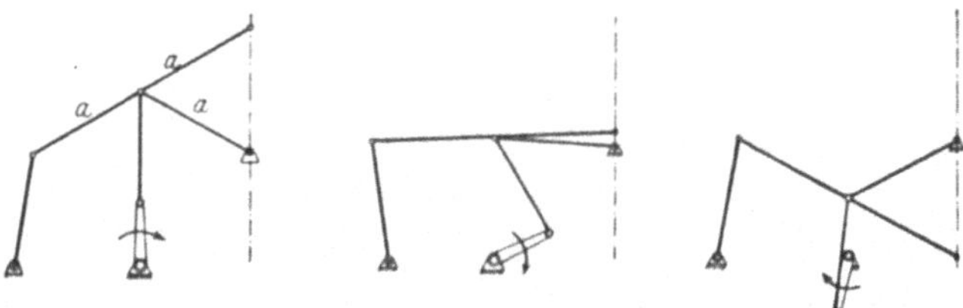

Abb. 107a.   Evanssche Geradführung des Ölschalters der Gen. El.

und die Einschaltung erfolgt flott in einer Sekunde, wobei die Ausschaltfeder $C\,2$ und schließlich auch die Prellfeder $C\,1$ gespannt wird. Gegen
Ende der Einschaltbewegung nach einer halben Drehung der Steuerwelle wird der Motor und die magnetische Kupplung abgeschaltet, die
zweite Totlage der Pleuelstange E ist erreicht und der Schalter bleibt
in dieser Sperrstellung stehen, während der Motor ungehindert aus-
laufen kann. Dieser Stellung entspricht das Schema Abb. 108. Die auf

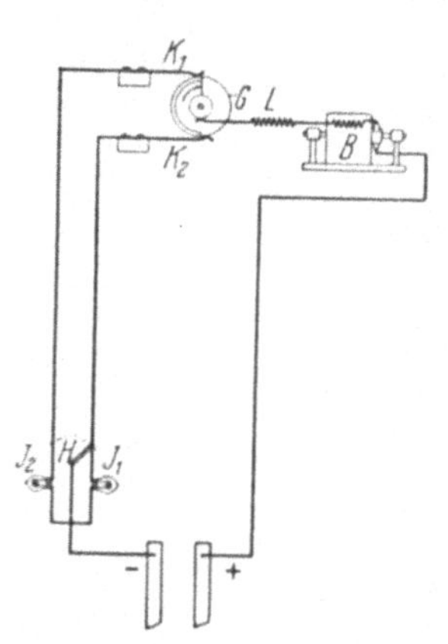

Abb. 108.
Schema des Antriebes.
Ölschalter der Gen. El. 1901.

der Antriebswelle befestigte Steuerscheibe G hat
den Strom des Motors eben unterbrochen, der
Antrieb steht also still und es leuchtet die vor
dem Motor geschaltete Einschaltlampe $I\,2$ auf,
während $I\,1$ kurzgeschlossen bleibt. Wenn man
zur Abschaltung den Steuerschalter H nach links
dreht, erlischt die Lampe $I\,2$ und der Motor erhält über $K\,2$ wieder für eine halbe Drehung der
Steuerwelle Strom, bis die Pleuelstange E ihre
obere Totlage wieder erreicht hat, der Motor
wieder ausgeschaltet wird und die Ausschalt-
lampe $I\,1$ aufleuchtet; der Ölschalter ist nun
ausgeschaltet. — Wie bereits bemerkt, kann durch
die zwischen Schneckenrad und Schalterwelle ein-
gefügte Ratsche der Schalter seinem Antriebe bei
der Schaltbewegung voreilen. Beim Einschalten
ist dies unerheblich, die Ausschaltbewegung da-
gegen wird durch die Wirkung der Feder $C\,2$ sehr beschleunigt, so daß
hierbei die Voreilung der Steuerwelle deutlich bemerkbar ist. Die Einfügung der Ratsche war übrigens auch aus dem Grunde notwendig, um
die Handbetätigung des Schalters zu ermöglichen, die mittels einer auf
die Schalterwelle aufgesteckten Kurbel vorgenommen werden konnte.

Wenn man die ganze zunächst etwas kompliziert anmutende Schalt-
einrichtung genau durchdenkt, wird man in ihr eine der sinnreichsten
Schalterkonstruktionen erkennen, die bisher gemacht worden sind. Die

Grundlage bildet die kluge Benutzung der Eigenschaften des Kurbel-
mechanismus zusammen mit der Arbeitsweise des Serienmotors.　Erreicht
werden hierdurch alle guten Eigenschaften, die man von einem solchen Antriebe verlangen kann.　Er arbeitet flott, aber mit sanften Endbewegungen

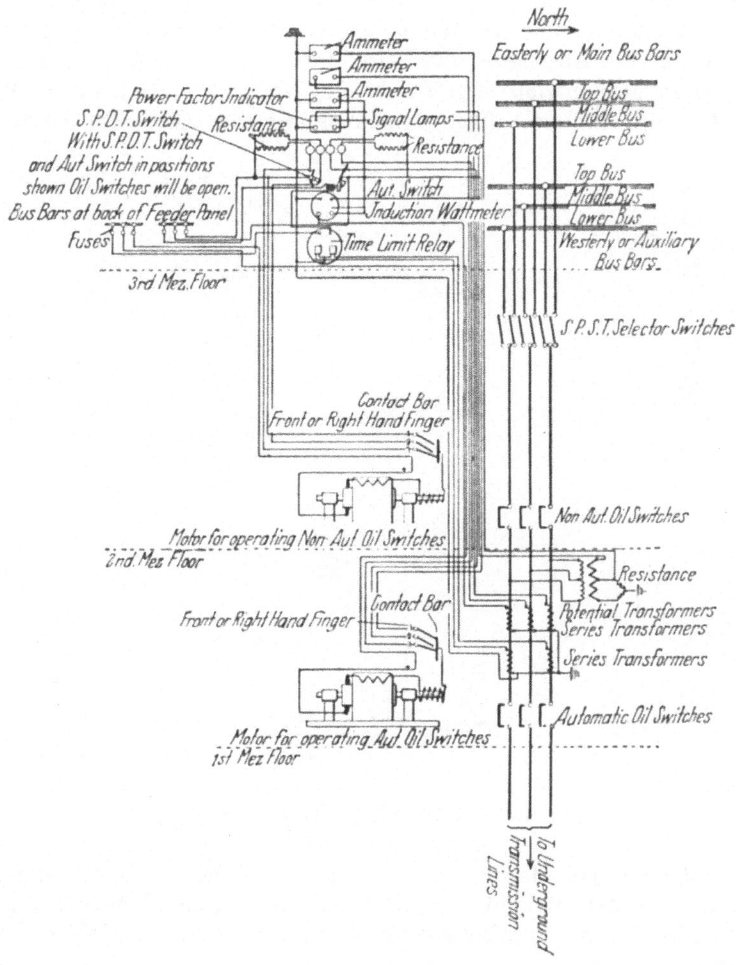

Abb. 109. Schema einer abgehenden Leitung. Waterside Station New York 1901.

und mit sicheren Endlagen.　Fügt man hinzu, daß der Schalter keine Verklinkung aufweist, daß der elektrische Endschalter auf der Schalterwelle
sehr einfach ist und keine übermäßig genaue Einstellung benötigt, daß
ferner die ganze mechanische Einrichtung übersichtlich und leicht zugänglich war, auch durch ihren maschinellen Aufbau auf einer soliden
Grundplatte über dem Ölschalter für die Ortsmontage keine erheblichen
Schwierigkeiten bot, dann wird man obiges Urteil wohl berechtigt finden.

　　Aus dem Schema einer abgehenden Leitung mit den Apparaten der
Gen.El. (Abb. 109) geht hervor, daß für jeden Stromkreis zwei Öl-

6*

schalter angewendet wurden. Die beiden Ölschalter selbst waren vollständig gleich. Aber nur der eine der beiden Steuerumschalter am Pult war mit automatischer Auslösung durch Hilfsgleichstrom versehen — er war immer vorweg eingeschaltet und sein Ölschalter also in steter Bereitschaft für die Auslösung. Der andere Steuerschalter war ein einfacher Umschalter ohne Auslösung, sein Ölschalter diente zum betriebsmäßigen Zu- und Abschalten des Stromkreises. Aus der Anwendung des elektrischen Fernantriebs ergab sich, wie wir gesehen haben, die Möglichkeit einer zwangsläufigen Rückmeldung der Ölschalterbewegung

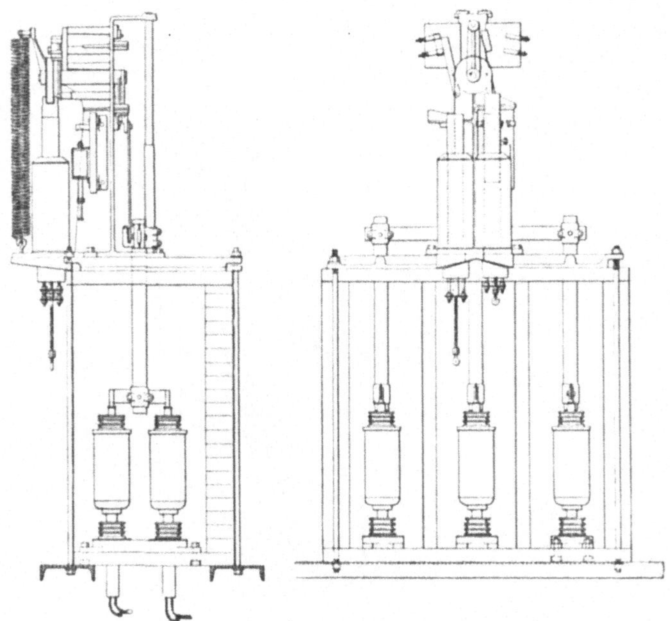

Abb. 110. Ölschalter der Incandescent Arc Light Co. 1901.

durch Signallampen, ferner erscheint in dem Schema als neu die Anwendung eines Zeitrelais für die Auslösung; und da man hier mit Doppelsammelschienensystem arbeitete, so waren Trennschalter nicht mehr zu umgehen.

Der ebenfalls in der Waterside Station verwendete Solenoid-Schalter der General-Incandescent Arc Light Co. ist in der Konstruktion nicht so bedeutend als der vorgenannte Schalter der Gen.El., zeigt aber doch auch einige bemerkenswerte Einzelheiten.

Der eigentliche Ölschalter entspricht, wie aus Abb. 110 hervorgeht, ziemlich genau dem Schalter der Gen.El. Der auf dem Schalter angeordnete Magnetantrieb hat zwei Magnete, einen zum Einschalten und einen anderen zum Ausschalten. Die Magnete treiben mittels eines Metallbandes über eine Scheibe die Antriebswelle an (180°), deren Bewegung durch Kurbel- und Pleuelstange auf den eigentlichen Schalter übertragen wird. Die in der Seitenansicht vorn am Schalter sichtbare

große Feder ist in der Einschaltstellung gespannt, sie dient in erster
Linie dazu, den Schalter auszubalancieren, und beschleunigt das Ausschalten, die Ausnützung der Zugmagnete war also recht günstig. Die
schlagende Bewegung der Magnete wurde gegen Ende durch Luftpuffer
gedämpft. Die Fernsteuerung des Schalters vom Pult aus geschah ähnlich wie bei den Apparaten der Gen.El. durch einen Umschalter mit
automatischer Auslösung, die Auslösung erfolgte also immer über den
Umweg des Pultschalters. Am Ölschalter waren anfangs, wie aus
Abb. 110 (oben) hervorgeht, zwei Hilfsschalter angebracht, die am Ende
jedes Hubes verstellt wurden und durch die jeweils der eine Magnet ab-,
der andere zugeschaltet wurde. Diese einfache Einrichtung hat man
nachher durch eine ziemlich komplizierte Hilfsschaltvorrichtung ersetzt,
vermutlich weil sich bei der starken Stromentnahme der Zugmagnete der
Spannungsverlust zwischen dem Kommandoschalter und dem Standort
des Ölschalters unliebsam bemerkbar machte, so daß es notwendig wurde,
ihn zu überbrücken, um ein Steckenbleiben des Schalters während der
Schaltbewegung zu verhindern.

Inzwischen hatte man bei der Westgh., die noch vor wenigen Jahren
mit ihren großen Luftschaltern ziemlich unbestritten die Führung im
Bau von Hochspannungsschaltern innegehabt hatte, ebenfalls den Bau
von Ölschaltern aufgenommen. Die erste größere Anwendung dieser
Apparate geschah Ende 1901 zur Ablösung der Luftschalter für 22 000 Volt
der Niagara Power Comp., vgl. S. 36. — Trotz einer gewissen Ähnlichkeit im Aufbau (Abb. 111, 112, 113) ist die Konstruktion der Westgh.-
Schalter von derjenigen der Gen.El. grundverschieden. Der eigentliche
Ölschalter hatte nämlich obere Stromzuführung und entsprach hinsichtlich der allgemeinen Kontaktanordnung und Bewegung im wesentlichen dem Handschalter von Emett & Hewlett (s. S. 70). Der
dreipolige Apparat war in drei einpolige Schalter mit getrennten Kesseln
aufgelöst, die drei Einzelschalter hingen isoliert von einer gemeinsamen
Grundplatte in ein dreiteiliges gemauertes Gestell herunter. Die Einzelschalter hatten doppelte Unterbrechung und wurden mit Holzstangen
von oben betätigt. Die Holzstangen, die über der Grundplatte durch
ein Querhaupt verbunden waren, waren keilförmige Bretter, die in der
Form dem ebenfalls keilförmigen Kessel angepaßt waren, so daß sie beim
Ausschalten eine Zwischenwand zwischen den beiden Lichtbogen
bildeten. Die Kessel waren mit einem isolierenden Zement so ausgefüttert, daß nur ein mäßiger Raum für die Bewegung der Kontakte
frei blieb, um die Ölmenge möglichst gring zu halten. Die sechs Anschluß-
kabel traten paarweise von der Rückseite her in die Zellen ein und waren
so gebogen, daß sie von oben in die rohrförmigen Porzellanisolatoren
eingeführt wurden. Sie waren unter Öl an die feststehenden Kontakte
angeschlossen, die mit leicht auswechselbaren Funkenzieherstiften versehen waren.
Der Antrieb des Schalters erfolgte durch zwei zusammenarbeitende
Zugmagnete, die auf der Vorder- und Rückseite des Schalters angeordnet waren und die — unterstützt von zwei starken Federn — auf

zwei Schwingen wirkten, von denen das Querhaupt des Schalters mit den drei Schaltstangen bewegt wurde, und zwar mit der gleichen Grad-

Abb. 111. Ölschalter der Westgh.
1901 (ein).

Abb. 112. Ölschalter der Westgh.
1901 (aus).

führung wie bei dem Schalter der Gen.El. (Abb. 107a S. 82), — allerdings umgekehrt, nämlich „aus" abwärts, „ein" aufwärts. In der

Abb. 113.
Ölschalter der Westgh. 1901.

Stellung „ein" wurde der Schalter dadurch gehalten, daß ein Kniehebel, der an dem Scherendrehpunkt der Hebelverbindung angelenkt war, völlig gestreckt wurde und die Hebelverbindung abstützte. Wenn nun von dem Auslösemagneten, der auf der oberen Grundplatte (links von der Mitte) angeordnet war, ein Schlag auf das Knie ausgeübt wurde, knickte dieses zusammen und der Schalter schaltete durch das Gewicht der bewegten Teile aus. Zur Abschaltung der Einschaltmagnete sowie des Auslösemagneten, ferner zur Steuerung der Signalkontakte diente ein kleiner ebenfalls auf der Grundplatte montierter Umschalter, der im letzten Augenblick jeder Schaltbewegung umgestellt wurde.

Die Fernsteuerung vom Pult aus geschah durch einen kleinen Walzenschalter. Außerdem war dort noch für jeden Schalter ein elektromagnetischer Signalgeber vorhanden, bestehend aus einem kleinen Kippmagneten, der die Stellungen des Ölschalters „ein" „aus" durch eine Zeigerbewegung rückmeldete, und schließlich noch eine Signallampe, deren Aufleuchten das Signal „ausgelöst" gab. Der Steuerschalter hatte drei Stellungen: *I.* „Einschalten", *II.* „Betrieb", *III.* „Aus". Die Stellungen *II* und *III* waren feste Stellungen des Steuerschalters, nicht so *I.* Um den Ölschalter einzuschalten legte man den Steuerschalter nach *I* um, dadurch bekamen die Einschaltmagnete Strom, während der Auslösestromkreis unterbrochen wurde, der Ölschalter schaltete also ein, was der Signalgeber nach dem Pult zurückmeldete. Wenn man nun den Handgriff des Steuerschalters losließ, sprang dieser durch eine Feder nach *II* „Betrieb" zurück. In dieser Stellung war der Stromkreis der Einschaltmagnete unterbrochen, dagegen waren die Stromkreise des Auslösemagneten und der erwähnten Signallampe für eine etwa kommende Relaisauslösung vorbereitet. Wenn eine solche eintrat, dann schaltete der Ölschalter aus, der Signalgeber meldete das zurück und außerdem leuchtete die Lampe auf. — Wollte man vom Pult aus abschalten, dann stellte man den Steuerschalter auf *III.* In dieser Stellung wurde der Auslösemagnet eingeschaltet, während die Einschaltmagnete und die Signallampe unterbrochen waren. Der Ölschalter schaltete also ebenfalls aus, aber ohne daß die Lampe aufleuchtete, nur der Signalgeber zeigte „aus" an. Wenn also der Ölschalter in der Betriebsstellung *II* auslöste, was die Signallampe meldete, und man wollte nicht etwa gleich wieder einschalten, dann stellte man den Steuerschalter nach *III* um, dadurch verlöschte die Lampe und die Stellung des Steuerschalters stimmte wieder mit der Ölschalterstellung überein.

Die beiden Maximalrelais für die zweiphasige Auslösung des Ölschalters waren an dem Körper des vorderen Einschaltmagneten angebracht. Entweder wurden Springer verwendet Abb. 112, oder das Relais bestand aus einem Kupfersektor, der zwischen den Polen eines von einem Stromwandler erregten Elektromagneten schwingend aufgehängt war, Abb. 111. Ein Teil jedes Magnetpols hatte eine Kurzschlußwicklung, wodurch ein verschobenes Feld erzeugt wurde, das den Sektor zu drehen versuchte. Bei Überstrom wurde durch die Vorrichtung ein Kontakt für den Auslösemagneten geschlossen.

Die bei den Ölschaltern der Westgh. verwendete Antriebsart — wonach nur das Einschalten von dem Zugmagneten besorgt wird und der Schalter sich in der Einschaltstellung sperrt, während der Auslösemagnet nur das Lösen der Sperrung besorgt und das Ausschalten durch das Eigengewicht der bewegten Teile oder durch Federn erfolgt — kann man wohl als die einfachste Konstruktionslösung des elektromagnetisch betätigten Ölschalters ansehen. Sie ist neben dem Motorantrieb für die Folge fast allgemein angewendet worden. Auch die Art der Fernsteuerung und Signalisierung am Pult, wie sie von der Westgh. zuerst angewendet wurde und wodurch die Vermittlung des Steuerschalters bei der selbsttätigen Auslösung (S. 76) überflüssig wurde, ist grundlegend geworden für die meisten späteren Konstruktionen.

VIII.

Die Einführung der Ölschalter in Deutschland.

Bei einigen deutschen Firmen sind schon früh Ansätze bemerkbar, um Öl zum Löschen des Lichtbogens zu verwenden. Bereits im Jahre 1895 wurde von S. & H. eine Blitzschutzvorrichtung gebaut, bei der die Unterbrechung des nachfolgenden Netzstromes unter Öl geschieht[1]. Die Einrichtung, die wohl aus Abb. 114 ohne weiteres verständlich ist, wurde in einem am 28. Januar 1896 im Elektrotechnischen Verein Berlin von Goerges gehaltenen Vortrage mit den Worten erwähnt: „ . . . und zwar unter Öl, das durch seine große Isolationsfähigkeit selbst bei hohen Spannungen den Lichtbogen schon bei geringen Öffnungen unter-

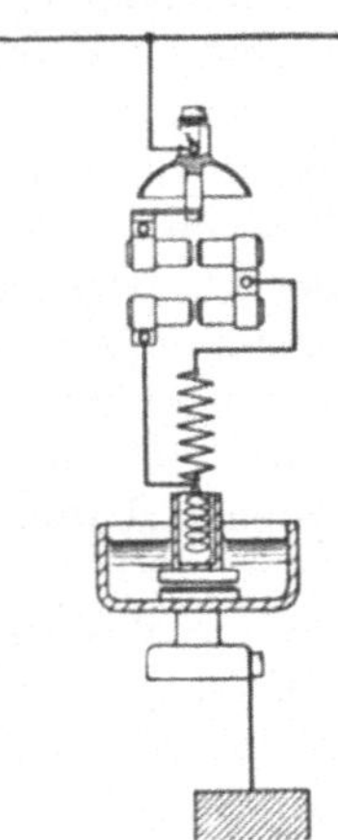

Abb. 114. Blitzschutzvorrichtung mit Stromunterbrechung unter Öl. S.&H. 1895.

bricht.‘‘ Wie man sieht, hatte man einen Schritt auf dem richtigen Wege getan, aber die große Bedeutung und die allgemeine Verwendbarkeit der Sache noch nicht erkannt. — Bei der Firma Schuckert hat man sogar geradezu die Konstruktion eines Ölschalters versucht, die Zeichnung trägt das Datum 7. Dezember 1896 und ist beschriftet „Hochspannungsschalter von 30 Amp.‘‘. Bei diesem Apparat (Abb. 115) waren die Messer horizontal angeordnet. Der im Öl befindliche Schalter war der Funkenzieher für den auf dem Deckel angebrachten Hauptschalter. Der Apparat ist anscheinend über eine Probeausführung nicht herausgekommen, was wohl durch die verfehlte niedrige Bauart erklärlich ist; auch hier hat man den eingeschlagenen Weg nicht weiter verfolgt. — So mögen auch bei anderen deutschen Firmen vereinzelt Versuche nach dieser Richtung angestellt worden sein. Ernsthaft hat man sich hier aber erst etwa von 1900 ab um die Konstruktion von Ölschaltern bemüht, und zwar ohne Zweifel auf Grund der Erfolge, die Brown inzwischen mit seinen Apparaten erzielt hatte. Aber es war vorläufig noch keine rechte Hurrastimmung vorhanden — von meinem ersten rein negativen Versuch bei der Firma Helios habe ich bereits S. 62 berichtet — und auch anderwärts traute man den Ölschaltern zunächst nicht recht und ging mit ihrer Anwendung sehr vorsichtig vor. Wie immer in solchen Fällen in der Richtung des dringenden Bedarfs. Das waren nun in Deutschland nicht sowohl die Zentralen der großen Städete, hier war die Kurzschlußgefahr vorläufig noch gering, denn die Leistungen der deutschen Zentralen waren ja noch ziemlich bescheiden und damals schienen die üblichen Luftschalter und Röhrensicherungen den Ansprüchen des Betriebes noch zu genügen. Aber der Riesenleib der deutschen Industrie dehnte und streckte sich in diesen Jahren und schrie nach Elektrizität für Licht und Kraft. Zunächst hatte man hier viel mit 500 Volt Gleich-

---

[1] Siehe ETZ 1896, S. 512.

strom gearbeitet. Aber die immer größer werdenden Leistungen für Pumpen, Ventilatoren und andere Bergwerksmaschinen bei den oft großen Entfernungen unter Tage drängten zur Anwendung von Hochspannung. Die offenen Schalter mit den flackernden Lichtbogen und die Röhrensicherungen waren in der Grube bei den engen Raumverhältnissen und der Gefahr schlagender Wetter nicht zu gebrauchen. Da war der Ölschalter der Retter in der Not. Sein Raumbedarf war gering, Feuer zeigte er nicht und durch die Möglichkeit der selbsttätigen Auslösung ersetzte er auch die Sicherung. So haben denn die ersten Ölschalter in Deutschland besonders in Bergwerken und Industrieanlagen Verwendung gefunden; und wenn man bedenkt, daß im Verlauf der ersten fünf Jahre des neuen Jahrhunderts die elektrischen Zentralen der großen Bergwerke und Industrieunternehmungen die städtischen Zentralen in Deutschland in bezug auf Leistungsabgabe bei weitem überflügelten, und daß man bei diesen Neuanlagen nicht durch die Rücksicht auf vorhandene alte Anlagen beschwert war und mit großen Geldmitteln nur das Beste und Neueste zu schaffen suchte, so wird man es verstehen, daß damals gerade in diesen industriellen Anwendungen in Deutschland die bedeutendsten Fortschritte in der Hochspannungs-Schalttechnik gemacht worden sind.

Wir wollen nun den Faden unserer Entwicklungsgeschichte wieder aufnehmen und an die Beschreibung der 1900 entstandenen Konstruktion eines Dreh-

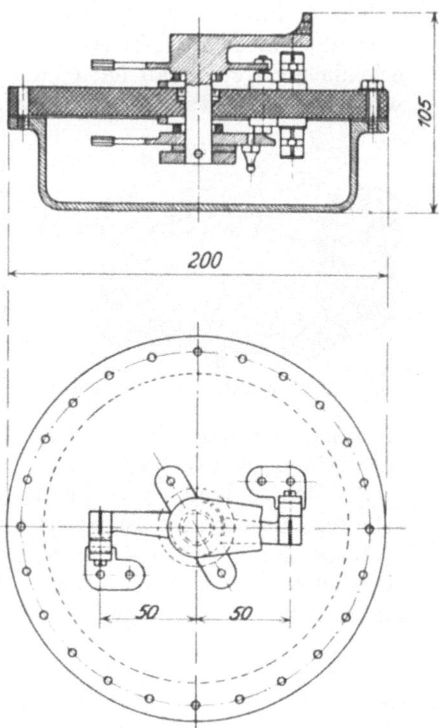

Abb. 115. Ölschalter. Schuckert 1896.

Abb. 115a. Ölschaltung mit direkter Max.-Zeit-Auslösung. BBC. 1900.

Ölschalters von BBC. anknüpfen (S. 66). Dieser Apparat wurde noch im gleichen Jahre von A. A i c h e l e mit einer Einrichtung zur direkten Maximalauslösung versehen, deren Konstruktion aus Abb. 115 a hervorgeht.

Beim Einschalten wurde das schwere Gewicht um 180° angehoben und verklinkt. Die Schaltmesser selbst machten nur einen Schaltwinkel von etwa 90° (s. Abb. 85), der Unterschied mußte also im Innern des Schalters durch Mitnehmernocken ausgeglichen werden. Dadurch wurde aber auch erreicht, daß das Gewicht bei der Auslösung zunächst einen erheblichen freien Fall hatte, was für die Sicherheit der Ausschaltung von Wichtigkeit war. Die Auslösung geschah durch drei Ferrarisscheiben,

Abb. 116. Ölumschalter. AEG. etwa 1901.

die gemeinsam auf einer Welle aus Isolationsmaterial aufgesetzt waren und durch ein Ritzel ein größeres Zahnrädchen antrieben, an dem als Gegenkraft ein kleines einstellbares Hebelgewicht angebracht war, das bei der Auslösung angehoben werden mußte. Zugleich wurde ein Ärmchen mit bewegt, das bei vollem Ablauf der Auslösung die Verklinkung des Ausschaltgewichtes löste. Die Auslösung geschah also bereits mit stromabhängiger Verzögerung.

In Deutschland hatte die AEG. etwa um 1901 ebenfalls einen Ölschalter mit direkter Drehbewegung der Kontakte und mit doppelter Unterbrechung je Phase herausgebracht, die sechs Durchführungen standen also auch in einer Reihe. Bei dem Apparat war nur der Deckel am Schaltgerüst befestigt, so daß der Ölkasten nach unten abgenommen

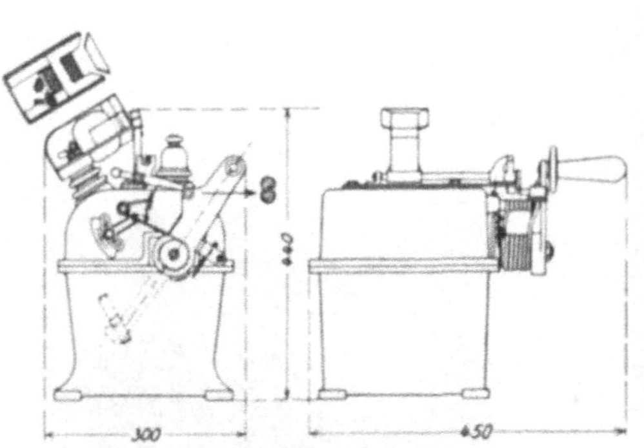

Abb. 117 u. 118. Ölschalter mit direkter Auslösung. S. & H. 1902.

werden konnte. Der Antrieb geschah vor der Tafel durch einen Kreuzgriff mit einer Drehung um 55°. Durch die einseitige Anordnung der Kontakte am Ausschalter ließ sich hieraus leicht ein Ölumschalter (Abb. 116) entwickeln. Diese Schalter und Umschalter wurden von der AEG. normal für 50, 100, 200 Amp. bei 4 und 7 kV gebaut.

Die Firma S. & H. hatte in einem kleinen 1902 gebauten Ölschalter für 2 kV 50 Amp. (Abb. 117, 118, 119) die Anordnung so getroffen, daß die Kontaktmesser auf der mit Isoliermaterial überzogenen Welle befestigt waren und also ebenfalls in einem Bogen schräg nach unten aus

den feststehenden Kontakten herausbewegt wurden. Die tiefe Kontaktanordnung unter Öl war zwar günstig, weniger dagegen die bei diesen
Apparaten angewendete einfache Unterbrechung je Phase, wobei den
Kontaktmessern der Strom durch Federn zugeführt werden mußte. Man
kann allgemein sagen, daß die einfache Stromunterbrechung, die auch
von anderen deutschen und amerikanischen Firmen noch verschiedent-
lich versucht worden ist, sich immer als verfehlt herausgestellt hat, weil
eben die Löschwirkung der doppelten Unterbrechung unter Öl so sehr
viel günstiger ist — abgesehen davon, daß die beabsichtigte Verbilligung
in der Konstruktion kaum erzielt wird. War so die Konstruktion des
Apparates unter Öl nicht gerade glücklich zu nennen, so ist doch dieser
erste Ölschalter von S.&H. dadurch bemerkenswert, daß er wohl der
erste seiner Art war, bei dem die direkte elektromagnetische Auslösung

Abb. 119. Ölschalter von S.&H. 1902.

Abb. 120.
Ölschalter, 200 A. 30 kV. S.&H. 1902.

zur Anwendung gekommen ist. Diese wurde, wie aus der Strichzeichnung
zu ersehen, zuerst durch einen Auslösemagneten bewirkt, der auf einer
Durchführung befestigt war, während sein Anker auf dem Schalter-
deckel auf einer isolierten Pendelstütze angebracht war. Sehr bald
wurde die Auslösung durch die Anwendung von zwei Auslösemagneten
verbessert, die auf besonderen Isolatoren neben zwei Einführungen aufgestellt waren, wobei dann die Bewegung der Auslöseanker durch kleine
Stangen aus Hartgummi auf eine besondere Auslösewelle übertragen
wurde, die die Bewegung an die vorn am Schalter befindliche Verklinkung weitergab. Anfangs war die Einrichtung noch so beschaffen,
daß die beiden Anker durch die Auslösewelle miteinander gekuppelt
waren, in späteren Ausführungen ließ man aber die Auslöser einzeln auf
die Auslösewelle wirken. Bis 1000 Volt wurden die Schalter in einfacher Ausführung ohne Porzellandurchführungen mit einer Marmor-
platte im Gußdeckel ausgeführt (s. Abb. 130 S. 95).
    In die Gruppe der Ölschalter mit Drehbewegung der Kontakte ge-
hört auch ein Schalter für 30 kV 200 Amp., der bereits im Jahre 1902
von S.&H. entworfen wurde. Der Schalter Abb. 120 hatte achtfache

Unterbrechung je Phase und war ein Dreikesselschalter. In jedem Kessel wurden durch Zahnräder zwei Wellen bewegt, die bei der Drehung je zwei Doppelkontaktstücke a pendelartig ausschwingen ließen (s. das Schaltbild Abb. 121). Die federnden Gegenkontakte b waren auf einer die beiden herabhängenden Gußschilde verbindenden Leiste an-

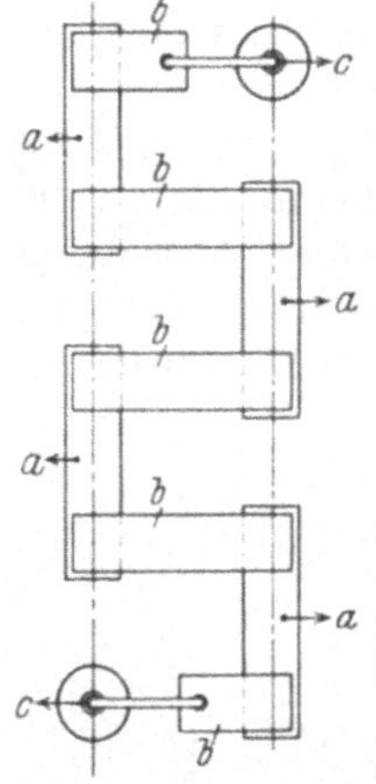

Abb. 121. Schema der Unterbrechung bei dem 30-kV-Schalter von S. & H.

gebracht, die äußersten Kontakte b sind an die Durchführungen c angeschlossen. Die drei Einzelschalter waren, wie Abb. 122 zeigt, durch eine Schwinge gekuppelt und wurden durch ein Handrad bewegt. Dieser Apparat war zur Zeit seiner Konstruktion 1902 noch so etwas wie Zukunftsmusik, denn die Schalter kamen in Deutschland zuerst im Jahre 1905 bei der Zentrale der Urft-Talsperre zur Anwendung (s. S. 113).

Als geschichtliche Merkwürdigkeit mag an dieser Stelle erwähnt werden, daß in der ersten Zeit (1902) von S. & H. auch einmal für Moskau sog. Nadelschalter gebaut wurden. Der Apparat (s. Abb. 123), der offenbar in Anlehnung an die in Kap. 7 beschriebenen amerikanischen Modelle entstanden ist, hatte sechs Töpfe, die Kontakte wurden durch einen halben Kurbeltrieb bewegt, der Antrieb geschah durch eine Schnurscheibe. Die Ausführung ist ganz vereinzelt geblieben.

Die meisten der von 1901 ab in Deutschland und in der Schweiz entstandenen Ölschalterkonstruktionen zeigen die senkrechte Bewegung der Messer mit zweifacher Unterbrechung je Phase, die wir zuerst bei dem Handölschalter der Gen.El. kennengelernt haben. Zu den ältesten Ausführungen solcher Schalter in Deutschland gehört der Ölschalter der

Abb. 122. Ölschalter für 30 kV. S. & H. 1902.

Firma Schuckert (Abb. 124), der bereits im Jahre 1901 an Sächsische Kohlenzechen geliefert wurde. Die Schalttraverse wurde von einer Parallelogrammschwinge auf und nieder bewegt, die Messer wurden von Porzellanisolatoren mit Kappen getragen. Der Schalter wurde mit seinem Gußtopf befestigt und durch eine Kurbel bewegt, er hatte zunächst keine selbsttätige Auslösung.

Die Firma V. & H., die zuerst Anfang 1901 einen Ölschalter mit einfacher Unterbrechung je Phase (Abb. 125) ausgeführt hatte, war bereits im Herbst 1901 zur doppelten Unterbrechung bei gerader Bewegung der Messer übergegangen. Wie aus Abb. 126 zu ersehen, hängen die Messer mit Porzellanisolatoren an einem Querhaupt, das von der Schaltstange, die den Deckel durchsetzt, auf und nieder

bewegt wird. Der Antrieb erfolgte vor der Tafel durch einen Handhebel mit halber Kurbelbewegung.

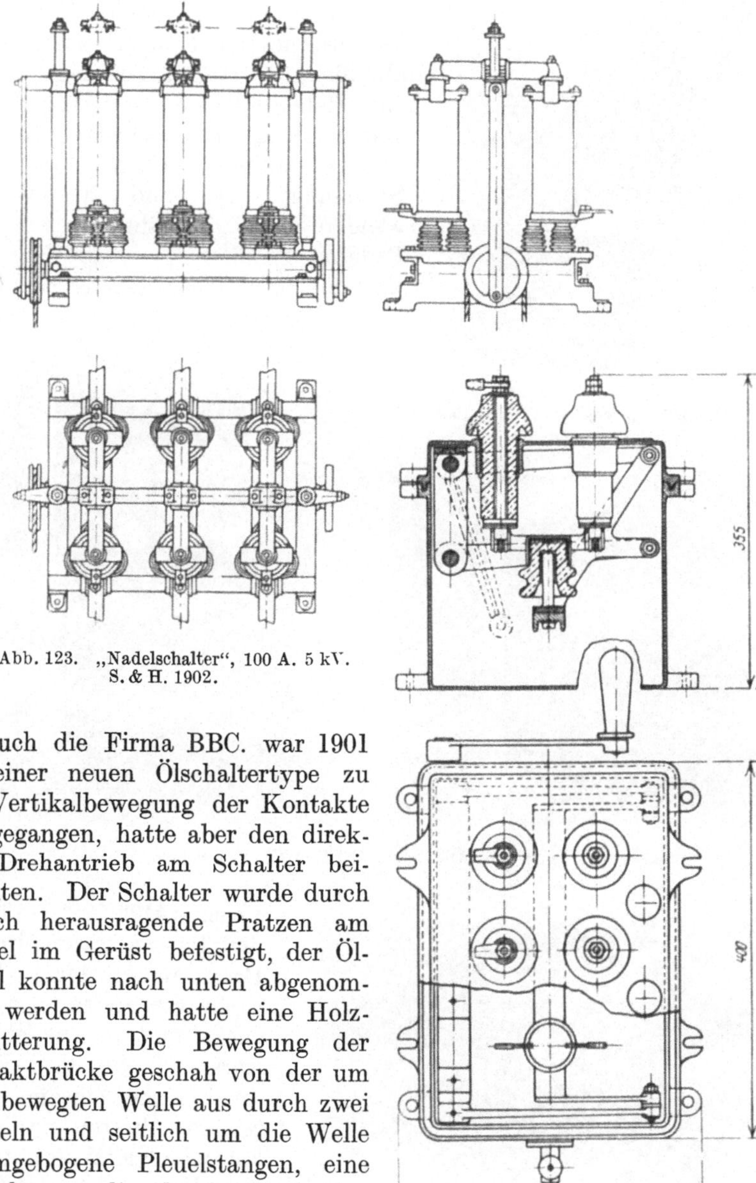

Abb. 123. „Nadelschalter", 100 A. 5 kV.
S. & H. 1902.

Abb. 124. Ölschalter, 60 A. 3 kV.
Schuckert 1901.

Auch die Firma BBC. war 1901
bei einer neuen Ölschaltertype zu
der Vertikalbewegung der Kontakte
übergegangen, hatte aber den direkten Drehantrieb am Schalter beibehalten. Der Schalter wurde durch
seitlich herausragende Pratzen am
Deckel im Gerüst befestigt, der Ölkessel konnte nach unten abgenommen werden und hatte eine Holzausfütterung. Die Bewegung der
Kontaktbrücke geschah von der um
180° bewegten Welle aus durch zwei
Kurbeln und seitlich um die Welle
herumgebogene Pleuelstangen, eine
Einrichtung, die durch die beiden
Totlagen der Kurbeln am Anfang
und am Ende der Bewegung eine
sehr leichte Handhabung unter Vermeidung starker Schläge ergibt. Wie
man aus der Abb. 127 erkennt, befindet sich unter den bewegten

Kontakten ein Brettchen, das mit bewegt wurde, um eine Bewegung des Öles beim Schalten zu bewirken. Die bewegten Kontakte — schräg abgeschnittene horizontale Tastbürsten mit besonderen Klötzen zur Funkenabreißung — waren bei dem Schalter auf Rollenisolatoren aufgeschellt, die von der längs durchgehenden Kontaktbrücke getragen wurden. Für höhere Spannungen (10 und 20 kV) verwendete BBC. — ähnlich wie beim Paderno-Schalter — eine Konstruktion mit vierfacher Unterbrechung je

Abb. 125. Ölschalter. V. & H. 1901.

Abb. 126. Ölschalter, 130 A. 6 kV. V. & H. 1901.

Abb. 127. Ölschalter. BBC. 1901.

Phase (Abb. 128). Für die drei Phasen waren drei mit Holz ausgefütterte Blechtöpfe vorhanden, der Gußdeckel und die Antriebswelle waren für die drei Einzelschalter gemeinsam. Die Schalter hatten zweiseitige konische Klotzkontakte. Die Anordnung der vierfachen Unterbrechung ist aus der Abbildung unschwer zu erkennen.

Die gleiche Art der Kontaktbewegung wie die der

vorgenannten Apparate zeigt ein etwa 1902 herausgebrachter Ölschalter der AEG. (Abb. 129). Hier waren vierseitige konische Klotzkontakte verwendet. An Stelle der Holzausfütterung des Kastens ließ die AEG.

Abb. 128. Ölschalter für hohe Spannung
BBC. 1901.

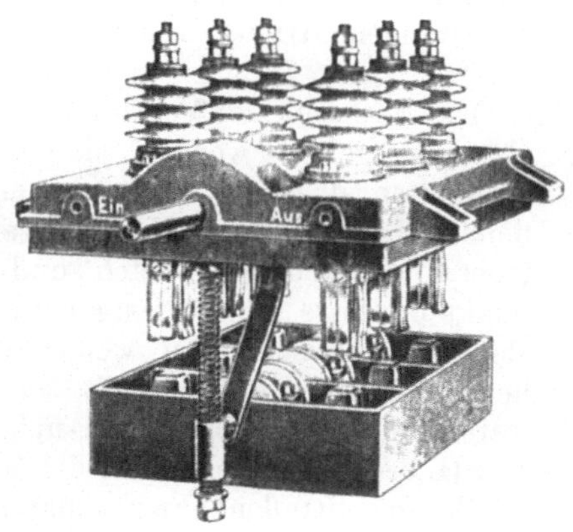

Abb. 129   Ölschalter 200 A. bis 15 kV.
AEG. 1902.

ein Holzrähmchen an der Schaltbewegung teilnehmen, ferner ebenfalls ein Brettchen zur Ölbewegung. Dieses Brettchen wurde damals für sehr wichtig gehalten und über die Priorität gab es eine Auseinandersetzung in der ETZ[1]. Es ist aber nachher aus den Konstruktionen wieder verschwunden in der richtigen Erkenntnis, daß sein Nachteil durch den Verlust an Schalt-

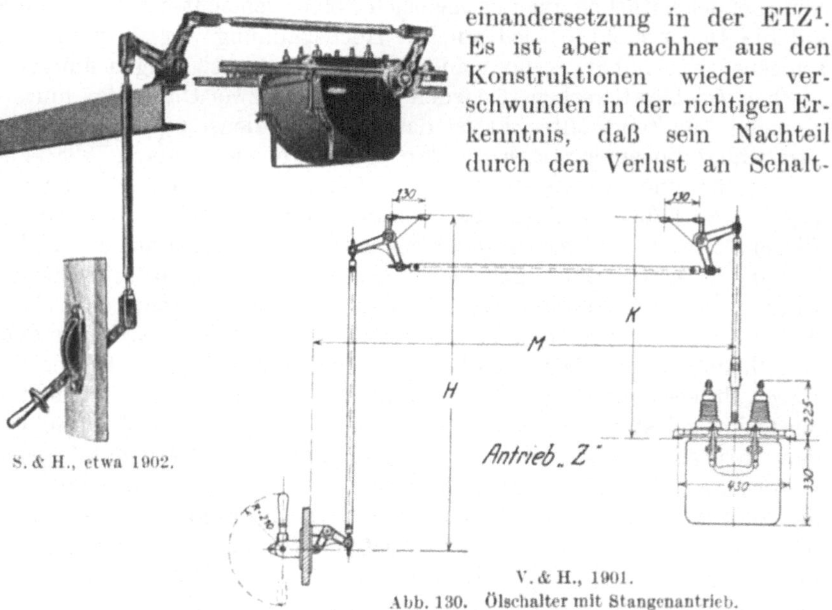

Abb. 130. Ölschalter mit Stangenantrieb.

geschwindigkeit größer war als der erzielte Vorteil der Ölbewegung. Die Schalter der AEG. wurden für 100, 200, 400 Amp. bei 7 und 15 kV gebaut.

---

[1] Brief von BBC., ETZ 1903, S. 838. — Ferner Dr. G. Benischke: Hochspannungsölschalter. ETZ 1903, S. 613.

Außer mit einfachem Handantrieb sind die Ölschalter von S.&H., Schuckert und V.&H. auch alsbald mit verschiedenartigen Stangenantrieben ausgeführt worden, während BBC. und AEG. gegebenenfalls mehr Seil- oder Kettenantriebe bevorzugten. Abb. 130 zeigt Ölschalter mit Stangenantrieben von S.&H. und V.&H.

Die Mechanik der Verklinkung ist bei den meisten Ölschaltern zuerst ebenso ausgeführt worden, wie bei den alten Modellen der Straßenbahnautomaten, d. h. der bewegte Schalterteil wurde beim Einschalten mit dem an ihm befestigten Handgriff entgegen der Wirkung einer Ausschaltfeder in die Endlage gebracht und hier durch eine einfallende am Drehpunkt ortsfeste Klinke festgehalten. Bei Überstrom wurde die Klinke elektromagnetisch gelöst, wonach der Schalter durch die Ausschaltfeder herausgeworfen wurde. Mit solchen einfachen Auslöseeinrichtungen waren die ersten Ölschalter mit selbsttätiger Auslösung von BBC., S.&H., AEG. versehen.

Bei den Straßenbahnautomaten hatte man sich über die Schwierigkeit, möglicherweise beim Wiedereinschalten auf einen Kurzschluß zu schalten, dadurch hinweggeholfen, daß man dem Automaten einen Handschalter vorschaltete. Nach dem Auslösen des Automaten wurde jedesmal auch der Handschalter geöffnet und beim Wiedereinschalten zuerst der Automat und dann der Handschalter geschlossen. Diese Gepflogenheit, bei der natürlich auch gelegentlich Fehler gemacht wurden, konnte auf die Dauer nicht befriedigen, für Hochspannung war sie besonders schlecht verwendbar, wenn man nicht etwa wie bei einigen amerikanischen Großkraftwerken für jeden Stromkreis zwei Ölschalter hintereinander schalten wollte. Es ist das große Verdienst zweier deutscher Straßenbahningenieure Schiemann und Stobrawa Anfang 1898[1], zunächst für einen Straßenbahnwagenautomaten eine Konstruktion angegeben zu haben, wodurch bei vorhandenem Kurzschluß das völlige Einschalten des Automaten (über einen Widerstandskontakt aus Kohle hinaus) gesperrt wurde[2]. Diese noch etwas primitive Schutzeinrichtung wurde von den genannten Erfindern für Schalttafelautomaten alsbald dadurch wesentlich verbessert, daß man eine Verklinkung zwischen dem Handhebel und dem bewegten Kontakthebel anbrachte, die während der Einschaltbewegung durch einen vom Auslösemagneten eingerückten Abstreifer gelöst wurde, wenn der Vorkontakt durch seinen Stromschluß den Auslösemagneten zum Ansprechen brachte. Der Kontakthebel wurde dann also abgekuppelt und schaltete für sich aus, während man den Handhebel leer in der Hand behielt. Die Einrichtung dieser Automaten, die von der Firma Helios ausgeführt wurden, war dadurch etwas kompliziert, daß der Apparat gewissermaßen zwei verschiedene Auslösungen hatte, einmal die erwähnte Freiauslösung während der Einschaltbewegung und außerdem noch eine Auslösung für die Endverklinkung, die den Kontakthebel nach Art eines gewöhnlichen Automaten in

---

[1] D.R.G.M. 92669 vom 23. Februar 1898.
[2] R. v. Podoski: Die elektrische Straßenbahn in Como. ETZ 1900, S. 5 rechts unten.

der Einschaltstellung festhielt. Ihre endgültige prinzipielle Gestaltung erhielt die Einrichtung der Freiauslösung durch G. Lux bei der Firma Schuckert, der Anfang 1900 ein deutsches Patent[1] auf einen Straßenbahnautomaten mit Freiauslösung erteilt wurde. Lux bildete die Einrichtung so aus, daß die Auslösevorrichtung auch in der Endstellung auf die Verklinkung zwischen dem Handhebel und dem Kontakthebel einwirkte, wobei dann die Halterung des Schalters in der Einschaltstellung an den Handhebel verlegt wurde. Die Lösung der Verklinkung zwischen dem Handhebel und dem Kontakthebel konnte hiernach in jeder Stellung unabhängig von der Lage des Handhebels vorgenommen werden[2].

Wie wir im 6. Kap. S. 71 gesehen haben, war die Forderung der Freiauslösung in Amerika Anfang 1899 von S. H. Sharpstein aufgestellt und für Ölschalter zuerst in der Konstruktion von Emmet & Hewlett (Anfang 1901) verwirklicht worden. In Deutschland habe ich bei der Firma V. & H. Anfang 1902 die Anwendung der Freiauslösung bei Hochspannungsschaltern (Hörner- und Ölschalter) zuerst eingeführt.

Abb. 131a. Ölschalter mit Überstr. Ausl. V. & H. 1902.

Abb. 131a zeigt den ersten derartigen Ölschalter. Die Auslösung der Verklinkung geschieht hier durch Hilfsgleichstrom und die Freiauslösung ist in einfacher Weise dadurch erreicht, daß der Auslösemagnet an der Bewegung des Gestänges mit teilnimmt, also prinzipiell ähnlich wie bei der S. 72 beschriebenen, etwa gleichzeitig entstandenen amerikanischen Auslösung. Die Anordnung geht deutlich aus der Patentzeichnung[3] (Abb. 131b) hervor, die allerdings einen Hörner-

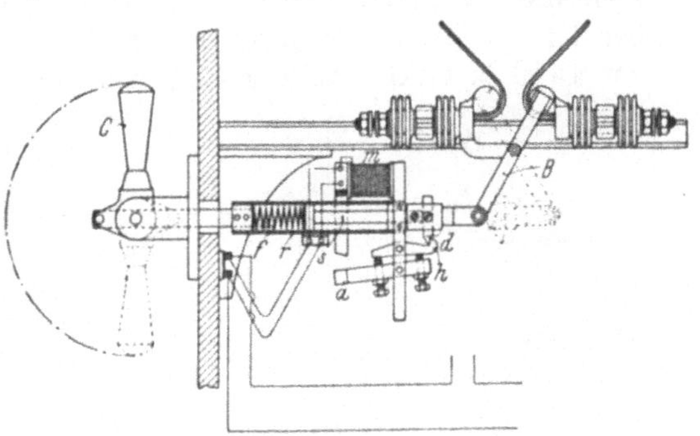

Abb. 131b. Freiauslösung der V. & H. Schalter, 1902.

---

[1] D.R.P. Nr. 112736 vom 26. Januar 1900.
[2] ETZ 1900, S. 805.
[3] D.R.P. Nr. 141794 vom 2. April 1902.

schalter darstellt. Der Magnet löst die nach Art eines Kindergewehres verklinkten Stangenteile aus, wobei der notwendige Gegendruck dadurch hervorgebracht wird, daß das Gestänge in der Einschaltstellung durch die Totlage des Halbkurbelantriebes festgehalten wird[1]. Die Einrichtung eignete sich besonders für Stangenantriebe (Abb. 131c).

Der bereits erwähnte Ölschalter der Firma Schuckert wurde Anfang 1903 mit direkter Auslösung, und zwar ebenfalls mit Freiauslösung versehen. Wie Abb. 132 zeigt, konnte die Verklinkung zwischen dem Angriffshebel für den Hand- oder Stangenantrieb und dem eigentlichen Schalthebel von der Auslösewelle aus durch einen hornartigen Schläger herausgedrückt werden. Die hornartige Verlängerung war nötig, damit schon bei der ersten Berührung der

Abb. 131c. Ölschalter mit Stangenantrieb und Überstr. Ausl. 400 A. 2 kV. für das E.W. Köln, V. & H. 1903.

Kontakte die Auslösung erfolgen konnte, der notwendige Gegendruck bei der Auslösung wurde durch eine Verklinkung des Handhebels vor der Tafel bewirkt. Anfang 1903 war die AEG. eine Vereinigung mit der Union El. A. G. eingegangen. Diese Firma hatte zuerst die S. 70 beschriebenen Handölschalter der Gen.El. eingeführt und sie dann in Deutschland selbst gebaut. Die Fabrikation wurde nun von der AEG. übernommen, die auf diese Weise ebenfalls zur

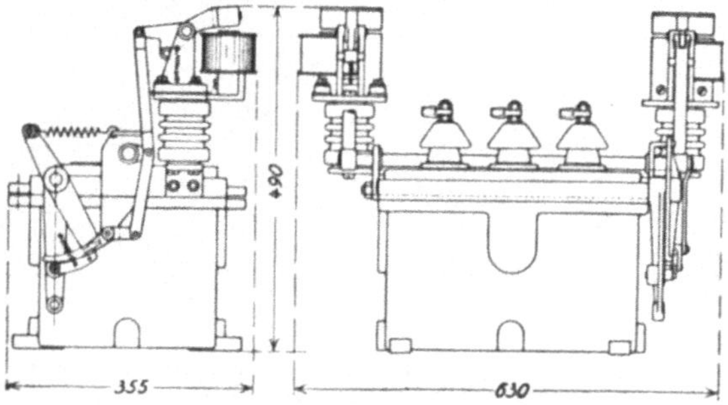

Abb. 132. Ölschalter mit Überstr. Ausl., Schuckert Anfang 1903.

Anwendung der Freiauslösung bei Ölschaltern gekommen ist.

---

[1] Vogelsang M.: Neue Hochspannungsapparate der Firma V.&H. El. Anz. 1902, H. 49—51. — Neue Selbstschalter der Firma V.&H. ETZ 1902, S. 847.

Während die Firma S. & H. — die sich von Anfang 1903 ab mit der Firma Schuckert zu den SSW. zusammengeschlossen hatte —, wie wir gesehen haben von Beginn an die direkte Auslösung eingeführt hatte und sie auch weiterhin viel verwendete, bedienten sich die anderen Firmen für die Ölschalter durchweg der indirekten Auslösung mit Hilfsgleichstrom; dagegen hat die in Amerika viel angewendete direkte Stromwandlerauslösung in Deutschland keine große Verbreitung gefunden. Bei den Apparaten der Firma V. & H. wurde der Stromschluß für den Auslösemagneten des Schalters oder für das Zeitrelais von einem Hochspannungsmaximalrelais bewirkt, dessen erste Ausführung (Anfang 1902) in Abb. 133 dargestellt ist; sie bedarf wohl keiner Beschreibung. Auf diese einfache, alsbald viel verwendete Einrichtung bin ich damals

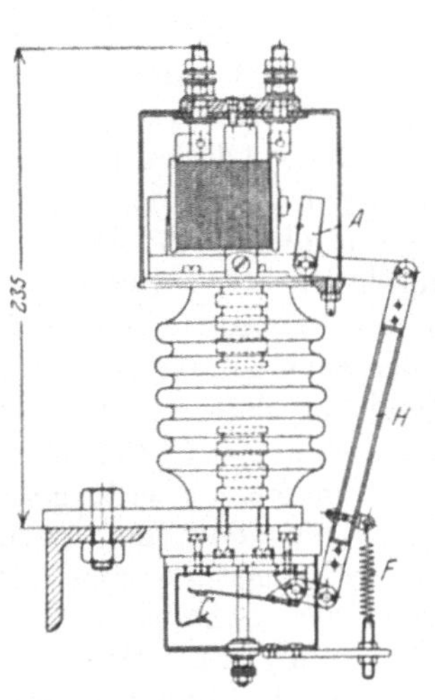

Abb. 133. Hochsp. Maximalrelais,
V. & H. 1902.

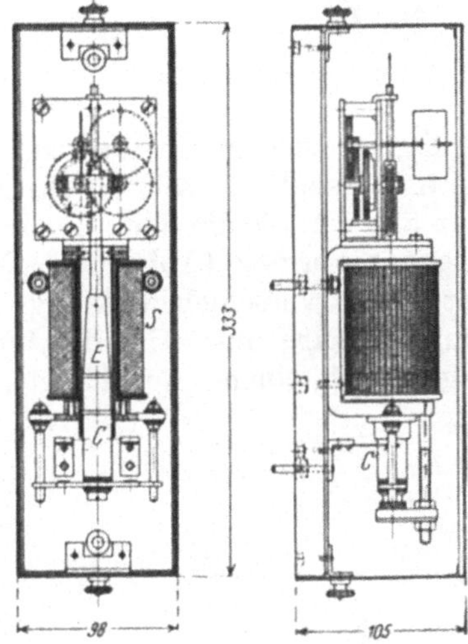

Abb. 134. Zeitrelais, V. & H. 1902.

gekommen, weil der Bau von Stromwandlern nicht zum Fabrikationsgebiet der Firma V. & H. gehörte. Das zugehörige unabhängige Zeitrelais (1902) ließ in seiner sehr einfachen Bauweise die Vorzüge der indirekten Auslösung besonders hervortreten. Wie aus Abb. 134 ersichtlich, wird bei diesem Apparat ein Eisenkern in die Höhlung einer Spule hineingezogen, die durch den Stromschluß des Hochspannungsmaximalrelais von der Gleichstromspannung erregt wird. Die Bewegung des Eisenkerns wird nach oben durch ein Hemmwerk mit Windfang verlangsamt, zurückfallen kann der Kern durch eine Ratsche ohne Hemmung. Am Ende seines Weges wird von dem Kern ein zweiter Kontakt geschlossen, der dann die Auslösung des Schalters bewirkt. — Kurze Zeit später vervollständigte ich die Reihe der Hilfsapparate für die Auslösung der V. & H.-Ölschalter noch durch die Konstruktion eines einfachen Rückstromrelais. Den Apparat zeigt Abb. 135, er besteht aus zwei Stromspulen I und II und einer Spannungsspule III, die in einem Dreieck angeordnet sind. Durch die Höhlung der Spule III hindurch

7*

ist ein U-förmiger Eisenbügel leicht beweglich aufgehängt, dessen Schenkel vor den Kernen der Spulen *I* und *II* schwingen. Bei normaler Stromrichtung steht der Bügel in der Richtung *III/I*, bei eintretendem Rückstrom schwenkt er in die Richtung *III/II* hinüber und schließt dabei zunächst den Kontakt für das Zeitrelais, das weiterhin die Auslösung des Ölschalters bewirkt[1].

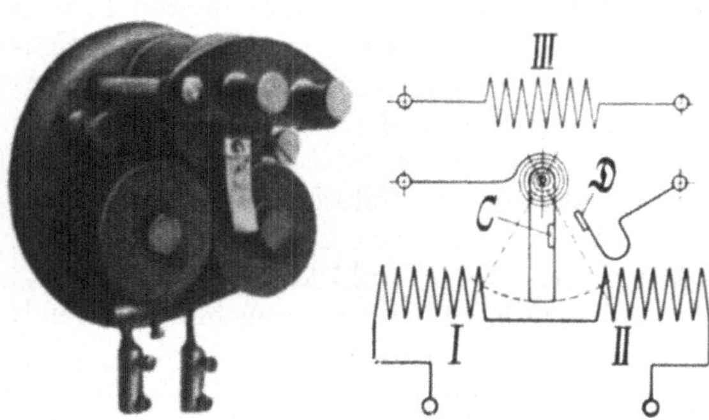

Abb. 135.   Rückstromrelais, V. & H. 1903. (Versuchsmodell).

Ende 1902 meldete C. E. L. Brown, ein Patent[2] auf ein stromabhängiges Maximal-Zeitrelais an und schlug damit einen neuen Weg zur Auslösung der Ölschalter ein. Das Relais, das alsbald in sehr vielen Anlagen zur Anwendung gelangte, arbeitet ähnlich wie die Seite 89 beschriebene direkte Auslösung nach dem Ferrarisprinzip (Abb. 136). Der durch den Stromwandler erregte Magnet (mit Verschiebewicklung) übt ein Drehmoment auf die Aluminiumscheibe aus. Um die Welle der Scheibe ist ein Faden geschlungen mit einem angehängten Gewicht, dessen Drehmoment dem Wirbelstrom-Drehmoment entgegenwirkt und das bei normaler Stromstärke eine Drehung der Scheibe verhindert. Wird die Auslösestromstärke überschritten, dann wickelt die sich nun mehr drehende Scheibe den Faden auf, wobei das hochgezogene Gewicht zuletzt einen Kontakt für die Auslösung des Öl-schalters schließt. Das

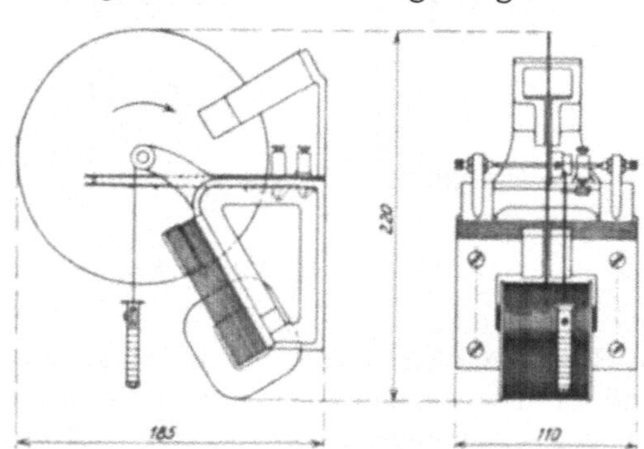

Abb. 136.   Überstr.-Zeitrelais, BBC. 1902.

Aufwickeln des Fadens geschieht natürlich um so schneller, je größer die Stromstärke ist. Für Drehstrom wurden von BBC. zwei unabhängig wirkende Relais verwendet (Abb. 137). — Im Gegensatz hierzu ließ die AEG. bei der ersten Ausführung ihres Maximalzeitrelais, das etwa zur gleichen Zeit herauskam und nach dem gleichen Prinzip arbeitete, beide Phasen auf eine einzige Ferrarisscheibe einwirken, Abb. 138 zeigt die schematische Anordnung. Das Gegendrehmoment wird hier von der

---

[1] Vogelsang M. Über die Auslösung von automatischen Hochspannungsschaltern. ETZ 1903, S. 604.

[2] D.R.P. Nr. 143556 von BBC. vom 14. November 1902 „Selbsttätiger Ausschalter für Wechselstromanlagen".

Feder *F* geliefert, die von der sich in Bewegung setzenden Scheibe bei Überschreitung der eingestellten Stromstärke gespannt wird. Aus dem Schema ist leicht zu ersehen, wie der Stromschluß für die Auslösung zustande kommt. — Eine ganz ähnliche Einrichtung wurde von der AEG. auch für Generatoren als „vereinigtes Maximal- und Rückstromzeitrelais" ausgeführt. Wie Abb. 139 erkennen läßt, wirkten bei diesem Apparat zwei Spannungsspulen und eine Stromspule auf die Ferrarisscheibe. Der Stromschluß der Auslösung wurde bei normaler Stromrichtung und entsprechender Drehrichtung der Scheibe bei starkem Überstrom mit erheblicher Verzögerung ge-

Abb. 137.   Überstr.-Zeitrelais für zwei Phasen, BBC. 1902.

schlossen, während bei Rückstrom und umgekehrter Drehrichtung der Scheibe die Auslösung fast momentan erfolgte.

Im Jahre 1901 hatte man bei der Firma V. & H. eine neue Art von Ölsicherungen mit unteren Anschlüssen, insbesondere für die Verwendung

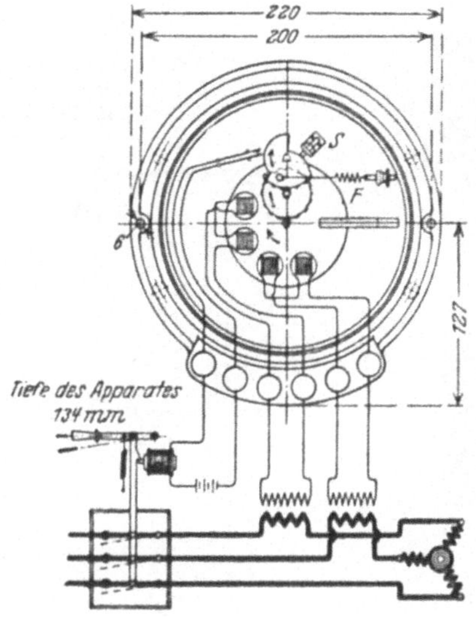

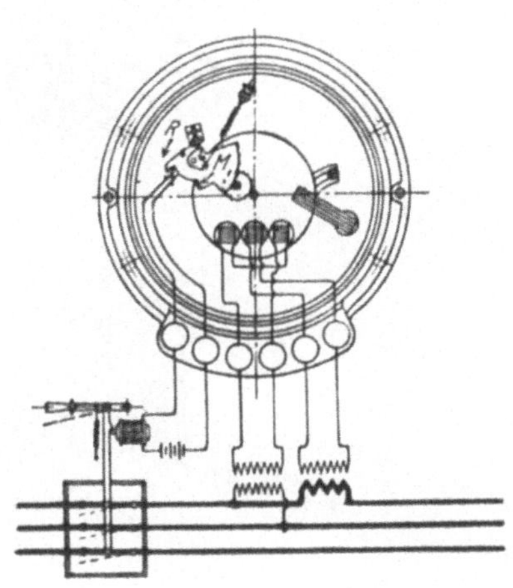

Abb. 138.   Zweiphasiges Überstr.-Zeitrelais, AEG. 1903.

Abb. 139.   Vereinigtes Überstr.- und Rückstr.-Zeitrelais, AEG. 1903.

in Bergwerken konstruiert, die sich aber in den ersten Jahren trotz des deutlichen Vorteils der Schlagwettersicherheit nur wenig einführten. Im Boden eines gußeisernen Kastens (Abb. 140) waren die sechs Porzellandurchführungen eingekittet, die innerhalb mit Messerkontakten versehen waren. Die Gegenkontakte waren am aufklappbaren Deckel des Kastens isoliert angebracht, und zwischen ihnen wurden die Schmelzstreifen (Drähte aus leicht schmelzbarem Metall, wie Zinn oder dgl.) ausgespannt, die die Form gewöhnlicher Schmelzlamellen für Niederspannung hatten.

Abb. 140. Ölsicherung, V. & H. 1901.

Diese Ölsicherungen arbeiteten bei den damaligen kleinen Leistungen bis 2 kV recht gut, der besondere Vorteil der Einrichtung bestand in dem gefahrlosen Ersatz der Patronen. Im folgenden Jahre 1902 erweiterte

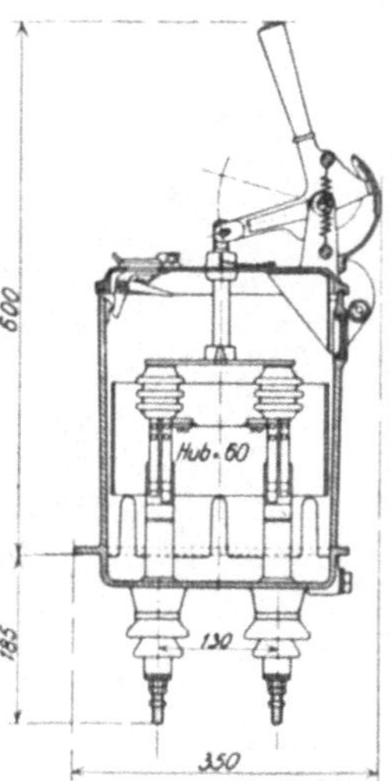

Abb. 141. Ölschalter mit Sicherung, V. & H. 1902.

ich diese Konstruktion zu einem „Ölschalter kombiniert mit Sicherung", dessen Anordnung aus Abb. 141 hervorgeht. Hierbei waren die Kontaktstücke, die die Schmelzlamellen trugen, isoliert an einer Gußplatte befestigt, die an einer durch den Deckel geführten Stange mittels eines einfachen Winkelhebels gehoben oder gesenkt werden konnte. Die Schmelzlamellen vertraten also die Messer des Schalters. Um die

Patronen zu ersetzen, mußte man den Schalter ausschalten, dann konnte man erst den Deckel aufklappen[1]. Es ist bezeichnend für die Zurückhaltung, die man damals noch den Ölschaltern gegenüber beobachtete, daß dieser Apparat, der später für Deutschland wohl einer der erfolgreichsten Hochspannungsapparate geworden ist, zunächst zwei Jahre lang überhaupt nicht angewendet wurde. Erst vom Jahre 1904 ab gelang es ihn in Bergwerken und Industriebetrieben einzuführen. Der Schalter wurde nun noch durch einen ihm angepaßten Strommesser zu einer Einheit für Verteilungsanlagen erweitert (Abb. 142) und fand in den folgenden Jahren bei der Bergwerks- und Schwerindustrie ein sehr

Abb. 142. Ölschalter mit Sicherung,
Stromwandler und Strommesser,
V. & H. 1904.

Abb. 143. Kleine Verteilungsanlage,
V. & H. 1904.

großes Anwendungsgebiet (Abb. 143 zeigt eine Schaltanlage mit diesen Apparaten). Diese Schalter kombiniert mit Sicherung, wurden damals meist für 500, 1000 und auch 2000 Volt angewendet, und da die Bergwerks- und Industriezentralen noch keine allzu großen Leistungen hatten (meist hatten die einzelnen Schächte und Betriebe noch unter sich ganz unabhängige elektrische Anlagen), so war man mit ihrer Wirkung sehr zufrieden. Erst als mit den Jahren die Leistungen erheblich größer und die einzelnen Betriebe zusammengeschlossen wurden, und als später andere Firmen in den Fehler verfielen, diese Apparate auch für 5000 Volt zu verwenden, erwiesen sie sich als ungenügend, und es kamen häufiger Explosionen vor. Heute sind sie nur noch für 500 Volt in Anwendung.

---

[1] Vogelsang M. Neue Hochspannungsapparate der Firma V. & H. El. Anz. 1902, H. 49—51.

Eine ganz andere Art von Ölsicherungen in Röhrenform, die im Prinzip eine gewisse Ähnlichkeit mit der alten Ferraris-Ölsicherung aufweist, wurde im Jahre 1904 von Christian Krämer, bei der Firma E. A. G. vorm. W. Lahmeyer, Frankfurt a. M., angegeben[1]. Der Apparat hatte die Form einer normalen Röhrenpatrone und konnte auch in gleicher Weise in Schaltanlagen verwendet werden. Er bestand (Abb. 144) aus einem kräftigen Glasrohr, das oben und unten mit Kontakten versehen war. Das Rohr war bis etwa drei Viertel mit Öl gefüllt. Im oberen Teil — also in der Luft, nur mit dem unteren Teil ins Öl eintauchend — befand sich in einer kleinen, am oberen Kontakt befestigten Explosionskammer der kurze Schmelzdraht aus Silber, dessen oberes Ende ebenfalls am oberen Kontakt befestigt war, und dessen unteres Ende mittels eines Kabelschuhs zunächst an eine weiche Kupferlitze und weiterhin am unteren Kontakt angeschlossen war. Außerdem war an dem Kabelschuh noch eine kräftige Spiralfeder befestigt, die beim Durchbrennen des Schmelzdrahtes den Schuh mit großer Schnelligkeit aus der Schmelzkammer heraus und ins Öl hinunter zog. Die Schmelzkammer war eine oben geschlossene Metallkapsel, die mit einem Isolierröhrchen ausgefüttert und mit Isolationsmasse umpreßt war. Unter dem Ölspiegel war die Kammer offen, oben war eine feine Bohrung zum Durchtritt des Schmelzfadens. Der Luftraum in der Kammer war sehr gering, dementsprechend auch die Gasmenge, die bei der Explosion in das Öl hineingeblasen wurde. Diese Sicherungen wurden viel für 5 kV und auch für 10 kV verwendet und bewährten sich bei kleinen und mittleren Kurzschlußleistungen sehr gut, weshalb sie bei steigender Zentralenleistung häufig als bequemer Ersatz für die früheren offnen Röhrensicherungen verwendet worden sind. Die Sache ging dann auch meist einige Jahre lang gut, bis sich schließlich die Leistung so vergrößerte, daß auch diese Ölsicherungen nicht mehr standhielten und durch Ölschalter mit Auslösung ersetzt werden mußten.

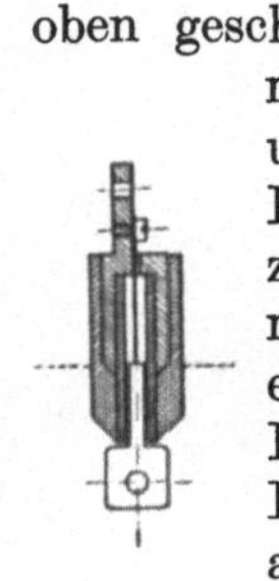

Abb. 144. Ölsicherung, F. & G. Lahmeyerwerke, daneben die Schmelzkammer.

Das Jahr 1903 ist in der Geschichte des Ölschalterbaues in Deutschland insofern bemerkenswert, als man in diesem Jahre zuerst in der ETZ anfing, sich ernsthaft mit dem Ölschalter zu beschäftigen. Etwas spät freilich. Ich habe schon früher gelegentlich darauf hingewiesen, daß der Apparatebau in der deutschen elektrotechnischen Fachliteratur damals nicht die genügende Beachtung fand, man hatte noch nicht so recht begriffen, daß gute Apparate und Schaltanlagen für den Betrieb großer Zentralen in der Tat sicher ebenso wichtig sind wie irgendwelche Feinheiten in der Berechnung von Maschinen oder Transformatoren. Insbesondere die ETZ hielt sich ganz zurück, und wenn das wohl auch zum

---

[1] F. Collischon: Eine neue Schmelzsicherung für Hochspannungsstromkreise. ETZ 1904, S. 471.

Teil daran lag, daß mit diesen Sachen bei den Fabrikationsfirmen damals noch viel Geheimniskrämerei getrieben wurde — es la g doch auch an der unrichtigen Wertung. Über den Ölschalter von Br own waren nur in einem Aufsatz über das Elektrizitätswerk Paderno, ETZ 1899 S. 9, einige Mitteilungen enthalten, keine Abbildung. Von den großen Fortschritten des Apparatebaues in Amerika hatte der Leser der ETZ nur in äußerst dürftigen Erwähnungen etwas erfahren. Etwas besser wurde der Apparatebau damals im Elektrotechnischen Anzeiger behandelt; insbesondere hatte der Anzeiger einige recht gute Auszüge aus amerikanischen Zeitschriften gebracht. — Die geringe Wertung des Apparatebaues in der deutschen Fachliteratur ist um so auffallender, als in den amerikanischen Zeitschriften meist recht schnell und gut über europäische Neukonstruktionen berichtet wurde. Schon über die Absicht, in Paderno mit Ölschaltern zu arbeiten, war am 15. Januar 1898 in der El. World berichtet worden, zu einer Zeit also, als diese Anlage noch gar nicht im Betrieb war, und das einzige Bild (Abb. 84) über den Einbau des Paderno-Schalters, das ich auffinden konnte, stammt aus der El. World.

Im Heft 15 der ETZ 1903 erschien nun endlich ein ausführlicher, sehr sachkundig verfaßter Aufsatz „Neuere Hochspannungsschalter" von A. Gerhardt über die uns bereits aus Kap. 6 bekannten Handölschalter der Gen. El., die damals von der Union-El. A. G. gebaut wurden (s. auch S. 98). Durch den Aufsatz von Gerhardt, der die Bedeutung des Ölschalters für die Hochspannungsverteilung wirksam hervorhob, wurde in der ETZ die Frage nach der Priorität der Ölschaltererfindung ausgelöst und durch Mitteilungen[1] von BBC. für Brown, von Schüler für Ferranti und von Gerhardt für die Amerikaner für den unbefangenen Leser ziemlich deutlich klargestellt. Abgesehen von diesem Erfolg einer geschichtlichen Aufhellung des Gegenstandes wurden durch den Gerhardtschen Aufsatz die deutschen und Schweizer Firmen veranlaßt, nunmehr ebenfalls über die Vorzüge ihrer Ölschalter in der ETZ zu berichten. Seitdem erst kann man also aus der deutschen Fachzeitschrift den Stand der Technik in bezug auf den Bau und die Anwendung der Ölschalter in Deutschland einigermaßen übersehen. Sehr bemerkenswert ist aus dieser Zeit ein Vortrag[2], den Dr. G. Benischke am 26. Mai 1903 im Elektrotechnischen Verein Berlin hielt, in dem er die auf S. 95 erwähnte Ölschalterkonstruktion der AEG. beschrieb sowie über Versuche mit solchen Apparaten und über Resultate bei ihrer Anwendung berichtete. In dem recht interessanten Vortrag kam Dr. Benischke auch auf die theoretische Grundlage der Stromunterbrechung durch den Ölschalter im Vergleich zu anderen Schaltern zu sprechen, und man kann wohl sagen, daß es damals ein recht verdienstvolles Unternehmen war, einmal in dieses Gebiet hineinzuleuchten. Das Arbeiten des Ölschalters wurde nämlich in jener Zeit von den Fachgenossen als sehr merkwürdig — um nicht zu sagen fast als ungehörig — angesehen, stellte es doch die bisherigen Anschauungen über die zweckmäßigste Art der Stromunterbrechung so

---

[1] ETZ 1903, S. 380, 449, 467, 507 u. 598.
[2] Dr. G. Benischke: Über Hochspannungsölschalter. ETZ 1903. S. 613.

ziemlich auf den Kopf. Man vermißte immer die Überspannung, die, wie man meinte, bei der fast momentanen Unterbrechung durch den Ölschalter durchaus entstehen sollte. Dr. Benischke stellte demgegenüber fest, daß nach allen bisherigen Versuchen Überspannungen bei Ölschalterabschaltungen überhaupt nicht beobachtet werden konnten. Er nahm an, daß die Stromunterbrechung durch den Ölschalter im Moment des Durchgangs der Stromkurve durch Null herbeigeführt werde, eine Anschauung, die das Nichtauftreten von Überspannungen natürlich erklärte.

Das Mißtrauen gegen die Ölschalter war damals in Deutschland noch groß und weit verbreitet. Die Hörnerschalter hatte man in der Schweiz und in Deutschland gerade eingeführt, und gute Konstruktionen dieser Schalterart, wie diejenigen von Sprecher & Schuh, Schuckert und V. & H., hatten sich als durchaus kurzschlußfest erwiesen, auch waren die Hörnerschalter von V. & H., mit selbsttätiger Maximalauslösung als Ersatz für Sicherungen, schon viel in Gebrauch. Im Prüfraum von V. & H. hatten wir uns damals darauf eingerichtet, unseren Kunden die verschiedene Wirkung der beiden Schalterarten, Hörnerschalter und Ölschalter, durch allerdings nur bescheidene Kurzschlußversuche vorzuführen, die auf einem 120-PS-Umformersatz gemacht wurden. Ich pflegte mich bei diesen Vorführungen neutral zu verhalten, bemerkte aber wohl, daß das stille Arbeiten des Ölschalters in der Regel dem Kunden besser gefiel als das prasselnde Feuer des von mir im Grunde immer noch mehr geliebten Hörnerschalters. Versuche mit so kleinen Energiemengen konnten mich aber natürlich doch nicht befriedigen. Als daher die Stadt Köln von V. & H. Ölschalter beschaffen wollte und Herr Direktor Overmann mir erklärte, er wolle einen solchen Schalter aber zunächst einmal gründlich probieren, griff ich gerne zu und fuhr mit meiner Apparatur, bestehend aus einem Ölschalter mit Auslösung nebst Hochspannungs-Maximalrelais, gen Köln. Der Ölschalter — es war ein kleiner Apparat von etwa 250 mal 200 mm Ölfläche — wurde im Keller des Maschinenraumes der Zentrale aufgebaut und dann wurden von einer Einphasenmaschine von 1500 kW bei 2,2 kV eine Anzahl direkte Kurzschlüsse auf ihn gemacht. Wir Zuschauer hatten uns dabei in respektvoller Entfernung hinter einem mächtigen Kellerpfeiler aufgestellt, und ich muß sagen, daß ich doch ziemlich verwundert war, als das Schalterchen die Kurzschlüsse mit der gleichen Leichtigkeit abschaltete wie früher die viel kleineren Leistungen in Frankfurt. — Die Stadt Köln bestellte hierauf die Ölschalter, und ich, als ich nach Frankfurt zurückfuhr, wurde mir endgültig darüber klar, daß mit dem Hörnerschalter gegen den Ölschalter denn doch nicht anzukämpfen sei — so wurde ich für den Ölschalter aus einem Saulus zu einem Paulus.

IX.

Weiterentwicklung.

Während man in Amerika schon seit 1899 die großen Zentralen nur noch mit ferngesteuerten Ölschaltern ausgerüstet hatte, waren solche Apparate in Deutschland 1903 noch ganz unbekannt. Die Firma V.&H. unternahm zuerst einen Vorstoß nach dieser Richtung.

In einem am 25. November 1903 im Elektrotechnischen Verein in Köln gehaltenen Vortrag[1] versuchte ich für die Anwendung der ferngesteuerten Ölschalter Stimmung zu machen, muß allerdings hinzufügen, daß mir das nur mäßig gelungen ist, denn meine durch Vorführungen

Abb. 145.　Ferngesteuerter Ölschalter, V. & H. 1903.

unterstützte Rede wurde ziemlich skeptisch aufgenommen. Die erste Ausführung eines Ölschalters mit Fernantrieb von V.&H. (1903) zeigt Abb. 145; der Apparat wurde bald darauf in eine etwas andere Form gebracht, um die selbsttätige Schaltvorrichtung besser zugänglich zu machen. Die Einschaltung geschah durch einen kräftigen Magneten, in der Einschaltstellung wurde der Schalter durch eine einfallende Klinke festgehalten. Die Einrichtung war insofern zwangläufig, als die Abschaltung des Einschaltmagneten am Schalter erst durch das Einfallen der Halteklinke ermöglicht wurde (s. das Schema

---

[1] ETZ 1904, S. 247. — Vogelsang M.: Automatische Hochspannungsschalter und ihre Anwendung zur automatischen Parallelschaltung. ETZ 1905, S. 442.

Abb. 146). Beim Ausschalten wurde die Klinke durch einen kleinen Auslösemagneten gelöst und der Schalter schaltete durch die Ausschaltfedern aus. Bemerkenswert an der Einrichtung war die elektrische Steuerung und Rückmeldung. Die Steuerung vor der Schalttafel geschah durch zwei Druckknöpfe. Außerdem waren dort eine rote „Ein"- und eine grüne „Aus"-Lampe vorhanden und ein Drehschalter mit einem Schildchen „Ein" —„Aus", dessen Stellung immer die tatsächliche Stellung des Ölschalters anzeigen sollte. Wenn man z. B. einschalten wollte, drückte man auf den Druckknopf „Ein" bis die rote Lampe meldete, daß die Einschaltung vollzogen sei. Dann drehte man den Drehschalter von „Aus" nach „Ein", dadurch erlosch die rote Lampe und die Stellung des Drehschalters bezeichnete die Stellung des Ölschalters. Beim Ausschalten mit Druckknopf wurde entsprechend verfahren. War der Schalter eingeschaltet und wurde er durch ein Relais ausgelöst, dann leuchtete die grüne Lampe „Aus" auf so lange, bis der Bedienende den Empfang der Nachricht dadurch gewissermaßen bestätigte, daß er den Drehschalter nach „Aus" umstellte. Wie man leicht übersieht, sollten hier die Merklampen nicht sowohl dauernd die Schalterstellung als vielmehr nur jede Veränderung der Schalterstellung anzeigen. Dieses System, das in der Wirkung mit der S. 86 beschriebenen Signalisierung der Westgh. übereinstimmt, hat namentlich in großen Schaltanlagen den Vorteil, eine geschehene Auslösung sehr auffallend bemerkbar zu machen. Übrigens ist aber das andere System, die jeweilige Schalterstellung durch dauernd brennende Lampen für „Ein" oder „Aus" anzuzeigen, von den meisten anderen Firmen bevorzugt worden; es ist bei vielen Schaltern weniger übersichtlich, und der Lampenverschleiß ist nicht unbeträchtlich; als Vorteil ist anzuführen, daß sich das Versagen einer Lampe sofort bemerkbar macht.

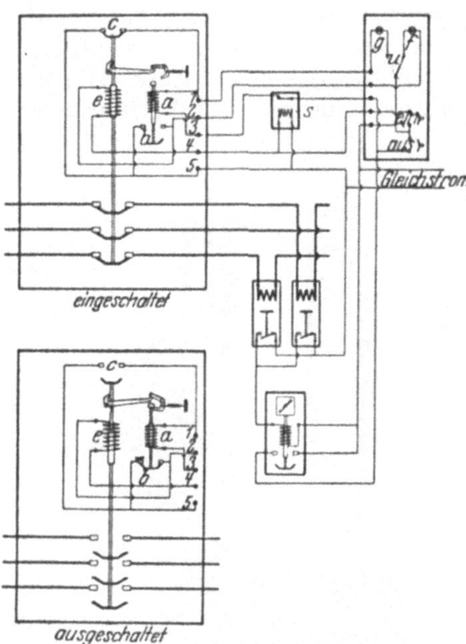

Abb. 146. Schema des ferngesteuerten Ölschalters, V. & H. 1903.

In bezug auf die allgemeine Mechanik der ganz automatischen Ölschalter mag noch bemerkt werden, daß hierbei der Begriff der Freiauslösung nicht ganz derselbe ist wie bei einem Handschalter. Wir setzen im folgenden immer voraus, daß es sich um ein Wiedereinschalten unter bestehendem Kurzschluß handelt. In diesem Falle heißt die

Forderung der Freiauslösung für den Handschalter: der Schalter soll nach der Einschaltung sofort auslösen können, auch wenn der Handgriff in der Einschaltstellung festgehalten wird. Überträgt man diese Forderung auf den ganz automatischen Schalter, dann erkennt man, daß von diesem die freie Auslösung, solange der Einschaltdruckknopf gedrückt wird, auch ohne besondere Vorkehrungen erfüllt wird — das Fatale ist aber, daß nun der Schalter die Ein- und Ausschaltbewegung immer weiter fortsetzt, solange das Einschaltkommando andauert und dieses „Tanzen" des Schalters muß natürlich unter allen Umständen vermieden werden. Das geschieht am einfachsten so, daß man auf die natürliche freie Auslösung des Schalters verzichtet und diese sperrt, solange das Einschaltkommando andauert. Nach dem Schema von V. & H. (Abb. 146) geschieht dies durch das Relais s, das den Auslösestromkreis so lange unterbricht, als der Einschaltdruckknopf gedrückt wird. Dasselbe kann man übrigens auch ohne Relais dadurch erreichen, daß man mit dem Einschaltdruckknopf einen Unterbrechungsschalter für den Auslösestromkreis mechanisch verbindet. Dieses Mittel, die Auslösung während des Einschaltkommandos zu sperren, erscheint ein wenig robust, ist aber in der Tat ganz unbedenklich, denn einmal hat es schon rein theoretisch mit dem Ausschalten unter Kurzschluß wegen des Abklingens des Kurzschlußstromes keine übermäßige Eile, ferner entsteht durch das Zeitrelais zumeist sowieso eine merkliche Pause, und endlich ist es praktisch von Vorteil, wenn das Personal während des Einschaltens nicht durch das Antwortsignal „aus" konfus gemacht werden kann. — Will man nun aber doch von einem ganz automatischen Schalter auch bei andauerndem Einschaltkommando eine sofortige Auslösung unter Kurzschluß verlangen, dann ist die obengenannte für den Handschalter aufgestellte Anforderung für die Freiauslösung dahin abzuändern, daß ein solcher automatischer Schalter für eine einmalige Betätigung des Einschaltorgans (Druckknopf oder dgl.) auch nur einmal die Einschaltbewegung ausführen darf, d. h. er soll also wohl sofort auslösen können, aber nicht zum zweitenmal von selbst wieder einschalten, d. h. also nicht tanzen. Diese Forderung kann, ähnlich wie beim Handschalter, durch eine auslösbare Verklinkung zwischen dem elektrischen Antrieb und dem Schalter erfüllt werden, und man hat in neuerer Zeit die ganz automatischen Schalter auch mehrfach mit solcher Freiauslösung ausgeführt. Aber die konstruktive Lösung der Aufgabe ist hier erheblich schwieriger als beim Handschalter und der Vorteil weniger in die Augen springend — die Apparate dieser Art, die in diesem Kapitel besprochen werden, haben ebensowenig wie die in Kap. 7 u. 11 behandelten amerikanischen Fernschalter diese Einrichtung.

Die ferngesteuerten Ölschalter von V. & H. kamen zuerst 1903 in einer Schaltanlage auf Schacht II, Gewerkschaft Deutscher Kaiser, zur Anwendung. Im Jahre 1905 wurden für die Bergwerksgesellschaft Hibernia eine Anzahl Schaltanlagen für deren Schächte errichtet, die mit diesen ferngesteuerten Ölschaltern ausgerüstet waren. Abb. 147 zeigt die erste dieser Schaltanlagen auf Zeche Shamrock, Herne. —

Die Schaltanlagen, die für die Hibernia von V. & H. ausgeführt wurden,
waren durchweg mit automatischer Parallelschaltung versehen. Da ich
diese Einrichtung als eine logische Folge der Anwendung von ganz automatischen Ölschaltern betrachte und dies die erste Anwendung dieser
Einrichtung in größerem Maßstab in Deutschland gewesen ist, so mag
hier einiges darüber berichtet werden. Der Gedanke, die ganz automatischen elektrisch gesteuerten Schalter dazu zu benutzen, die Parallelschaltung durch eine Relaiseinrichtung automatisch auszuführen, ist in
der Tat so alt wie diese Schalter selbst. Wie wir im Kap. 6, S. 68, gesehen
haben, tauchte er zunächst in der larvierten Form auf, durch eine auto-

Abb. 147.   Schalteranlage der Zeche Shamrock, V. & H. 1905.

matische Relaiseinrichtung das falsche Parallelschalten zu verhindern
Dieser Gedanke, der auch später noch wiederholt geäußert worden ist,
setzt eine Einrichtung voraus, die prinzipiell ebenso arbeitet wie die
automatische Parallelschaltung, bei der also auch dieselben Schwierigkeiten zu überwinden sind — die aber dieser gegenüber bei genauerem
Zusehen gar keine Vorteile bietet, sondern nur betriebstechnische Nachteile, und es ist mir auch nicht bekanntgeworden, daß dieser Schutz
gegen falsches Parallelschalten irgendwo mit dauerndem Erfolg angewendet worden ist. — Abgesehen hiervon ist in Amerika die automatische Parallelschaltung offenbar schon ziemlich früh ausgeführt
worden. Das erste Patent, das mir bekannt ist, stammt von John
Pearson und James Franklin Williamson aus dem Jahre 1901.
Die verhältnismäßig einfache Einrichtung ist nach Abb. 148 leicht verständlich. Um die Parallelschaltung zu vollziehen, mußte der links auf
dem Bild befindliche Einschaltautomat durch die Spule 8 ausgelöst

werden. Der hierzu nötige Stromschluß wurde von den beiden Spulen 10 und 14 vermittelt, die an die Phasenlampenspannung (Hellschaltung) angeschlossen waren; 10 war ein Zeitrelais und auf die Spannung weniger

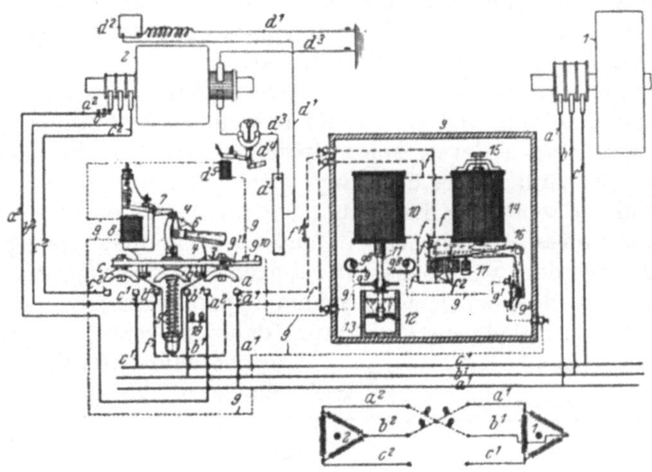

Abb. 148.
Schema der autom. Parallelschaltung von Pearson und Williamson, 1901.

fein eingestellt, es schloß die Kontakte $g\,9$, $g\,8$. 14 war ein auf die Spannungsspitze sehr genau einregulierter Stromschließer für den Kontakt $g\,1$, $g\,2$. Man erkennt, 10 sollte in der Schaltung die genügende Dauer des Leuchtens der Phasenlampen und 14 ihre maximale Helligkeit erfassen. Der in der Mitte des Relais sichtbare Quecksilberkontakt $f\,2$ hatte nur einen praktischen Zweck, er unterbrach die Spule 10, wenn der Kern von 14 im Anfang des Synchronisierens kräftige Springbewegungen machte und verhinderte dadurch, daß das etwas primitive Zeitrelais sich durch die schnellen Impulse heraufarbeitete.

Meine erste von V. & H. ausgeführte Vorrichtung[1] zeigt Abb. 149. Hier wurde die Spannungsgleichheit durch das Differentialrelais d und den Ruhestromkontakt a, die richtige

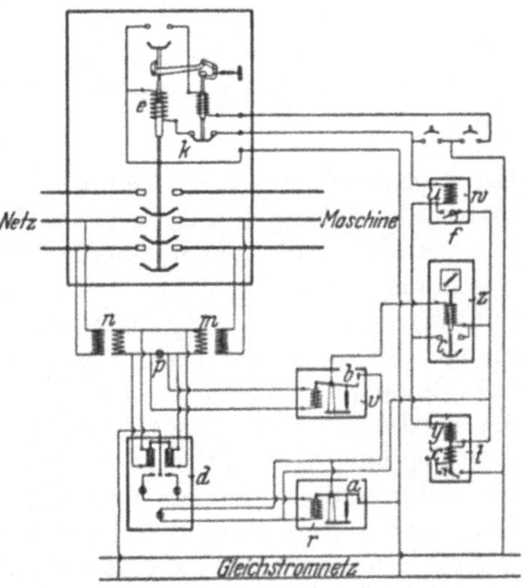

Abb. 149. Schema der autom. Parallelschaltung
von V. & H. 1904.

Phasenspannung durch das Kontaktvoltmeter b und die hinreichende Dauer der Phasengleichheit durch das Zeitrelais bei c fest-

---

[1] D.R.P. Nr. 165796 vom 10. Februar 1904 und Zusatz vom 19. Januar 1906.

gestellt und dann die Einschaltung vollzogen. Das Halterelais w (Kontakt p) hielt den Einschaltkontakt, wenn er einmal gegeben war, weiter aufrecht, um ein gefährliches halbes Einschalten zu vermeiden. Der kleine automatische Handschalter t diente dazu, die Vorrichtung in Gang zu setzen und sie mit Minimalauslösung sofort abzuschalten, wenn die Parallelschaltung vollzogen war.

Diese Einrichtung hatte aber nun ebenso wie die ältere amerikanische den großen Nachteil, daß sie nur für eine genau bestimmte Spannung zu gebrauchen war. Bei zu hoher Spannung schaltete die Einrichtung zu schnell, bei zu niedriger überhaupt nicht parallel, und da namentlich in den Industriezentralen die Spannung dem Bedarf entsprechend zeitweise nicht unwesentlich höher sein muß als die normale Netzspannung, und da es außerdem wünschenswert ist, nach einer Störung beim Wiederanfahren auch schon bei kleinerer Spannung parallel zu schalten, so ergab sich die Notwendigkeit, die Einrichtung dahin zu vervollkommnen, daß sie innerhalb weiter Grenzen unabhängig von der eigentlichen Höhe der Spannung arbeiten konnte. Die Lösung dieser Aufgabe fand ich durch eine entsprechende Veränderung des als Phasenrelais dienenden Kontaktvoltmeters, wobei die Einrichtung im übrigen unverändert beibehalten werden konnte. Der Grundgedanke der Neuerung war folgender: Das alte Kontaktvoltmeter hatte als Gegenkraft für die von der Phasenlampenspannung erregte Spule eine Feder. Wenn man statt dieser konstanten Gegenkraft eine solche einführte, die von der jeweils herrschenden Spannung abhängig war, dann mußte das Kontaktvoltmeter seinen Kontaktschluß machen unabhängig von der im Apparat arbeitenden Spannung. Das Phasenrelais (Abb. 150) erhielt danach folgende Einrichtung. An einem doppelarmigen Hebel wirken rechts zwei Spulen, die von der Phasenlampenspannung erregt werden, links als Gegenkraft zwei Spulen, von denen die eine von der Netzspannung, die andere von der zuzuschaltenden Maschine erregt wird. Hierdurch wird die Einrichtung innerhalb sehr weiter Grenzen von der herrschenden Netzspannung unabhängig. Als weitere Verbesserung waren bei dem neuen Phasenrelais statt eines zwei Kontakte angebracht, die von dem Kontakthebel nacheinander geschlossen werden. Der Kontakt a — für das Zeitrelais — wird zuerst geschlossen, dasselbe kann also beginnen abzulaufen. Wenn es abgelaufen ist und wenn dann im höchsten Punkte der Kurve der Kontakt b auch noch geschlossen wird, erfolgt die Parallelschaltung. — Durch das verbesserte Phasenrelais wurde die automatische Parallelschaltung erst wirklich lebensfähig, und sie ist seitdem in vielen großen Anlagen in Deutschland zur Ausführung gelangt.

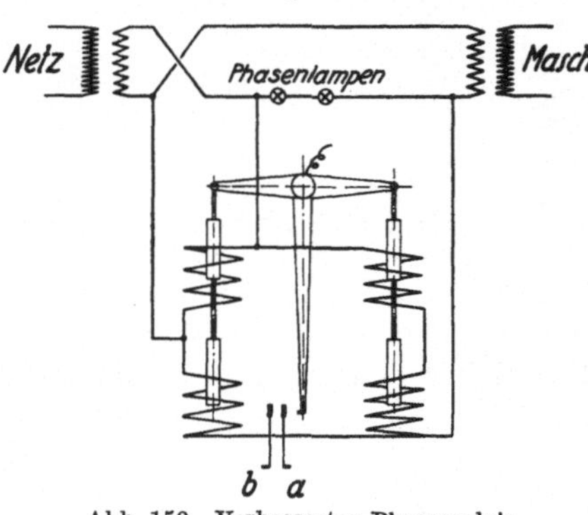

Abb. 150. Verbessertes Phasenrelais, V. & H. 1906.

Die Firma SSW. wendete die Fernsteuerung für Ölschalter zuerst 1905 bei der Urfttal-Zentrale (Heimbach in der Eifel) an[1]. Die Übertragungsspannung war hier 30 kV bei 5 kV Maschinenspannung. In dieser Zentrale bildete je eine Maschine und ein Transformator insofern eine Einheit, als zwischen Maschine und Transformator nur Röhrensicherungen, aber keine Schalter vorhanden waren, es fehlten also auch die 5 kV Sammelschienen. Alle Schaltungen wurden auf der 30 kV-Seite der Transformatoren vorgenommen, wobei die bereits auf S. 92 beschriebenen Ölschalter Verwendung fanden. Die Fernsteuerung eines solchen Schalters geschah durch einen Gleichstrom-Serienmotor. Der Motor schaltet den Schalter unter Zwischenfügung eines Schneckenantriebs mit 180⁰ Bewegung durch Drehen nach der einen Richtung ein und durch Drehen in der entgegengesetzten Richtung aus (s. Schema Abb. 151). Die Umkehrung der Drehrichtung im Motor wurde durch zwei entgegengesetzt gewickelte Feldwicklungen erreicht, von denen für „ein" und „aus" jeweils nur eine durch den kleinen Steuerumschalter $a\,1$ auf der Schalttafel eingeschaltet wurde; dieser schloß den Kontakt nur unter dem Druck der Hand und sprang dann in die Mittelstellung zurück, er entsprach in seiner Wirkung also zwei Druckknöpfen. Zur zwangläufigen Si-

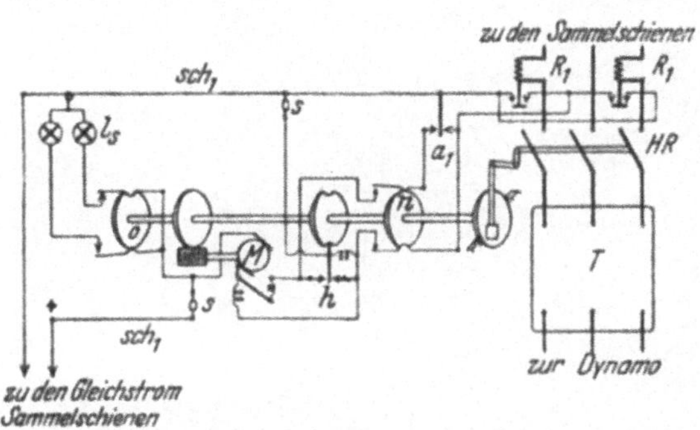

Abb. 151.   Schaltung des ferngesteuerten Ölschalters, SSW, Urfttal-Zentrale. 1905.

cherung der einmal eingeleiteten Bewegung wurden von der Ölschalterwelle zwei Umschalter h und n gesteuert. Der eine, h, wurde je nach der Drehrichtung mechanisch umgestellt, wiederholte den Kontakt des Steuerschalters $a\,1$, hielt ihn bis zum Ablauf der halben Kurbelbewegung aufrecht und unterbrach ihn dann. Der andere Umschalter n unterbrach nach einmal eingeleiteter Bewegung beide Seiten des Steuerschalters $a\,1$, machte ihn also während der Bewegung völlig unwirksam und hielt in den beiden Endstellungen immer nur die Leitung für die nächstfolgende umgekehrte Drehrichtung geschlossen, während die andere Leitung unterbrochen war. Die Signallampen zeigten die erreichte Schalterstellung an, sie wurden durch eine Scheibe 0 von der Schalterwelle aus gesteuert. Dadurch, daß man beim Einschalten den Kommandoschalter nur momentan zu betätigen brauchte, ohne erst die Rückmeldung durch das Lampensignal abwarten zu müssen, war bei richtiger Handhabung die Gefahr des „Tanzens" (s. S. 109) ausreichend vermieden. Abb. 152 zeigt den Einbau der Schalter, der bereits in Betonkammern gemacht war, doch war diese Bauart in der Schaltanlage

---

[1] Die Hochspannungskraftübertragung an der Urfttalsperre. ETZ 1908, S. 355.

noch nicht völlig durchgeführt. Der vollständig zellenmäßige Aufbau der Schaltanlage in Beton oder Mauerwerk ist, soweit mir bekannt, in dieser Zeit in Europa zuerst in Oberitalien und der Schweiz — wohl angeregt durch amerikanische Vorbilder — üblich geworden. Er wurde dort frühzeitig insbesondere von den Firmen BBC. und Oerlikon bevorzugt.

Die Einführung von ganz automatischen Ölschaltern von BBC. in der Zentrale Frankfurt a. M. (3 kV Einphasenstrom) erfolgte im Jahre 1907 und bietet manches Neue. Wie üblich brauchte man die Fernölschalter zunächst für die Maschinen, brachte aber die Apparate nicht in der Schaltanlage unter, sondern setzte jeden Schalter — in Ausnutzung der Fernschalteinrichtung — zu seiner zugehörigen Maschine in den Fundamentenraum (Abb. 153). Die von BBC. verwendete Einrichtung des automatischen Antriebs ist wohl das erste Beispiel eines Kraftspeicherantriebes und bietet hierfür eine recht sinnreiche und einfache Lösung (Abb. 154). Während der Ausschaltbewegung des Ölschalters, wobei die Schalterwelle mit dem Arm a an der Rolle r ihren

Abb. 152. Einbau der 30-kV-Ölschalter, Urfttal-Zentrale, SSW. 1905.

Anschlag findet, wird der Gleichstrom-Hauptstrommotor eingeschaltet und zieht mittels Schnecke und Schneckenrad eine Spiralfeder auf. Nach einer vollen Umdrehung des Schneckenrades ist der Federaufzug beendet, der Antrieb schaltet sich ab und der Ölschalter ist nun „einschaltbereit". Zum weiteren Verständnis der Einrichtung ist besonders zu bemerken, daß die Drehrichtung an der Ölschalterwelle sowohl beim Ein- wie Ausschalten dieselbe bleibt. Zu dem Zweck war es natürlich nötig, daß die Ölschalterwelle die Kurbelstangen, womit das Heben und Senken der

Kontakte bewirkt wird, um einen vollen Kreis durchdrehen konnte. Um
eine gekröpfte Welle zu vermeiden, hat man im
Ölschalter vorn und hinten drei Zahnräder angeordnet, wodurch von der Hauptwelle aus zwei
Hilfswellen m und n angetrieben wurden, die
nun durch ihre außen angebrachte Pleuelstangen
eine Art Lade hoben und senkten, auf der die
Kontaktfedern für den zweipoligen Ölschalter angebracht waren. — Der Schalter war also „einschaltbereit". Um ihn einzuschalten, mußte die
Sperrung an der Rolle r gelöst werden. Die Rolle r
wurde in ihrer Lage durch eine Klinke oberhalb
des Magneten f festgehalten, deren Lösung nicht
viel Kraft erforderte, da der Hauptdruck von
dem festen Drehpunkt i aufgenommen wurde.
Wenn der Magnet f zwecks Einschaltung Strom
erhielt und sein Springer die Verklinkung löste,
konnte der Arm a die Rolle r nach außen drücken,
die Welle war nun frei und der Schalter schaltete
mit einer Drehung um 120° ein bis der Arm a an
der zweiten Rolle s wieder einen Anschlag fand.
Die Auslöseeinrichtung für das Ausschalten war
genau dieselbe wie für das Einschalten. Magnet f erhält Strom,
der Springer schlägt die Verklinkung heraus und die in einer
Gabel aufgehängte Rolle s wird
von dem Arm a zur Seite gedrückt,
so daß dieser durchschlagen
kann. Die Welle dreht nun um
die restlichen 240° weiter bis
Arm a wieder an der Rolle r an-
schlägt. Wie sich die Winkelein-
teilung für das Ein- und Ausschalten am Schalter auswirkte,
ist aus der Abbildung gut zu erkennen. In der Einschaltstellung II war die Kurbel ein wenig
über den höchsten Punkt herüber gedreht, um die Federung
der Tastkontakte für die kommende Ausschaltung wirksam zu
machen. Bei der Ausschaltbewegung von II nach I erreichte die
Kontaktbrücke für einen Moment
die tiefste Ausschaltlage, wurde

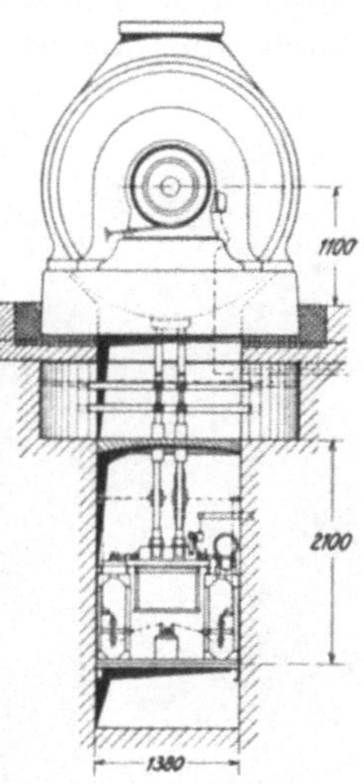

Abb. 153. Einbau der
ferngesteuerten Ölschalter,
E.-W. Frankfurt a. Main,
BBC. 1907.

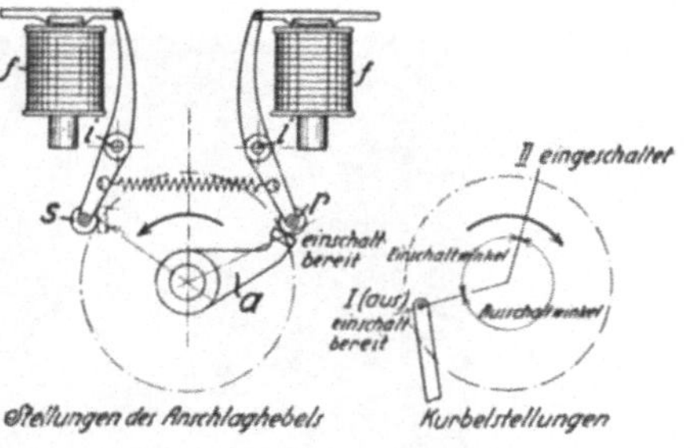

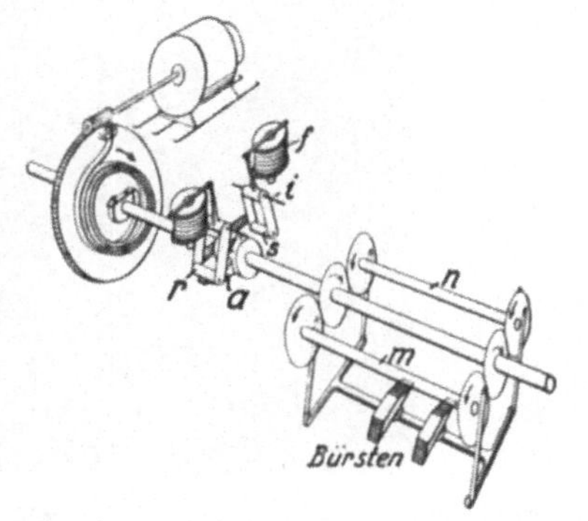

Abb. 154. Kraftspeicher-Antrieb der Ölschalter
im E.-W. Frankfurt a. Main, BBC. 1907.

aber dann um etwa ein Viertel des Schaltweges wieder angehoben. —
Das Einschalten von I nach II geschah natürlich sehr schnell,

und es ist noch zu erwähnen, daß am äußeren Ende der Welle hinter dem Schneckenradgehäuse eine Ölbremse angeordnet war, die durch eine kleine Exzenterscheibe von der Schalterwelle aus be-

tätigt und wodurch der harte Schlag beim Einschalten in wirksamer Weise abgefangen wurde. — Es ist jetzt nur nötig, noch einmal zu dem Schneckenradantrieb zurückzukehren, der seine elektrische Steuerung für den rechtzeitigen Aufzug der Feder unabhängig von der Kommandoschaltung selbst besorgte. Zur Steuerung des Gleichstrom-Hauptmotors diente ein am Gestell des Schneckenantriebs angebauter Kippschalter, der während der Ausschaltung (Übergang von *II* nach *I*) durch einen von der Ölschalterwelle bewegten Nocken eingeschaltet wurde und der in der Einschaltstellung verblieb bis

Abb. 155 a.

Abb. 155 b.
Abb. 155 a und b.　Ferngesteuerte Maschinenölschalter bei den
B. E. W., AEG. 1907.

ihn ein zweiter, vom Schneckenrad bewegter Nocken nach einem vollen Umlauf des Schneckenrades zurückdrückte. Die Kommando-

schaltung der beiden Spulen *f* und *g* von einem Schaltpult aus mittels
Druckknopf bietet keine Besonderheit, desgleichen nicht die Merk-
lampenschaltung für dauernd brennende Lampen, die von der Welle
aus durch eine Kontakt-
scheibe in den Stellungen
„ein" und „aus" bewirkt
wurde. Zu erwähnen bleibt
noch, daß sich die Schal-
tungen außerordentlich
schnell vollziehen, auch das
während der Ausschaltung
beginnende Aufziehen der
Feder durch den Motor ist
in etwa 1 Sekunde beendet.

Die Berliner Elektri-
zitätswerke (B.E.W.), deren
Ausrüstung mit Hoch-
spannungsschaltern und
Sicherungen der AEG. im
Jahre 1898 wir im Kap. 2

Abb. 156. Ferngesteuerter Ölschalter, AEG. 1906.

beschrieben haben, hatten inzwischen ihre Zentralen und Umform-
stationen beträchtlich vergrößert und vermehrt. Sie waren zeitgemäß
mit Ölschaltern ausgerüstet und bis zum Jahre 1907 von K. Wilkens
mit neuen zum Teil ferngesteuerten
Schaltanlagen versehen worden[1]. Auf
die besondere Inneneinrichtung der
verwendeten Ölschalter der AEG.
kommen wir an anderer Stelle zu
sprechen. Man hatte als Maschinenschalter Dreikesselschalter mit vierfacher Unterbrechung je Phase verwendet (Abb. 155). Die Antriebe waren
durch Kettenräder verbunden. Für
kleine ferngesteuerte Stromkreise war
ein einfacher Ölschalter mit Fernantrieb
nach Abb. 156 im Gebrauch. Das
Schema der elektrischen Steuerung
dieser Apparate ist in Abb. 157 sehr
deutlich wiedergegeben. Die Unterbrechung der Einschaltspule geschah,
wie man sieht, kurz vor Beendigung
des Schaltweges, die Einschaltlage
wurde durch eine einfallende Klinke
gesichert. Die automatischen Schalter

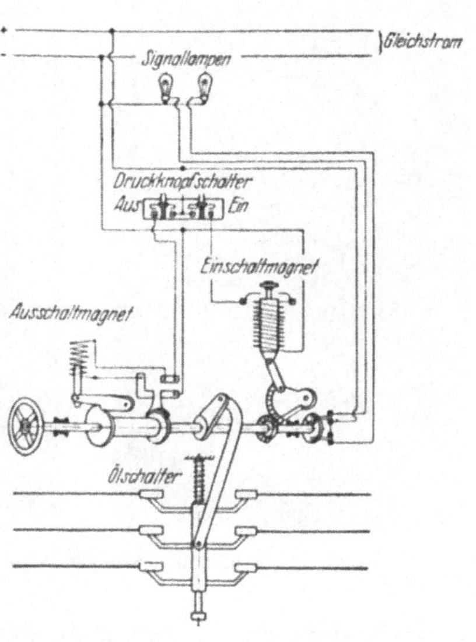

Abb. 157. Schaltung des ferngesteuerten
Ölschalters, AEG. 1906.

---

[1] K. Wilkens: Die Berliner Elektrizitätswerke zu Beginn des Jahres 1907.
ETZ 1907, S. 1011. — Ferner K. Kuhlmann: Selbsttätige Hochspannungsölschalter für Wechselstrom. ETZ 1906, S. 740.

waren aus den Handschaltern entwickelt worden, die mit Freiauslösung ausgerüstet waren. Für die Nothandschaltung mit Handrad
war die Freiauslösung beibehalten, so daß sich das Handrad bei der Auslösung von dem Schalter abkuppelte. Das war deshalb wichtig, weil
dadurch verhütet wurde, daß bei der schnellen Ausschaltbewegung das
Handrad mitgeschleudert würde und zurückprallen könnte — eine
eigentliche Freiauslösung für den elektromagnetischen Antrieb (s. S. 109)
hatten diese Schalter aber auch nicht. Die Schaltstellung wurde durch
zwei Signallampen angezeigt. Außerdem war aber an dem Schalter
selbst noch ein Anzeigeschild
vorhanden, das die wirkliche
Schalterstellung anzeigte. Anstatt der im Schema angegebenen
Druckknöpfe wurde ein in die
Mittellage zurückfedernder Umschalter verwendet, der mit
einem recht geschickten Kipp-
zeiger versehen war, der die
letztgemachte Schaltung erkennen ließ (Abb. 158).

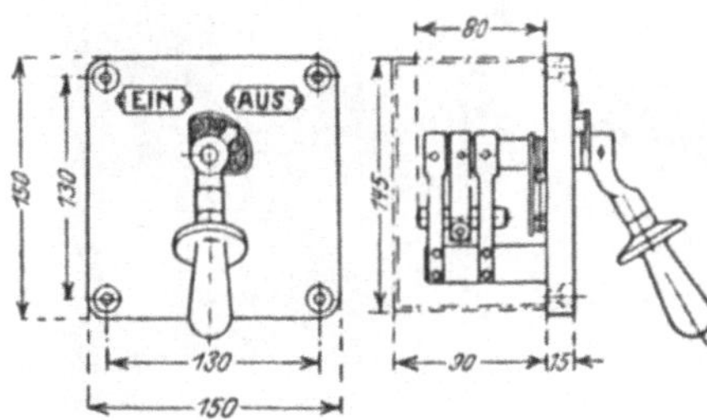

Abb. 158. Steuerschalter, AEG. 1907.

Die fernbetätigten Schalter waren in den Schaltanlagen in gemauer-
ten Kammern untergebracht, während man für die Verteilungen der neu
errichteten Unterstationen, in denen nur Handölschalter mit Zeitrelais

Abb. 159. Schaltwagen-Anlage bei den B.E.W., AEG. 1907.

verwendet waren, ein ganz neues Schaltwagensystem zur Anwendung
brachte. Dieses System, das vermutlich aus der einfahrbaren Röhrensicherung der AEG. (S. 16) entwickelt worden ist, beruht darauf, daß
man aus dem Ölschalter und den nötigen Hilfsapparaten, Meßinstrumente,
Strom- und Spannungswandler, ein fahrbares Schalttafelfeld zusammen-
baute, das hinten mit sechs Kontakten versehen war, mit denen es in die

entsprechenden feststehenden Gegenkontakte der Schaltanlage eingefahren werden konnte. Beim Herausziehen aus der Schaltanlage —
was nur bei geöffnetem Ölschalter geschehen konnte — wurde der Schaltwagen auf einen Hilfswagen aufgefahren (Abb. 159). — Es mag noch als
merkwürdig erwähnt werden, daß man damals in diesen Verteilungsanlagen die vorhandenen Röhrensicherungen für die Abzweige zunächst
noch beibehalten hat.

Das Bekanntwerden dieser Schaltwagenanlagen der B.E.W. löste in
der deutschen Elektrotechnik eine Art Schaltwagenepidemie aus.
Abb. 160 zeigt als Beispiel eine Ausführung von V. & H., die damals
entstanden ist. Der
Wagen ist für Doppelsammelschienensystem
eingerichtet und auf
dem Boden ohne Hilfswagen fahrbar. Diese
Schaltwagenrichtung
konnte sich allerdings
gegenüber der gleichzeitig ebenfalls vordringenden Bauweise
der Schaltanlagen in
Beton- oder Mauerwerkzellen nur vereinzelt durchsetzen. An
manchen Stellen hat
sich aber die Schaltwagenausführung doch
behauptet, trotz einer
ziemlichen Schwerfälligkeit des Schaltwagens bei modernen
Hochspannungsabmes

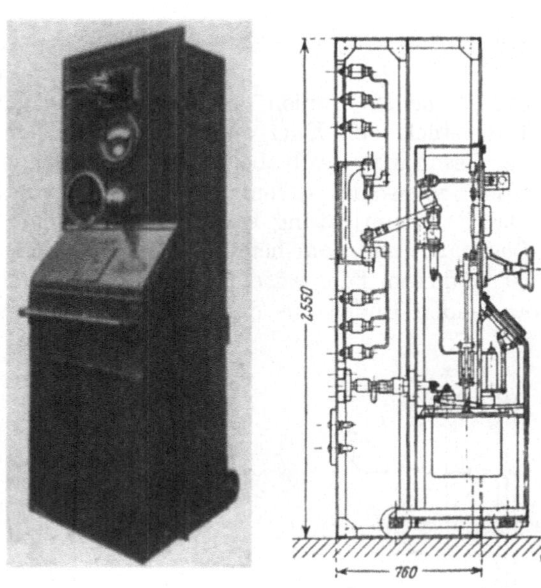

Abb. 160.   Schaltwagen, V. & H. 1908.

sungen. Die Einrichtung bietet eben im Störungsfalle für die Betriebsleitung nicht unerhebliche Vorteile.

Wie wir gesehen haben, hatte man in den ersten Jahren nach der Einführung der Ölschalter in Deutschland und der Schweiz die Relaisschutzeinrichtungen gegen Über- und Rückstrom in verschiedener Weise durchgebildet, und auch in anderen Ländern wurde in gleicher Weise eifrig gearbeitet, um durch geeignete Relais einen wirksamen Netzschutz, d. h.
die örtliche Eingrenzung eines irgendwo entstandenen Kurz- oder Erdschlusses zu bewirken. Das Jahr 1904 brachte kurzzeitig nacheinander
die beiden grundlegenden Erfindungen für den modernen Selektivschutz,
von dem die eine, der Differentialschutz, in England, die andere, das
Spannungsabfallrelais, in Deutschland gemacht wurde.

Am 16. Februar 1904 meldeten die beiden Ingenieure Charles Hestermann Merz und Bernhard Price ein englisches Patent an, dem am

31. Mai 1904 ein gleichartiges deutsches Patent[1] folgte auf eine „Sicherheitsschaltung für Wechselstromleitungssysteme". Die Erfindung fand 1906 und 1907 eine erste größere Anwendung in dem 20 kV-Kabelnetz der County of Durham Electrical Power Distribution Co. in Nordengland. In Deutschland nahm die AEG. die Ausgestaltung der Erfindung in die Hand, die ersten Anwendungen waren hier auf Grube Heinitz bei Luisenthal (Saar) und beim Elektrizitätswerk Westfalen. — Die „Merz-Price-Schaltung" oder das „Differentialschutzsystem", dessen Grundschema in Abb. 161 wiedergegeben ist, bezweckt zunächst die Überwachung einer freien Kabelstrecke zwischen zwei Konsumstellen.

Abb. 161. Grund-Schema der Merz-Price-Schaltung, 1904.

Die Abschaltung soll an beiden Stellen geschehen, wenn in dem dazwischenliegenden Kabelstück ein Kurz- oder Erdschluß eintritt. Das Kennzeichen der Gesundheit des Kabelstückes besteht offenbar darin, daß an seinem Ende ebensoviel Strom herausfließt, wie am Anfang hineinfließt. Die Relaiseinrichtung soll also feststellen, ob zwischen dem hereinfließenden und dem herausfließenden Strom eine Differenz vorhanden ist, in diesem Falle wäre das Kabelstück durch Ausschalten der Schalter an beiden Enden aus dem Betrieb zu nehmen. Die Abschaltung der Schalter geschieht durch Relais, die mittels Hilfsleitungen von zwei an beiden Endpunkten befindlichen gegeneinandergeschalteten Stromwandlern erregt werden. Der Relaisstrom ist natürlich Null, wenn das Kabel in Ordnung ist, weil sich der Strom der beiden Stromwandler aufhebt. Tritt jedoch unterwegs ein Stromverlust durch Kurzschluß oder Erdschluß

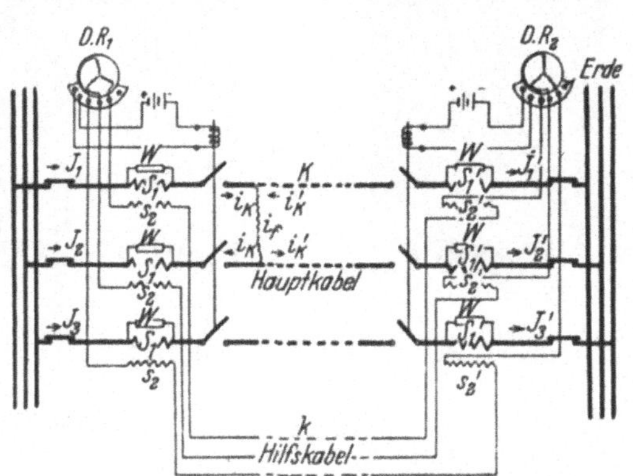

Abb. 162. Differentialschutz für eine Drehstromgabel.

auf, so daß in der Tat eine Differenz zwischen dem herein- und herausfließenden Strom vorhanden ist, dann werden die Relais erregt und die Abschaltung bewirkt. Es ist leicht zu ersehen, daß der Schutz ebenso für Ringleitungen wirksam ist, auch wenn in diesem Falle die Ströme von beiden Seiten in verschiedener Richtung zur Fehlerstelle hinfließen — natürlich immer nur für reine Verbindungsstrecken zwischen zwei Konsumstellen. In Abb. 162 ist das Schema der Schutzeinrichtung für eine Drehstromkabelstrecke wiedergegeben, das nach obigem ohne weiteres verständlich ist. Das Gleiche ist der Fall bei

---

[1] D.R.P. Nr. 166224.

Abb. 163, darstellend den Differentialschutz für Transformatoren, und man erkennt aus diesen Anwendungen leicht, daß die Merz-Price-Gegenschaltung, wie man sie vielleicht besser als Differentialschaltung nennen sollte, ein allgemeines Schaltungsprinzip für Fehlerschaltungen ist, das bis in die neueste Zeit hinein die eigentliche Grundlage von zahlreichen neuen Schutzschaltungen geblieben ist.

Während die Erfindung des Differentialschutzes alsbald reichliche Früchte getragen hat, ist die Erfindung des Spannungsabfallrelais in damaliger Zeit mit einer Frühblüte zu vergleichen, der die Frucht zunächst noch versagt blieb. Die Erfindung rührt her von Christian Krämer, Ingenieur der AEG. vorm. W. Lahmeyer & Co., Frankfurt a. M., die Ende 1904 ein Patent auf diese Neuerung anmeldete[1].

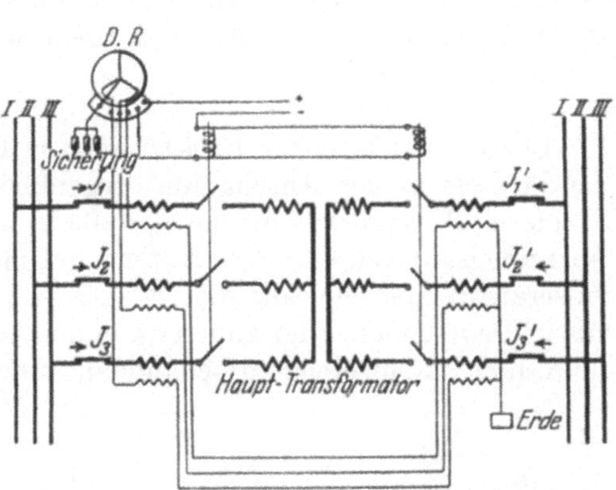

Abb. 163.　Differentialschutz für einen Transformator.

Das Relais (Abb. 164) besteht aus einer Ferrarisscheibe, auf die eine Spannungsspule rechtsdrehend und eine Stromspule linksdrehend einwirkt. Unter normalen Verhältnissen überwiegt das Drehmoment der Spannungsspule. Der an der Scheibe befestigte Arm b liegt dann am Anschlag c an und die Scheibe bleibt in Ruhe. Bei Kurzschluß wird nun einmal das Drehmoment der Stromspule verstärkt und außerdem durch das Sinken der Spannung das Drehmoment der Spannungsspule vermindert. Die Scheibe setzt sich demnach linksum in Bewegung — natürlich um so schneller, je größer das Drehmoment der Stromstärke ist und je kleiner das durch das Sinken der Spannung verringerte Bremsmoment ist. Wenn die Scheibe beinahe einen ganzen Umlauf beendet hat, schließt der Arm b den Kontakt g, f, wodurch die Auslösung erfolgt. Wenn mehrere solcher Relais auf einer Fernleitung hintereinander liegen, dann ist für alle das Drehmoment der Stromstärke dasselbe, aber das Bremsmoment der Spannung wird von der Zentrale nach der Kurzschlußstelle zu infolge des Spannungsabfalls geringer. Das der Kurzschlußstelle zunächst gelegene Relais wird also zuerst ablaufen und auslösen. Obwohl

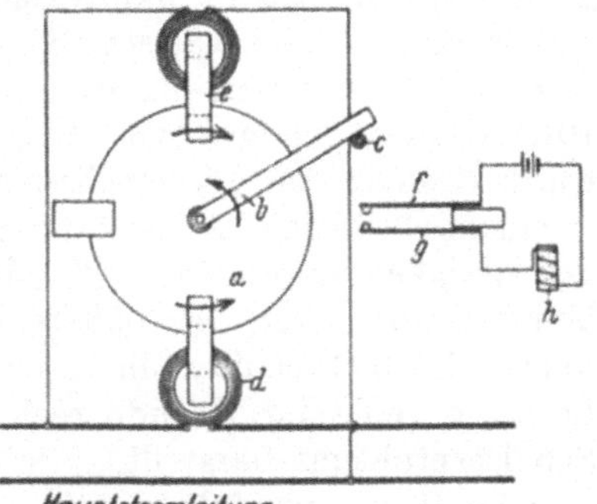

Abb. 164.　Spannungabfallrelais von
Christian Krämer, 1904.

---

[1] D.R.P. Nr. 174218 vom 23. Dezember 1904.

der Erfinder die Vorzüge der Einrichtung vollkommen klar erkannt hatte, blieb die Sache damals liegen, vermutlich weil man sehr bald merkte, daß die praktische Ausgestaltung solcher Relais außerordentliche Schwierigkeiten bietet. Die Firma Lahmeyer ließ später das Patent verfallen, aber der Erfindungsgedanke war ein fruchtbares Saatkorn, das sich allerdings erst nach etwa 15 Jahren in den modernen Selektivschutzsystemen von V.&H. der AEG., der Westgh., der Dr. Paul Meyer A.-G. und anderer Firmen der praktischen Anwendung erschließen sollte.

Etwa seit dem Jahre 1904 ist auch in Deutschland eine gewisse Einheitlichkeit in der Anschauung gegenüber dem Ölschalter vorhanden insofern, als man erkannt hatte, daß ein sicherer Betrieb größerer Hochspannungsanlagen ohne Ölschalter nicht möglich sei. Es kann nun nicht unsere Aufgabe sein, alle die vielen verschiedenartigen Konstruktionen, die in Deutschland oder anderswo in den kommenden Jahren entstanden sind, hier im einzelnen zu behandeln, in der Auswahl derselben konnten nur diejenigen berücksichtigt werden, die entweder erhebliche technische Besonderheiten aufweisen oder die als bezeichnende Beispiele für den steten Fortschritt auf diesem Gebiete angeführt zu werden verdienen.

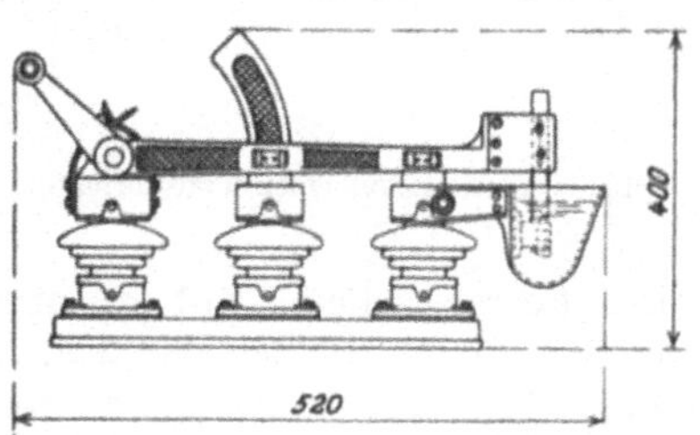

Abb. 165. Hörnerschalter 10 kV umgeändert in einen Halbölschalter, V.&H. 1901.

Um mit den Besonderheiten zu beginnen, mag eine Konstruktion angeführt werden, die insbesondere für hohe Spannungen mehrfach ausgeführt wurde. Als im Jahre 1901 von V.&H. in Cherasco eine Schaltanlage mit Hörnerschaltern, System Bertram (s. S. 37) in Betrieb gesetzt wurde, erwiesen sich diese Schalter für die dortige Spannung von 10 kV als nicht genügend zuverlässig. Nach einem Vorschlag von Cipitelli wurde deshalb der Hörnerschalter mit einem zusätzlichen Funkenzieher in einem Öltöpfchen ausgerüstet (s. Abb. 165), eine Einrichtung, die die Schwierigkeit sofort beseitigte. Das war in diesem Falle eine Aushilfskonstruktion, aber bei näherem Zusehen muß man sagen, daß ein solcher Halb-Ölschalter, insbesondere für hohe Spannungen bei kleiner Leistung, eine im Grunde recht praktische und billige Lösung des Schalterproblems darstellt. Die SSW. haben später derartige Apparate häufiger ausgeführt. Abb. 166 zeigt solche Schalter im Umspannwerk Hirschau bei München (50 kV), wo sie seit 1907 zur Zufriedenheit in Anwendung sind. In den Öltöpfchen befindet sich oben ein Abstreifer für das Öl aus Filz.

In Weiterentwicklung der normalen Ölschalterkonstruktion führte die Firma SSW. etwa vom Jahre 1906 ab eine neue Type ein, die in mancher Hinsicht erhebliche konstruktive Fortschritte erkennen läßt. Der Antrieb geschah durch eine Welle, die ebenso wie bei den Schaltern der AEG. und BBC. in der Mitte zwischen den Isolatoren gelagert war, die aber nur eine Bewegung von 90⁰ machte, wodurch es möglich wurde, den Schalter direkt durch einen Stangenantrieb zu betätigen. Wie man aus der Abb. 167 ersieht, steht die Kurbelschwinge im Schalter in der Einschaltstellung kurz vor der Totlage, wodurch bei der selbsttätigen Auslösung die Verklinkung des Schalters in wirksamer Weise entlastet wird. Dadurch, daß die Messer durch horizontale Durchgangsisolatoren gehalten wurden, blieb die Bauhöhe des Schalters nach unten gering. Die Kontakte waren sehr solide und kräftig, der Deckel gut ausgebildet und der Apparat mit allem Zubehör, wie Ölstandsmarke durch Schwimmer, Ölablaß usw., wohl versehen. — Etwa um dieselbe Zeit war von den SSW. für große Stromstärken eine besondere Art von Ölschaltern eingeführt worden, die auf der Anwendung eines alten Gedankens beruhte, nämlich auf einer Kombination zwischen einem Luft-Trennschalter für die Hauptkontakte und einem Ölschalter

Abb. 166. Halb-Ölschalter 50 kV, SSW. 1907.

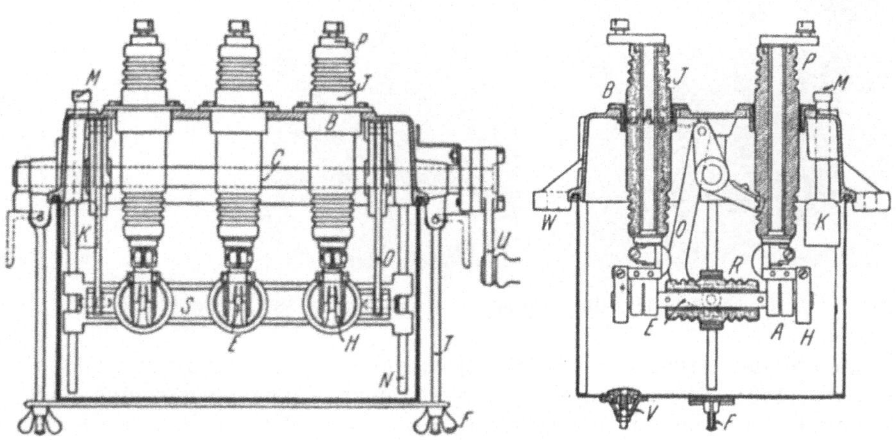

Abb. 167. Ölschalter, SSW. 1906.

als Funkenzieher. Wie man aus Abb. 168 sieht, wurde die wechselweise Bewegung des Luftschalters und des Ölschalters durch zwei versetzte Kurbeltriebe bewirkt. Obschon dadurch, daß die Hauptkontakte sich oben auf dem Ölschalter befanden, noch eine besondere Schwierigkeit der Ölschalter für große Stromstärken — nämlich die starke

Erwärmung des Gußdeckels durch die Durchführungen — glücklich vermieden wurde, hat sich die an sich gut durchdachte Konstruktion auf die Dauer nicht erhalten, weil die Erfahrung zeigte, daß die Kontakte in der Luft zu sehr dem Verschmutzen ausgesetzt waren.

Wie wir gesehen haben, hatte S.&H. bereits ganz zu Anfang die direkte Maximalauslösung bei ihren Ölschaltern eingeführt, und als sich nun die Notwendigkeit der Anwendung einer verzögerten Auslösung immer mehr herausstellte, brachte die Firma SSW. im Jahre 1906 in Verbindung mit der direkten Maximalauslösung ein abhängiges

Abb. 168. Ölschalter 1000 A. 5 kV, SSW. 1908.

Zeitrelais heraus, das von Friedrich Patzelt angegeben war und bei dem ein damals ganz neues Hilfsmittel verwendet wurde. Der Grundgedanke dieser interessanten Vorrichtung[1] beruht darauf, daß eine elektromagnetische Auslösung zunächst von einem Hitzdraht gesperrt gehalten wurde; erst wenn infolge der Durchbiegung des von einer Sekundärwicklung des Auslösemagneten geheizten Hitzdrahtes die Sperrung aufgehoben wurde,

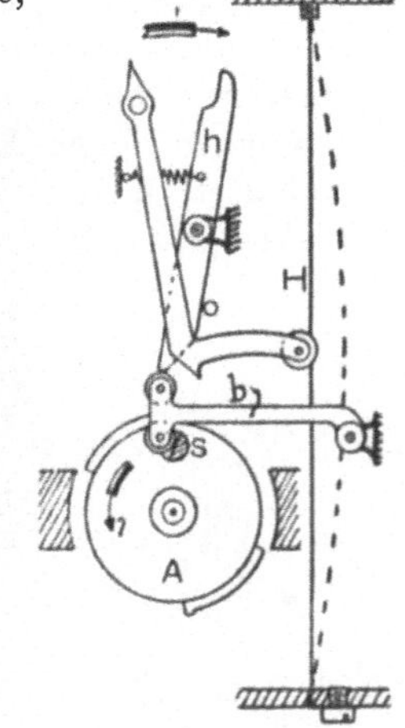

Abb. 169. Ölschalter mit Hitzdrahtauslösung, SSW. 1906.

konnte der Drehanker des Elektromagneten den Ölschalter auslösen (Abb. 169). Der Hitzdraht h war in einem Rohr ausgespannt und konnte mit demselben nötigenfalls wie eine Patrone ausgewechselt

---

[1] D.R.P. Nr. 185 207 vom 10. Juni 1906 und Nr. 187 966 vom 7. März 1906.

werden. An den Draht lehnte mit einer kleinen Rolle ein Fühlhebel, der beim Durchbiegen des Hitzdrahtes unter Wirkung der Feder f nach rechts nachrückte und dabei schließlich den Hebel h mitnahm. Die untere Spitze desselben bewegte sich also nach links und gab dadurch das obere Röllchen des Sperrhebels b frei, der nunmehr von dem Drehanker A durch die schräge Fläche des Zapfens s weggedrückt werden konnte. Der Drehanker war nun frei und bestätigte die Auslösung des Ölschalters. Die Einstellung auf eine bestimmte Stromstärke wurde durch eine im Stromkreis des Hitzdrahtes eingeschaltete Widerstandsschleife bewirkt, die durch einen Schieber mehr oder weniger kurzgeschlossen werden konnte.

Abb. 170. Hochsp.-Max.-Relais mit Hemmwerk, 30 kV, SSW., etwa 1905.

Die Firma SSW. hat übrigens in dieser Zeit auch die Einrichtungen für die indirekte Auslösung mit Hilfsgleichstrom entsprechend durchgebildet. Abb. 170 zeigt ein Hochspannungs-Maximalrelais mit einem im Fuße eingebauten Hemmwerk für 35 kV, wie es für die Zentrale der Urfttalsperre (s. S. 113) zur Anwendung gelangte.

Die AEG. führte neben den früher beschriebenen Maximalzeitrelais mit Ferrarisscheibe etwa seit dem Jahre 1905 ein einfaches unabhängiges Maximalrelais mit Luftdämpfung aus. Es war ein einfaches Springerrelais, die Luftdämpfung wurde durch einen Lederbalg bewirkt (Abb. 171).

Später, etwa um 1908, hat man bei der AEG. auch begonnen, gelegentlich eine Art der Zeitauslösung anzuwenden, die vorher

Abb. 171. Überstrom-Relais, AEG. 1905.

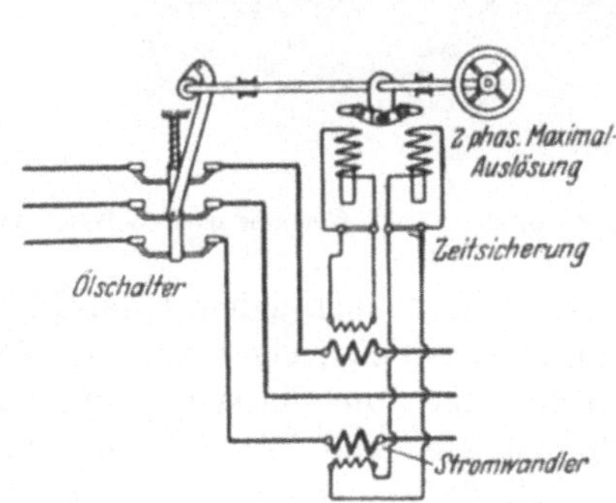

Abb. 171a. Stromwandler-Auslösung mit Zeitsichernng, AEG. etwa 1908.

schon in England viel ausgeführt wurde. In England war nämlich, ähnlich wie in Amerika, die direkte Stromwandlerauslösung sehr beliebt und man hatte hierbei eine Zeitauslösung eingeführt in Gestalt einer Schmelzsicherung, durch die die Auslösespule des Ölschalters kurz geschlossen gehalten wurde. Wenn die Sicherung abschmolz, erhielt die Spule Strom und schaltete den Schalter aus (Abb. 171a). Diese einfache Einrichtung hatte zwar ersichtlich den Nachteil, daß die Schmelzsicherung (Stöpsel od. dgl.) immer erneuert werden mußte, aber im übrigen hatte sie als Zeitauslösung alle guten Eigenschaften einer Schmelzsicherung. Sie war durch Einschrauben eines anderen Stöpsels leicht für eine andere Stromstärke abzuändern, und da der Auslösemagnet nach dem Abschmelzen der Sicherung momentan sehr stark erregt wurde, so wurden durch diese Anordnung auch die sonstigen Schwächen der direkten Stromwandlerauslösung vermieden (s. S. 72).

Diese Art der Stromwandlerauslösung mit parallelgeschalteter Sicherung hat sich namentlich in Schaltstellen mit guter Wartung als ein guter und einfacher Ersatz etwaiger sonstiger stromabhängiger Zeitrelais erwiesen.

Wie wir gesehen haben, hatte die AEG. bei ihren Ölschaltern bereits frühzeitig ein mitbewegtes Brettchen zur Ölbewegung angewendet, eine Einrichtung, über deren Nutzen man wohl verschiedener Meinung sein konnte. Im Jahre 1906 führte sie aber nach dem Vorschlag des Direktors der B.E.W., K. Wilkens, für die neuen Schaltanlagen dieser Werke eine Ölschaltertype aus[1], bei der eine recht energische Ölbewegung dadurch bewirkt wurde, daß über jedem Kontakt ein Pumpenzylinder angebracht war, durch dessen Kolben bei der Ausschaltbewegung ein Ölstrom nach unten über die Unterbrechungsstelle gedrückt wurde. Die Einrichtung ist aus Abb. 172 gut zu erkennen. Die Kolben der beiden Pumpenzylinder wurden durch hölzerne Kolbenstangen von der Kontaktbrücke mit heruntergezogen. Das durch die Kolben verdrängte Öl wurde dabei durch seitliche untere Öffnungen der Zylinder gerade auf die Abbrennkontakte a gedrückt. Diese Schalter sind sehr lange bei den B.E.W. in Anwendung gewesen, und durch den Vergleich mit anderen gleichzeitig verwendeten Ölschalterkonstruktionen wurde festgestellt, daß die kräftige Zufuhr frischen Öles zur Unterbrechungsstelle in der Tat als ein recht wirksamer Faktor für die günstige Leistung dieses Öl-

Abb. 172. Ölschalter mit Ölpumpe nach Wilkens, AEG. 1907.

---

[1] ETZ 1907, S. 1014.

schalters anzusehen ist. — Etwa 1904 fing die AEG. an, nach dem Vorbild von SSW. auch Ölschalter mit direkter Auslösung zu bauen. Abb. 173 zeigt die Konstruktion, bei der ebenfalls die Auslöser zunächst noch auf besonderen Isolatoren sitzen. Diese Schalter, deren Anwendung ja sehr bequem war, fanden vielen Beifall, so daß auch noch andere Firmen veranlaßt wurden, die direkte Auslösung aufzunehmen.

Bei der indirekten Auslösung, die V. & H. bisher verwendet hatte, reichte eine verhältnismäßig einfache und robuste Verklinkung aus, denn durch den kräftigen Schlag des momentan stark erregten Auslösemagneten wurde auch eine festsitzende Verklinkung mit Sicherheit herausgeschlagen. Bei dem Übergang zur direkten Auslösung mußte man mit einer viel geringeren Auslösekraft rechnen, wollte man nicht zu übermäßig großen Auslösemagneten kommen. Es war also notwendig, in die Verklinkung eine Übersetzung hineinzulegen, was durch das Hinter-

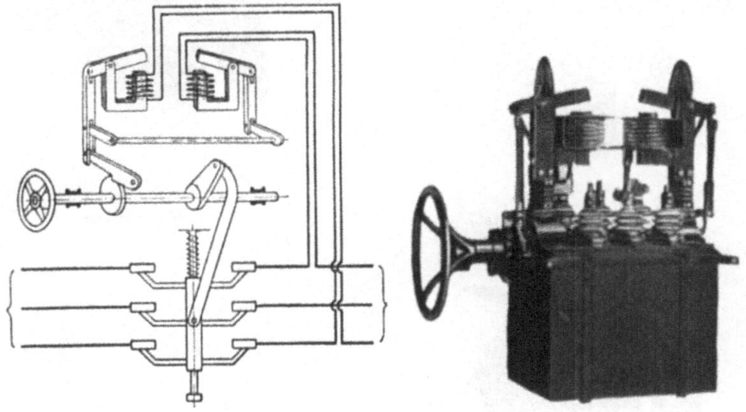

Abb. 173. Ölschalter mit direkter Auslösung 6 kV, AEG. 1904.

einanderschalten mehrerer Klinken ermöglicht wurde, die bis auf die letzte so ausgebildet waren, daß sie unter dem Druck der Auslösefedern sich selbst öffneten, nur die letzte Klinke war eine Sperrklinke. Wenn also diese letzte Klinke durch einen Schlag des Magneten gelöst wurde, dann ließen auch die anderen Klinken den bisher festgehaltenen Schalterhebel los und der Schalter schaltete aus. Die Klinken dieses von C. Cipitelli konstruierten Klinkenschlosses waren in geschickter Weise zwischen zwei Platten angeordnet (Abb. 174); besonders bemerkenswert war die Ausbildung der ersten sehr kräftigen Schnabelklinke, die bei der Wiederverklinkung nach der Auslösung wie eine Zahnlücke in den Haltezapfen des Schalterhebels eingriff und bei der restlichen Weiterbewegung auch die anderen Klinken wieder zum Verklinken brachte. Der beabsichtigte Zweck wurde durch das Klinkenschloß sehr gut erreicht; in der Tat genügte ein leiser Druck auf die letzte Klinke, um das Schloß zur Auslösung zu bringen. Da bei der Auslösung der Handhebel in der Einschaltstellung verblieb, mußte die Stellung des Schalterhebels durch ein von diesem gesteuertes Schildchen „Ein" — „Aus" vor der Tafel angezeigt werden, oder aber es wurde eine Signallampe angewendet, die nur in der Stellung „ausgelöst" aufleuchtete. Das Auslöseschloß kam bei den Apparaten von V. & H. bald ganz allgemein zur Verwendung. Abb. 175 zeigt die Anwendung des Schlosses mit indirekter Auslösung bei Stangenantrieb.

Der allgemeine Aufbau der Schalter mit direkter Auslösung von V. & H. geht aus Abb. 176 hervor. Man erkennt, daß die Auslöser direkt

Abb. 174a (eingeschaltet).

Abb. 174b (ausgelöst).

Abb. 174c (von Hand ausgeschaltet).
Abb. 174. Schloßauslösung, V. & H. 1905.
(Vorderes Schloßblech entfernt.)

Abb. 175. Schloßauslösung für
Stangenantriebe, V. & H. 1905.

auf den Durchführungen angebracht waren, und daß der Anker mit einem isolierten Klopfer ohne weitere Zwischenglieder die Schloßklinke herausschlagen konnte. Natürlich ergab sich auch hier sehr bald die Notwendigkeit, die Auslösung mit einer, wenn auch geringen, Verzögerung zu versehen. Diesem Zweck diente ein sehr einfaches Hemmwerk (Abb. 177), bestehend aus einem kleinen Kästchen, in das eine Zahnstange eingeschoben wurde, die etliche Zahnräder antrieb — auf dem

ersten Rädchen saß eine Ratsche. Die Bewegung der Zahnstange herunter wurde also gehemmt, herauf war sie frei. Diese sehr einfache Einrichtung eines stromabhängigen Zeitrelais erwies sich als recht wirksam
und praktisch völlig ausreichend, soweit man nicht für größere Stationen
eine auf Zeit einstellbare unabhängige Zeitauslösung brauchte. Ich
möchte an dieser Stelle noch einige Worte einflechten über die bei V. & H.
verwendete Kontaktanordnung. Abgesehen von Apparaten für große
Stromstärken, für die Tastbürsten benutzt wurden, hat man bei V. & H.
für Ölschalter immer nur parallele Messerkontakte verwendet. — Ich
habe damit keinerlei schlechte Erfahrungen gemacht und deshalb auch
nie Lust verspürt, zu konischen Kontakten überzugehen. Die Vorteile
der Parallelkontakte sind bald aufgezählt. Die Herstellung ist sehr ein-

<table>
<tr><td>Abb. 176. Ölschalter mit direkter
Auslösung, 6 kV, V. & H. 1906.</td><td>Abb. 177. Hemmwerk für direkte
Auslösung, V. & H. 1906.</td></tr>
</table>

fach und billig, die Schalterstellung braucht — wenigstens in Rücksicht
auf die Kontakte — nicht absolut genau zu sein; wenn das Messer den
Kontakt verläßt, hat es bereits einen Weg von einigen Zentimetern
zurückgelegt und befindet sich also schon in schneller Bewegung. Den
Umstand, daß man bei Parallelkontakten kräftigere Ausschaltfedern
haben muß, habe ich nicht als lästig oder schädlich empfunden, sondern
einen gehörigen Überschuß an Ausschaltenergie immer für nützlich gehalten. Die gegenteiligen Eigenschaften der konischen Kontakte gegenüber den angeführten Vorteilen der Parallelkontakte sind mir immer als
nachteilig erschienen, und nur in einer Beziehung habe ich mich nach den
Erfahrungen der ersten Jahre den konischen Kontakten angenähert:
Finger und Messer erhielten mehr Masse als die im Anfang verwendeten
verhältnismäßig dünnen Teile.

Eine so gedrängte Konstruktion wie der Ölschalter Abb. 176 konnte
natürlich wegen ihrer geringen Überschlagssicherheit auf die Dauer
nicht befriedigen, und so wurde denn — auf Anregung des Herrn Direktor

Goldenberg vom Rheinisch-Westfälischen Elektrizitätswerk (R.W.E.) — im Jahre 1908 von V.&H. eine Ölschalterkonstruktion geschaffen, die in jeder Beziehung eine möglichst große Betriebssicherheit bieten sollte. Der Schalter hatte hohe Porzellane, große Abstände; die Bewegung des inneren Schalterteiles geschah durch eine seitlich sitzende Welle — ähnlich wie bei dem S. 92 beschriebenen Ölschalter der Firma Schuckert vom Jahre 1901 —, die Kontakte waren kräftig und insbesondere der Ausschaltweg sehr reichlich. Die Einstellvorrichtungen für die Auslöser waren an dem geerdeten Deckel angebracht. Diese Schalterkonstruktion, genannt R.W.E.-Schalter (Abb. 178), die im Anfang, als sie aufkam, vielfach als übertrieben sicher angesehen wurde und die in Einzelheiten natürlich im Laufe der Jahre noch sehr erhebliche Verbesserungen erfahren hat, kann wohl als eine Grundform des modernen Ölschalterbaues angesehen werden; wir kommen auf ihre weitere Entwicklung noch zurück.

Abb. 178. Ölschalter 5—10 kV., sog. RWE-Schalter, V.&H. 1908.

Die Schalter mit direkter Auslösung waren von 1905 ab allmählich von allen Firmen gebaut worden und wurden wegen ihrer Billigkeit mit Vorliebe zunächst auch für ganz große Anlagen verwendet. Die Überschlagsgefahr an den Spulen suchte man später durch Widerstände zu beheben, die zu den Wicklungen parallel geschaltet wurden. Das Mittel half wohl, beseitigte aber die Gefahr nicht restlos, und bei den immer stärker werdenden Kurzschlußströmen trat die weitere Gefahr des momentanen Verbrennens der Spulen bei diesen Auslösern immer mehr hervor und nötigte später dazu vom VDE aus als niedrigste Nennstromstärke 6 Amp. festzusetzen. Auch bei großen Stromstärken machten sich die direkten Auslöser an den Ölschaltern häufig als Störenfriede bemerkbar, hier waren es immer schlechte Kontakte an den Spulen, die gefährliche Erwärmung und auch Überspannung hervorriefen. Man kann also wohl allgemein sagen, daß sich die Anwendung der direkten Auslösung in großen Schaltanlagen nicht sonderlich bewährt hat, und man hat daher in den letzten 15 Jahren die zu weitgehende Anwendung der direkten Auslösung in großen Schaltanlagen — bei kleiner und mittlerer Hochspannung — allmählich wieder aufgegeben und ihre Verwendung mehr auf ihr natürliches Gebiet, nämlich auf Verteilungsstationen für Außenbezirke und auf Schaltstellen bei Konsumenten beschränkt. In Amerika ist die direkte Auslösung verhältnismäßig wenig ausgeführt worden.

Ein erheblicher Fortschritt wurde von der Firma V.&H. auf dem Gebiete der Schalter mit unteren Anschlüssen für den Gebrauch der Bergwerks- und Schwerindustrie gemacht, indem sie 1906 anfing, auch diese Ölschalter mit direkter Auslösung zu versehen. Vorher (1905) hatte man einfach einen Ölschalter mit direkter Auslösung, aber mit oberen Anschlüssen, in einen hohen Öltopf gesteckt, der oben mit seitlich heraustretenden Durchführungen versehen war und an dem zur Ableitung seitlich Kabelendverschlüsse angebracht werden konnten. Diese Schalter (Abb. 179) waren zwar gut, aber teuer und schwerfällig. — Indes der Bedarf drängte. Man hatte sich in der Schwerindustrie an die ja in der Tat für schwere Betriebe sehr vorteilhafte Bauart von Schalt-

Abb. 179. Ölschaltkasten mit direkter Auslösung, V.&H. 1905.

anlagen mit Ölschaltern mit unteren Anschlüssen gewöhnt (s. S. 103) und verlangte nun auch eine ähnliche Schalterkonstruktion mit direkter Auslösung. Und das um so dringender, je mehr die Verwendung von 5000 Volt (an Stelle von 1000 und 2000 Volt) bei den großen deutschen Industriewerken üblich wurde. — Die Schwierigkeit der Konstruktion solcher Schalter (Abb. 180) beruhte insbesondere darauf, daß es nicht wohl möglich war, die Auslösemagnete an den feststehenden unteren Durchführungen im Innern den Kastens unterzubringen, sondern man mußte sie an dem bewegten Schalterteil zwischen den Messerkontakten anbringen. — Eine günstige Anordnung der Konstruktion war es, daß sich alle bewegten Teile an dem rahmenförmigen Zwischenstück des Schalters befanden (Abb. 180a), was die Fabrikation sehr erleichterte.

9*

Da bei der Anwendung der Schalter in Verteilungsanlagen die Verwendung von Hilfsstrom ausgeschlossen war, so brachte ich für die Auslösung dieser Schalter ein mechanisches Zeitrelais[1] mit Uhrwerksaufzug zur Anwendung. Das Laufwerk des Uhrwerks wurde durch das Ansprechen eines Auslösers eingerückt. Wenn die Einwirkung lange genug

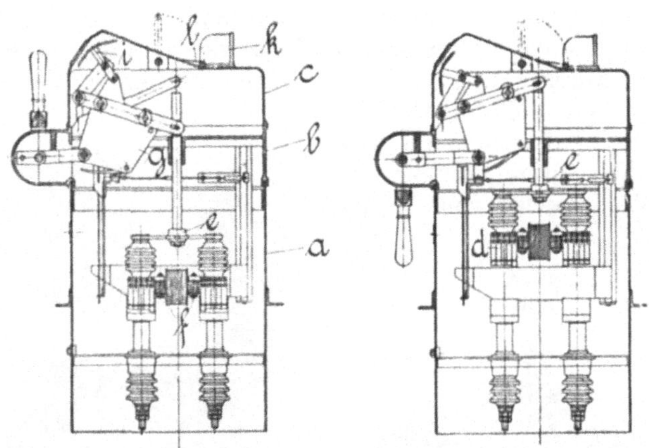

Abb. 180. Ölschaltkasten mit unteren Anschlüssen, 6 kV, V.&H. 1906.

dauerte — entsprechend der eingestellten Zeit —, dann wurde vom Uhrwerk ein Auslösehebel bewegt, der ein bei der Einschaltbewegung gespanntes Zwischenschlößchen auslöste — eine Art mechanisches Relais —, dessen Schlagbolzen die Auslöseklinke des Schalterschlosses betätigte. Einmaliges Aufziehen des Uhrwerks genügte für 25 Überlastungen, bei der letzten Überlastung schaltete der Schalter durch das Uhrwerk unter allen Umständen aus und konnte nicht wieder eingeschaltet werden, bevor das Uhrwerk nicht wieder aufgezogen war. Das Relais war zwischen 1 und 6 Sek. einstellbar und zeigte auch die Zahl der stattgefundenen Überlastungen an; bei sehr starker Überlastung schaltete der Schalter unter Umgehung des Zeitrelais direkt aus. Die innere Einrichtung des Uhrwerkszeitrelais war ziemlich kompliziert, aber es war in einem besonderen Kästchen im Schalter geschützt eingebaut und erwies sich als recht zuverlässig und durchau. nicht empfindlich (Abb. 181). Es zeigte sich in der Anwendung, daß ein solches unabhängiges Zeitrelais, das in der Einstellung leicht eine Staffelung der Auslösung gestattet, in Kombination mit einer hoch eingestellten Momentauslösung gerade

Abb. 180a. Zwischenstück des
Ölschaltkastens von V.&H.

---

[1] D.R.P. Nr. 199464 vom 29. Januar 1907.

für eng vermaschte Industrie- und Stadtnetze eine sehr einfache und
gute Lösung der Aufgabe darstellt, die Kurzschlußstelle einzugrenzen.

Diese Schalter mit unteren Anschlüssen und direkter Auslösung
wurden meist zu Verteilungsschalttafeln nach Abb. 182 zusammen-
gebaut. Unten waren Kabeltöpfe, Sammelschienen und Trennschalter eingebaut. Bei Verwen-
dung als Einzelschalter am Ver-
brauchsort wurde eine stehende
Form des Apparates bevorzugt
(Abb. 183). Die Apparate erlangten alsbald eine außerordentliche
Verbreitung in den Bergwerksanlagen und bei der Schwerindustrie[1]. Nach einigen Jahren ergab
sich die Notwendigkeit, für kleinere
Spannungen eine kleinere Type
zu schaffen, als auswechselbaren

Abb. 181.   Uhrwerkszeitrelais, V. & H. 1907.

Ersatz für die früher so viel verwendeten Ölschalter mit Sicherungen,
die sich inzwischen infolge der gestiegenen Kurzschluß-Stromstärke
in den Industriezentralen überlebt hatten. Diese Apparate (Abb. 184)
waren einfacher gebaut und hatten nur stromabhängige Hemmwerke
in Gestalt von Ölpumpen an den Auslösern.

Abb. 182.   Kleine Verteilungs-Schaltanlage, V. & H. 1906.

In Bergwerksanlagen mit Schlagwettergefahr hatte sich inzwischen
das Bedürfnis nach Schaltanlagen herausgestellt, bei denen überhaupt
keine Spannung führenden Teile direkt zugänglich sein sollten. Hieraus
ergab sich die Notwendigkeit, auch die Sammelschienen und Trenn-

---

[1] Fritz Dehler: Ölschalter mit unteren Anschlußkontakten. ETZ 1910, S. 385.

schalter einer Verteilungsanlage unter Öl unterzubringen. Die Firma
V. & H. führte hierfür Ende 1907 einen Öltrenn-
schaltkasten mit Kabelendverschlüssen ein,

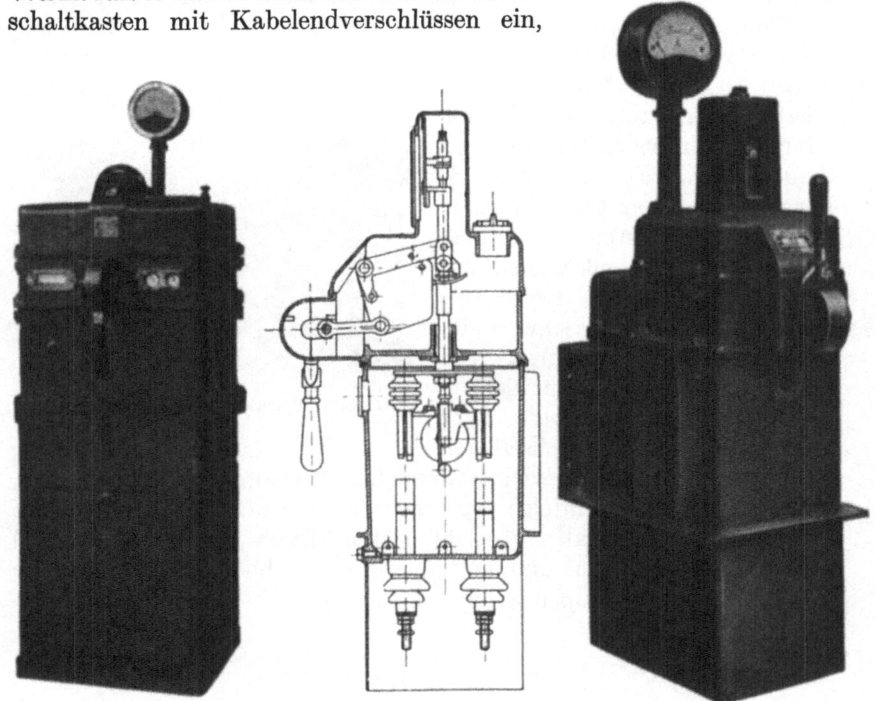

Abb. 183. Ölschaltkasten,
6 kV, mit Uhrwerkszeitrelais,
stehende Form, V. & H. 1907.

Abb. 184. Kleiner Ölschaltkasten, V. & H. 1909.

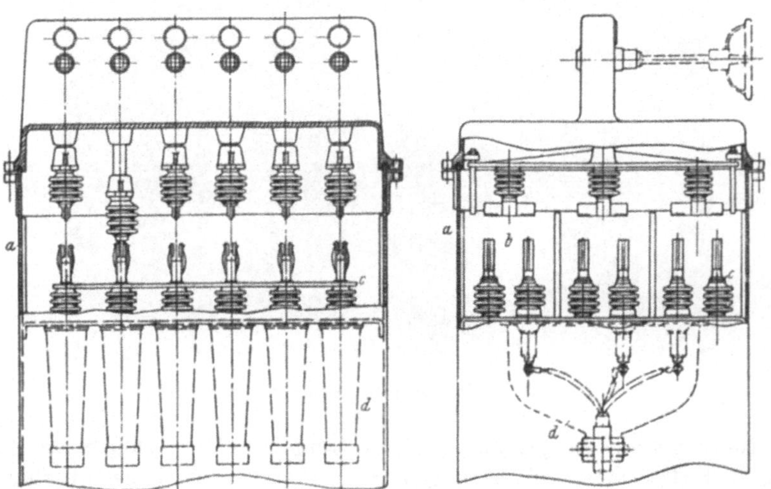

Abb. 185a. Schaltkasten mit Sammelschienen und Trennschaltern unter Öl, V. & H. 1907.

dessen innere Einrichtung aus Abb. 185a ersichtlich ist. Die Öltrenn-
schalter konnten durch ein aufgestecktes Handrad bewegt werden.

Die Kabel führten zu Einzelschaltern nach Art von Abb. 183 am Verwendungsort, die ebenfalls mit Kabelendverschlüssen ausgerüstet waren. Die Einrichtung ist in deutschen Gruben unter Tage viel angewendet worden (Abb. 185b).

Abb. 185 b.   Schaltanlage unter Tage mit Sammelschienen und Trennschaltern
unter Öl, V. & H. 1907.

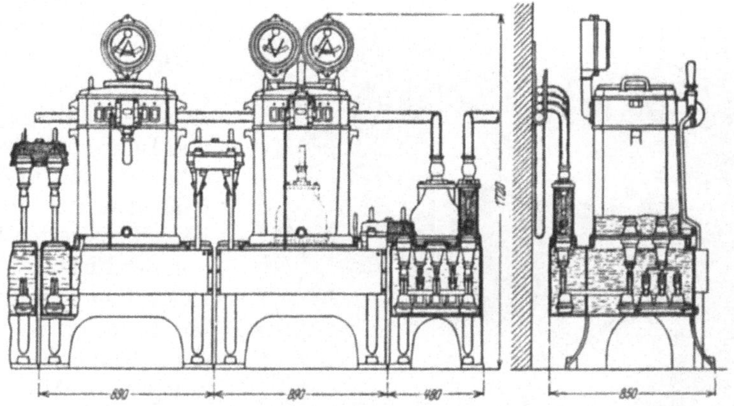

Abb. 186.   Verteilungsschaltanlage mit Ölschaltkästen, Sammelschienen und
Trennschaltern unter Öl, 200 A., 6 kV, AEG. 1913.

Die Konstruktion der Schalter mit direkter Auslösung und unteren Anschlüssen wurde im Laufe der nächsten Jahre auch von anderen Firmen aufgenommen. Die AEG., die dieses System ebenfalls gut durchbildete, gelangte dabei unter anderem für die Anwendung in Schlagwettergruben usw. zu einer recht zweckmäßigen, völlig abgeschlossenen Anordnung, bei der alle Teile, auch die Sammelschienen und die steckerartigen Trennschalter, in Öl untergebracht waren. Jeder Ölschalter ist dabei auf einen zweiten länglichen Ölkasten aufgesetzt (Abb. 186), in dem sich ein Sammelschienenteil befindet, der rechts und links in Trennsteckanschlüsse ausläuft, auf der Rückseite ist der Anschluß für das abgehende Kabel angebracht. Diese einzelnen Abzweigelemente werden nun in einer Reihe aufgestellt und die Sammelschienenteile durch von oben eingesenkte (umgekehrt) U-förmige Trennstecker verbunden (Abb. 187). Wenn außerdem die äußeren (vorletzten) Schalter der Reihe durch ein Kabel zu einem Ring

Abb. 187. Verteilungsschaltanlage der AEG. Alle Apparate unter Öl. 1913.

zusammengeschlossen werden, dann kann man jedes einzelne Abzweigelement ausbauen, ohne den Gesamtbetrieb zu stören.

Das Problem, ganz geschlossene Schaltanlagen mit selbsttätigen Ölschaltern insbesondere für Bergwerks- und Industriebedarf zu schaffen, ist in England etwa 1908 in sehr bemerkenswerter Weise von der Firma A. Reyrolle & Comp., Hebburn on Tyne[1] gelöst worden. Bei diesen Schaltanlagen (Abb. 188) waren alle sichtbaren und angreifbaren Teile geerdet, die Ölschalter

Abb. 188. Schaltanlage von Reyrolle 1908.

waren einfahrbar angeordnet und alle stromführenden Teile waren soweit wie möglich in Kompoundmasse eingebettet. Der einfahrbare

---

[1] Siehe Engineering Bd. 86, S. 610. 1908; ferner ETZ 1909, S. 1003.

Ölschalter ist in Abb. 189 abgebildet. Der Antrieb geschah durch einen Hebel mit annähernd 180° Bewegung („ein"-Griff unten!), die Übertragung der Bewegung auf die Schaltbrücke erfolgte durch zwei Drahtseilchen, und die Freiauslösung wurde dadurch erreicht, daß

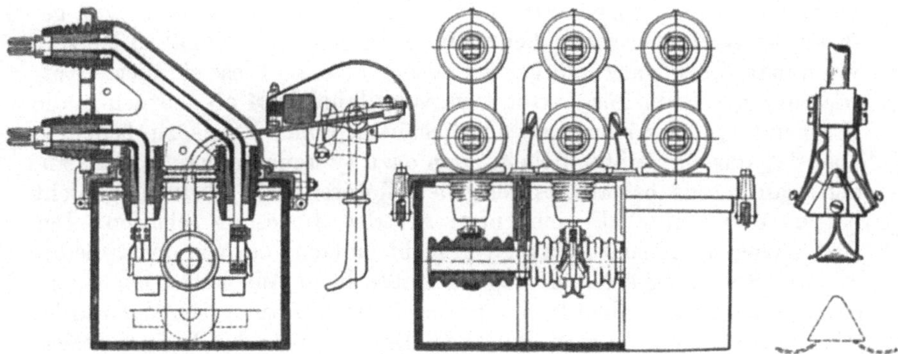

Abb. 189. Ölschalter von Reyrolle. 1908.

Anker und Klinke an dem Handhebel befestigt waren, also an der Bewegung mit teilnahmen. Die Schaltbrücke fiel allein durch ihr Gewicht und durch den Druck der konischen Federkontakte in die Ausschaltstellung herunter, dabei spreizten sich die gebogenen Flügel unter den Kontakten auseinander, um eine Ölbewegung zu bewirken. Das Aus- und Einschieben des Ölschalters in seine rückseitigen Trennschalterkontakte (Abb. 190) geschah durch einen gebogenen Schwengel, der bei eingeschaltetem Ölschalter (Griff unten!) sich hinter dem Schaltergriff befand; um den Schwengel zu betätigen, d. h. also den Schalter herauszurücken, mußte man notgedrungen den Ölschalter durch Anheben des Griffes erst ausschalten. Die Reyrolle-Anlagen sind im Laufe der Jahre in ihren Einzelheiten nicht unwesentlich verbessert worden, aber die grundsätzliche Anordnung ist dieselbe geblieben.

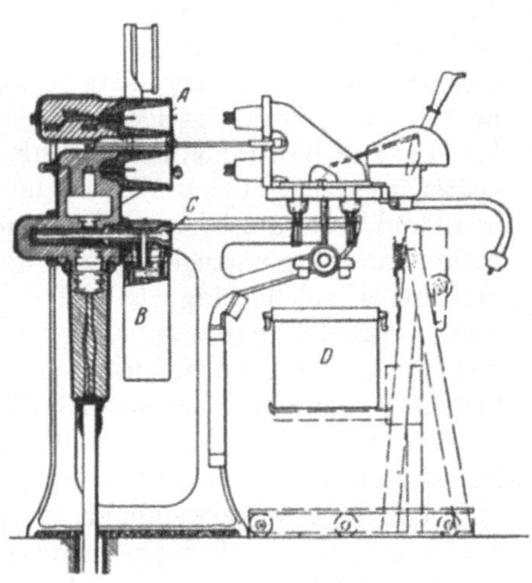

Abb. 190. Schaltanlage von Reyrolle, Ölschalter herausgefahren. 1908.

In den Anfang des im vorstehenden Kapitel behandelten Zeitabschnittes fällt auch die allmähliche Einführung der Nullspannungsauslösung, die den Ölschalterkonstrukteur vor eine zwar ziemlich unscheinbare, aber doch recht unbequeme Aufgabe stellte. Es will uns heute fast wundernehmen, daß diese wichtige Auslösung erst so verhältnismäßig spät zur Einführung gelangte. Aber auch das war natürliche Entwicklung. Dadurch, daß sich in den großen Industriewerken der Motorenbetrieb immer mehr ausdehnte, sank vielerorts der Motor von einem mit einer gewissen Hochachtung gepflegten Arbeitsgehilfen herab zu einem wenig beachteten Kuli, der irgendwo in einer verlorenen Ecke entfernt von regelmäßiger sachkundiger Bedienung unverdrossen seine Arbeit verrichtete — er ließ sich zwar recht viel gefallen der Kuli, aber schließlich nahm er es sich doch einmal zu Herzen, wenn man ihn so ganz und gar vergessen hatte. — Diese skizzierte Entwicklung des Bedürfnisses trat etwa vom Jahre 1904 ab deutlich in die Erscheinung. Zunächst versuchte man sich mit Relais zu behelfen, aber das war ein rechter Behelf, denn dazu gebrauchte man Hilfsstrom, den man gerade bei abseits gelegenen Motoren ohne Bedienung nicht hatte. Man mußte also eine neue Art der Auslösung schaffen. Der Gedankengang dabei schien an sich recht einfach: ein von der transformierten Spannung erregter Magnet mußte beim Ausbleiben der Spannung seinen Anker fallen lassen, wodurch die Auslösung betätigt wurde. Aber zunächst mußte man den abgefallenen Anker durch eine mechanische Vorrichtung auch wieder anheben. Auch hat so ein abfallender Anker nicht viel Kraft, man mußte also, wenn man nicht zu übergroßen Magneten kommen wollte, entweder eine sehr zarte Auslösung haben, oder man mußte ein mechanisches Relais (Kraftspeicher) anwenden, um die nötige Ausschaltenergie zu erhalten — am besten war es, man wendete beide Mittel zugleich an. Außerdem sollte die Einrichtung möglichst als ein Zusatz an einem normalen Schalter mit Maximalauslösung angebracht werden können. Und wenn man nun schließlich die Konstruktion leidlich hingebracht hatte, dann zeigte der Apparat recht oft noch eine weitere lästige Eigentümlichkeit — er brummte. Zwar brummte er bestimmt nicht, wenn er im Prüffeld eingestellt war, aber später, wenn er ein paar Wochen im Betriebe verträumt hatte, dann fing er an und brummte, oft nur leise, zuweilen aber auch recht vernehmlich — nicht zum Vergnügen seines Besitzers. Zum Brummen neigten leider namentlich solche Magnete, die in der Wirkung besonders zuverlässig waren. Brachte man nämlich den Anker voll zum Anliegen, dann war die Neigung zum Brummen gering, aber er blieb dann auch gelegentlich mal kleben. Wenn man aber durch Stifte oder sonstige Zwischenlagen einen kleinen Luftspalt einfügte, um das Kleben sicher zu verhindern, dann beförderte man das Brummen. Günstig waren in dieser Hinsicht die von manchen Firmen verwendeten dreiphasigen Magnete; man lernte aber später auch die einphasigen Magnete geräuschlos zu machen, indem man an den Pol eine Kurzschlußwicklung anbrachte, wodurch eine Störungsphase für den Ton entstand — ein Kunstgriff, der vermutlich von den Bremsmagneten für Krane übernommen worden ist. Aber mit all dem war die letzte Schwierigkeit für die Einrichtung noch nicht beseitigt. Im Laufe der Zeit bemerkte man, daß hier und da die Nullspannungsspule auf scheinbar rätselhafte Weise verbrannte. Das kam nicht vor, wenn die Erregung der Spule hinter dem Schalter entnommen wurde, wohl aber, wenn die Spule vor dem Schalter von irgendeinem Lichttransformator gespeist wurde. Wenn man nämlich in diesem Falle den

Schalter nach Wiederkehr der Spannung längere Zeit hindurch nicht
wieder einschaltete, dann wurde die Strom-
aufnahme der Spule zu groß, weil durch den
abgefallenen Anker die Selbstinduktion vermindert war. Hiergegen konnte man sich
zunächst schützen durch besondere Unter-
brechungskontakte am Schalter für die
Spule, aber solche Kontakte sind mit Recht
nicht beliebt. Als das bei weitem bessere
Mittel erwies sich daher, das Anheben des
Ankers nicht erst beim Einschalten vorzu-
nehmen, sondern den Anker gleich während
der Ausschaltbewegung wieder anzuheben und
ihn nur beim Einschalten kurz vor der Endstellung freizugeben, dann war ja der Anker

Abb. 191. Ölschalter mit Nullspannungsauslösung,
Gen. El. 1904.

in der Tat nur für einen
kurzen Augenblick vom
Magneten getrennt.

In Amerika hat offen-
bar die Entwicklung den
gleichen Weg genommen.
Eine Anfangskonstruktion
einer Nullspannungsaus-
lösung der Gen. El. vom
Herbst 1904 zeigt Abb. 191.
Der Schalter wurde in der
eingeschalteten Stellung
durch einen Kniehebel

Abb. 192. Nullspannungsauslösung für Drehölschalter,
V. & H. 1904.

größtenteils abgestützt und für den Rest
durch die Nullspannungsspule gehalten.
Der untere Hebel diente zum Anheben
und mußte nach der Einschaltbewegung
zurückfallen können, der Apparat war
also wohl ein Schutzapparat für den
gedachten Zweck, diente aber nicht zum
betriebsmäßigen Ein- und Ausschalten.

Bei V. & H. habe ich zuerst im Frühjahr 1904 eine direkt wirkende Nullspannungsauslösung ausgeführt. Die
Einrichtung Abb. 192 war an einem
Drehölschalter angebracht, eine Type,
die damals von V. & H. auch nebenher
fabriziert wurde und die den Vorzug
einer ziemlich zarten Auslösevorrichtung
hatte. Der Nullspannungsmagnet war
links auf der Vorderplatte angebracht
und sein Anker war oben an einem

Abb. 193. Ölschalter mit direkter Über-
strom- und Nullspannungsauslösung,
6 kV, V. & H. 1906.

Schwengel befestigt, der bei der Einschaltung durch einen Daumen der

Welle hoch gedreht wurde. Beim Wegbleiben der Spannung fiel der Anker an seinem Schwengel wie ein Hammer auf die Verklinkung herunter und löste den Schalter aus. Der Schalter hatte keine direkte Maximalauslösung, sondern diese wurde durch Hochspannungs-Maximalrelais mit Unterbrechungskontakten für die Nullspannungsspule indirekt bewirkt. — Eine wesentliche Verbesserung der Einrichtung wurde bei V. & H. ermöglicht durch die Einführung der sehr leicht gehenden Schloßauslösung (s. S. 127). Abb. 193 zeigt einen Schalter mit direkter Maximalauslösung, der außerdem noch mit einer Nullspannungsauslösevorrichtung (in der Mitte oben) versehen war (1906).

Während die SSW. bei ihren Ölschaltern seit 1906 ebenfalls einphasige Minimalauslösung einführten, brachte die AEG. Anfang 1906 eine direkte Nullspannungsauslösung mit dreiphasigen Auslösemagneten zur Anwendung (Abb. 194). Wir erwähnten bereits, daß die dreiphasige

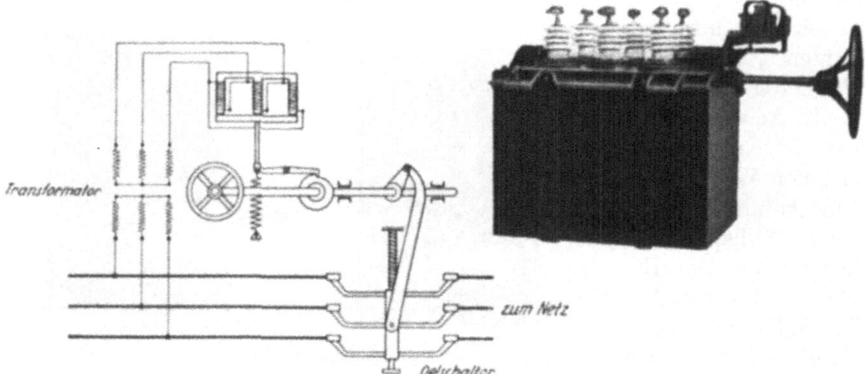

Abb. 194. Dreiphasige Nullspannungsauslösung AEG. 1906.

Nullspannungsauslösung weniger zum Brummen neigt; außerdem gedachte man durch die dreiphasige Anordnung auch einen Schutz gegen nur einphasige Leitungsunterbrechung zu schaffen (Drahtbruch oder Abschmelzen von nur einer der drei Schmelzsicherungen). Das hat sich aber gerade für Motorenstromkreise als nicht genügend sicher erwiesen, so daß jetzt wohl allgemein nur die einphasige Auslösung ausgeführt wird.

Die im Jahre 1912 von van der Sterr bei V. & H. angegebene einphasige Auslösung[1] hat bereits eine Dämpferwicklung am Pol und eine Klinkvorrichtung, die den Anker schon während der Ausschaltbewegung wieder anhebt. Sie war in geschickter Weise in einem kleinen Kästchen eingebaut, so daß sie bei den verschiedensten Schaltertypen Verwendung finden konnte (Abb. 195). Ebenfalls um diese Zeit führte die Firma Dr. Paul Meyer eine dreiphasige (oder auch einphasige) Nullspannungsauslösung[2] aus, die sich durch eine recht einfache Anhebevorrichtung

---

[1] D.R.P. Nr. 255819 vom 18. August 1912. — Siehe auch v. Droste: Eine neue Minimalauslösung für Wechselstrom. ETZ 1915, S. 401.

[2] Ölschalter mit oberen Zuführungen der Dr. Paul Meyer A.-G. ETZ 1916, S. 105.

auszeichnete, wodurch ebenfalls bereits beim Ausschalten des Schalters das Anheben des Ankers bewirkt wurde (Abb. 196).

Die Betrachtung der Nullspannungsauslösung hat uns in der Zeit etwas weit vorangeführt, wir wollen im folgenden Kapitel den früheren Faden unserer geschichtlichen Betrachtung wieder aufnehmen. Als Ab-

Abb. 195. Nullspannungsauslösung V. & H., 1912.

schluß dieses Teiles, der die „Weiterentwicklung" der Ölschalterkonstruktionen in Deutschland behandelt, ist noch zu berichten, daß in dieser Zeit allmählich auch andere deutsche Firmen anfingen, sich mit der Herstellung von Ölschaltern zu beschäftigen. Insbesondere sind hier zu nennen die Firmen: Bergmann-Elektrizitätswerke A. G. und Dr. Paul Meyer A. G., deren Minimalauslösung wir ja bereits oben erwähnt haben; Max Schorch, Rheydt; Elektrizitäts-A.G. vorm. W. Lahmeyer & Co., Frankfurt a. M.; Emag, Elektrizitäts - A. G., Frankfurt a. M. u.a.m. Daß diese Firmen sich neben denen, die die bisherige erste Entwicklung des Ölschalterbaues mitgemacht hatten, günstig entwickeln konnten, lag insbesondere daran, daß gegen Ende des ersten Jahrzehntes unseres Jahrhunderts der Bedarf an solchen Apparaten eine außerordentliche Steigerung erfuhr, ferner daran, daß eigentlich ausschließende Patente in diesem Zweig der Technik nicht bestanden, und daß sich wenigstens im allgemeinen bereits eine gewisse Gleichartigkeit im Aufbau der Apparate herausgebildet hatte, die später unter der Wirkung der VDE.-Vorschriften noch deutlicher hervortreten sollte.

Abb. 196. Nullspannungs-Auslösung Dr. Paul Meyer, etwa 1912.

X.

Fortschritte und Schwierigkeiten.

Die originellste und gewiß auch eine der wichtigsten Erfindungen für die Ausbildung der Hochspannungsapparate, die im Anfang dieses Jahrhunderts gemacht wurde, ist die Erfindung der Kondensatordurchführung bei den SSW. von R. Nagel im Jahre 1905[1]. Sie ist im Anfang wohl ziemlich allgemein nicht ihrer großen Bedeutung entsprechend gewürdigt worden. Nagel war damals als junger Ingenieur im Prüfraum der Firma SSW. beschäftigt, und da gerade ein Prüftransformator für 150 kV Spannung geliefert werden sollte, für den die Porzellanfabrik keine geeigneten Durchführungen liefern konnte, so hatte man ihn, der sich schon länger mit dem Studium des Verhaltens der dielektrischen Stoffe bei hohen Spannungen beschäftigt hatte, mit der Aufgabe betraut, das Verhalten solcher Durchführungen zu untersuchen. Das wertvolle Resultat seiner Untersuchungen war der Vorschlag, die Isolierschicht der Durchführung durch zwischengelegte Metalleinlagen in eine Anzahl hintereinandergeschaltete Kondensatoren zu zerlegen, auf die man durch geeignete Wahl der Rechnungsgrößen die Spannung zu gleichen Teilen verteilen konnte (Abb. 197). Damit wurde zweierlei erreicht: einmal wurde das Isoliermaterial in radialer Richtung gleichmäßig ausgenützt, es genügte also ein sehr geringer Durchmesser, sodann wurde die so sehr lästige Entladung an der geerdeten Fassungsstelle der Durchführung unterbunden.

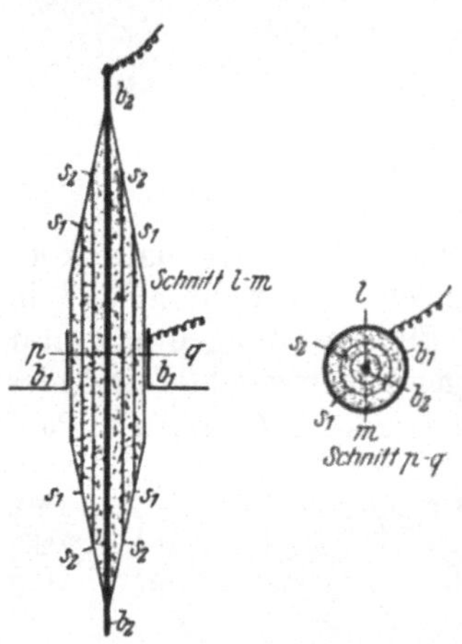

Abb. 197. Kondensatordurchführung von R. Nagel, nach der Patentzeichnung, SSW. 1905.

Nagel gab hierfür eine recht anschauliche Erklärung: Bei einem gewöhnlichen Rohr als Durchführung bildet zunächst die Fassungsstelle einen ringförmigen Kondensator. Außerdem kann man sich aber auch das ganze Durchführungsrohr nach den Enden zu weiter in Scheiben zerlegt denken, die einzeln genommen Kondensatoren darstellen, deren innere Belegung der Durchführungsleiter und deren äußere Belegung die schlecht leitende Oberfläche der Durchführung ist. Um die Ladeströme i_1, i_2, i_3 und i_4 (Abb. 198) der gedachten Teilkondensatoren von der geerdeten Fassung aus zu den entfernteren Scheiben hinzutreiben, ist an der Fassungsstelle eine Spannung notwendig, die für die Summe der Ladeströme ausreicht, deren Gefälle aber nach den Enden zu schnell abnimmt, weil die Restsumme

---

[1] Über eine [Neuerung an Hochspannungstransformatoren der Siemens-Schuckert-Werke. ETZ 1907, S. 153. Nach R. Nagel: Elektrische Bahnen und Betriebe Bd. 4, S. 275. 1906.

der Teilströme i_1 bis i_4 sich ja nach den Enden zu verringert. Durch die zwangmäßige Spannungseinteilung infolge der eingelegten Metallschichten hört nun diese sehr lästige äußere Oberflächenladung des Rohres praktisch auf, da zwischen den einzelnen Schichten nur die Teilspannung vorhanden ist, die nicht genügt, um bei normaler Spannung auf der staffelförmig aufgesetzten Isolation einen Überschlag oder eine erhebliche Randentladung herbeizuführen. Abb. 199 zeigt die erste Versuchsausführung einer solchen Kondensatordurchführung. Die Einlage bestand zuerst aus dünner Kupferfolie, für die Zwischenschichten wurde Mikanit verwendet. Wenn man auch durch Anwendung anderer Materialien, Zinnfolie, geeignete Papiere und Lacke die Herstellung der Kondensatordurchführung im Laufe der Jahre noch weiter vervollkommnet hat, so ist doch dieser Erfindung Nagels in bezug auf den erreichten Zweck gleich von vornherein ein voller Erfolg beschieden gewesen. Das Problem der Durchführung für sehr hohe Spannungen war gelöst. Die Kondensatordurchführung wurde den SSW durch ein Patent[1] geschützt, aber es ist bezeichnend für den geringen geschäftlichen Wert, den man im Anfang dieser Sache beimaß, daß für diese Neuerung keine Auslandspatente genommen wurden. Die Zeit war eben noch nicht reif, die Anwendung der Durchführungen für Prüftransformatoren bot keine erheblichen geschäftlichen Aussichten und die praktische Anwendung sehr hoher Spannungen im großen galt damals noch als Utopie.

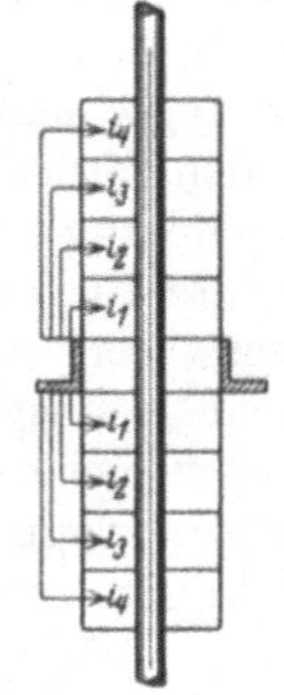

Abb. 198. Oberflächenströme auf einer einfachen Durchführung, nach Nagel.

In den ersten Jahren der Anwendung der Ölschalter in Deutschland, bei den damals noch niedrigen Spannungen von meist 2, 5, 10 kV, genügten einfache derbe Porzellanrohre als Durchführungen, die oben mit Wülsten versehen waren, die nach Geschmack teils dachartig, teils scheibenförmig ausgebildet wurden. Freilich bei 20—25 kV hatte man schon rechte Schwierigkeiten mit derartig einfachen Formen, und auch bei 5 und 10 kV kam es noch häufiger vor, daß diese einfachen Durchführungen an der Einkittstelle durchschlugen. Zwar tröstete der Fabrikant den Kunden dann mit der „Erklärung", das sei Überspannung gewesen, aber damit war im Grunde genommen dem betreffenden Betriebsleiter doch recht wenig gedient. Um nun solche Durchschläge möglichst gewissermaßen vorwegzunehmen, wurden die Durchführungen — abgesehen von der Prüfung in der Porzellanfabrik — in den Schalter-

Abb. 199. Erste Kondensatordurchführung im Prüfraum der SSW, unter Spannung.

---

[1] D.R.P. Nr. 177667 vom 29. August 1905.

fabriken mit sehr erhöhter Spannung nachgeprüft, und da diese Prüfung in der Luft — namentlich z. B. für die einseitig kurzen Durchführungen der von V.&H. viel ausgeführten Ölschaltkästen (s. S. 102) — nicht viel nutzte, weil der Überschlag zu früh erfolgte, so gelangte man in den Fabriken allmählich dahin, vor der Ablieferung jeden Ölschalter betriebsfertig mit Öl gefüllt so weit mit gesteigerter Spannung zu prüfen, bis außen an den Isolatoren ein Überschlag erfolgte (bei V.&H. etwa von 1905 ab). Bei Anwendung dieses Prüfverfahrens wurden immer wieder hier und da Isolatoren infolge Durchschlags ausgeschieden, denn die damaligen dickwandigen Rohre mit enger Seele neigten beim Brennen sehr zu Rissebildung. Der bei der Überschlagprüfung erzielte Ausschuß von Isolatoren war zwar nicht sehr groß, wurde aber doch bei der Fabrikation als eine recht unliebsame Belästigung empfunden, es war daher sehr verdienstvoll, als K. Kuhlmann, damals Leiter des Hochspannungsapparatebaues der AEG., der Verbesserung der Porzellandurchführungen seine besondere Aufmerksamkeit zuwandte und dabei (etwa seit 1907) zu einer Form kam, die eine fast völlige Vermeidung der Durchschläge bei kleinen und mittleren Hochspannungen zur Folge hatte und die Anwendung ungeteilter

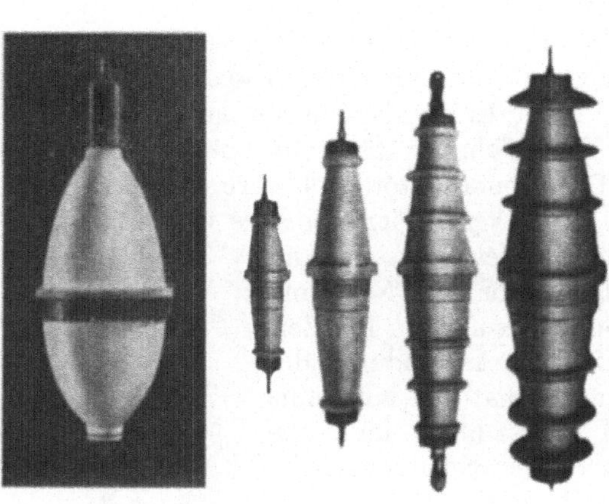

Abb. 200. Einteilige Porzellandurchführungen nach K. Kuhlmann. AEG, etwa 1907.

Rohrformen auch noch für höhere Spannungen ermöglichte[1]. Der Vorteil wurde dadurch erreicht, daß Kuhlmann der Durchführung die Form eines doppelkonischen Rohres gab. Einmal war diese Form (Abb. 200) eine wichtige keramische Verbesserung, denn nun stellte die Durchführung an der gefährlichen Einkittstelle einen Zylinder von ziemlich großem Durchmesser, aber verhältnismäßig geringer Wandstärke dar, eine Form, die beim Brand einen sehr festen, nicht rissigen Scherben ergibt. Des weiteren war aber diese Formgebung auch in elektrischer Beziehung eine Verbesserung, was sich namentlich für höhere Spannungen als sehr wertvoll erwies. Durch den großen Durchmesser wird nämlich die Kapazität nahe der geerdeten Einkittstelle sehr vermindert, und außerdem verteilt sich die verminderte Ladung auf einen größeren Umfang; dementsprechend sind natürlich die von der Fassungsstelle nach den Enden zu über die Porzellanoberfläche fließenden Ladeströme $i_1 \ldots$ viel kleiner, wenn man sich ähnlich wie in Abb. 198 die Durchführung wieder in aufeinandergeschichtete ringförmige Elementar-

---

[1] K. Kuhlmann: Hochspannungsisolatoren. ETZ 1910, S. 86.

Kondensatoren zerlegt denkt. Man erreichte also einen günstigeren Überschlagswert und eine verringerte Neigung zu Gleitfunken gegenüber einfach zylindrischen Rohren mit geringem Durchmesser an der Einkittstelle. Wurde nun außerdem auf den Kupferbolzen noch ein Hartpapierrohr aufgeschoben oder besser noch aufgewickelt, dann war bei sonst guter Formgebung und vorsichtiger Herstellung diese Art von Durchführungen bis etwa 60 kV gut verwendbar. Die AEG. und andere Firmen haben diese Durchführungen außerdem noch mit Compound ausgegossen; der elektrische Vorteil ist aber nicht sehr groß, so daß m. E. nach die sonstigen praktischen Nachteile einer solchen Füllung dagegen nicht aufgewogen werden. Bei V. & H. wurden solche Durchführungen ohne Füllung bis 65 kV mit gutem Erfolg verwendet.

Kuhlmann übertrug die konische Form auch auf die Stützer, wo sie sich durch ihre große mechanische Festigkeit und die keramischen Vorteile zur Erzielung eines gesunden Scherbens ebenfalls als sehr zweckmäßig erwiesen hat (Abb. 201).

Auch wenn man nicht alle Einzelheiten der neuen Formgebung für richtig hielt — insbesondere begegnete der Wegfall der Rillen (um das Putzen zu erleichtern) berechtigten Widerspruch — das Wesentliche der Kuhlmannschen Neuerung, der vergrößerte Durchmesser der Durchführung an der Einkittstelle und die entsprechende konische Form des Stützers, wurde alsbald allgemein als eine erhebliche Verbesserung anerkannt und von den meisten anderen Firmen übernommen.

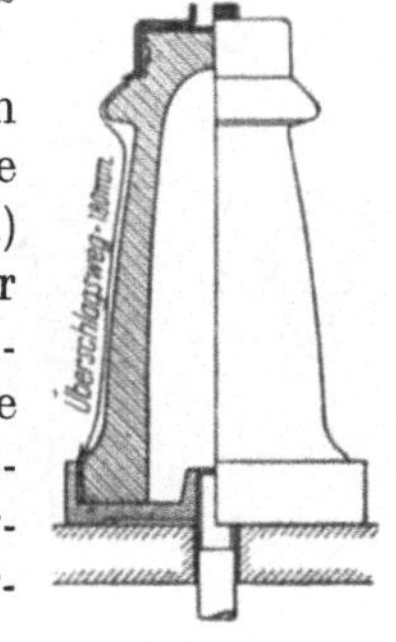

Abb. 201. Stützer nach K. Kuhlmann. AEG, etwa 1907.

Die Anwendung des Prüfverfahrens bis zum Überschlag war inzwischen auch zu einem Wegweiser geworden für gewisse wichtige Begriffsbestimmungen für Ölschalter und Hochspannungsapparate überhaupt. In einem im Jahre 1908 auf der Verbandstagung in Erfurt gehaltenen Vortrag: „Gesichtspunkte hinsichtlich Schutz und Sicherheit gegen Überspannung[1]" wies K. Kuhlmann darauf hin, daß das Verhältnis von Durchschlagspannung (d. i. praktisch die Überschlagspannung) zu Betriebsspannung richtiger Weise als Sicherheitsgrad für den betreffenden Hochspannungsapparat aufzufassen sei, und daß man damit bei der Konstruktion von Apparaten u. dgl. ebenso rechnen müsse, wie man im Maschinenbau mit dem Sicherheitsgrad gegenüber der Bruchgrenze des Materials rechnet. Im folgenden Jahre zeigte ich in einem Aufsatz: „Über den Sicherheitsgrad elektrischer Hochspannungsapparate[2]", wie man die grundlegenden Abmessungen bei der Konstruktion eines Ölschalters für eine gegebene Betriebsspannung und einen angenommenen Sicherheitsgrad aus den Überschlagskurven für Luft und Öl entnehmen könne.

Freilich wie groß der Sicherheitsgrad angenommen werden müsse, das war die große und praktisch so sehr wichtige Frage. Bisher hatte

---

[1] ETZ 1908, S. 794.   [2] ETZ 1909, S. 795.

sich seit Einführung der Ölschalter fortlaufend das Bedürfnis herausgestellt, die Isolatoren für eine gegebene Spannung immer höher zu machen, also den Sicherheitsgrad zu erhöhen (Abb. 202). War man damit bereits zu einem vernünftigen Abschluß gekommen? Die Betriebsleute waren in ihren Meinungen natürlich meist von ihren persönlichen Erfahrungen beeinflußt. Manche waren bescheiden in ihren Anforderungen in bezug auf die Porzellanhöhen, anderen konnten die Durchführungen nicht hoch genug sein. Und so ergab sich für die Fabrikanten das höchst unerfreuliche Bild, daß man sich mit den Abnehmern unter Umständen über die Abmessungen eines Materials herumstreiten mußte, in dem man sich wegen der umständlichen Beschaffung nur schwer nach den Wünschen des Abnehmers richten konnte. Immerhin bewegten sich die Ansichten im allgemeinen in einer bestimmten Richtung. Aus den Erfahrungen hatte sich als übereinstimmende Auffassung herausgeschält, daß die Gefahr der Überspannung wachse mit zunehmender Leistung, und daß man dementsprechend bei sehr großen Schaltleistungen auch höhere Porzellane für die gleiche Spannung verwenden müsse als bei kleinen Leistungen. — Die Zeit war also reif für eine einheitliche Regelung der Sache durch den Verband Deutscher Elektrotechniker. Von den SSW. wurde hierzu ein Antrag gestellt, aus dessen Wortlaut wir die Sätze anführen wollen: „ . . . Erhebliche Meinungsverschiedenheiten über den Begriff des genügenden Isolationszustandes

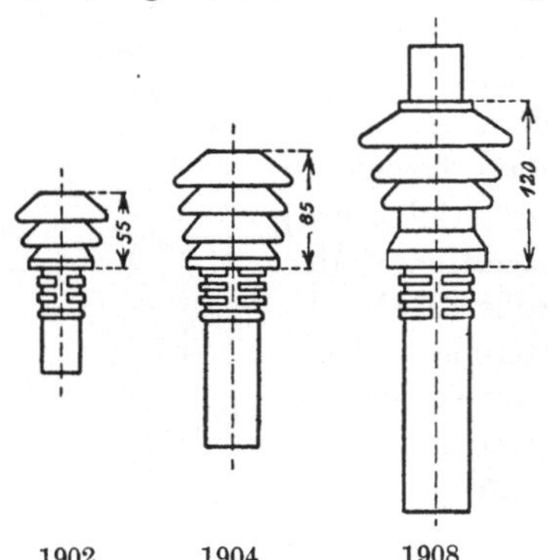

1902   1904   1908
Abb. 202. Veränderung der Isolatorenhöhe
für 6 kV. V.&H.

haben nun einige Elektrizitätswerke zu ganz willkürlichen Festsetzungen veranlaßt, die zum Teil eine geordnete Fabrikation von Hochspannungsapparaten unmöglich machen. Unter diesen Umständen halten wir eine Regelung dieser Angelegenheit durch den Verband für geboten und beantragen die Einsetzung einer Kommission zur Ausarbeitung von Normalien für die Leitungseinführungen von Hochspannungsapparaten."

Im Verfolg dieses Antrages wurde auf der Jahresversammlung in Braunschweig im Mai 1910 eine Kommission für Hochspannungsapparate eingesetzt, die aus folgenden Mitgliedern bestand: Bing, Birrenbach, v. Grodeck, Dr. Georg Meyer, Overmann, Schrottke, Dr. Stern, Vogel, Vogelsang, Wilkens. In dieser Kommission wurde in angestrengter Arbeit innerhalb eines Jahres ein erster Entwurf für Hochspannungsnormalien ausgearbeitet, der aber zunächst an die Kommission zurückgewiesen wurde und erst auf der Verbandstagung in Leipzig 1912, und zwar nur vom Ausschuß als „Vorläufige Richtlinien für die Konstruktion und Prüfung von Wechselstrom-Hochspannungsapparaten von 1500 Volt aufwärts für Innenräume" angenommen wurde[1]. In diesen

---

[1] ETZ 1912, S. 352, 571 u. 909 (912).

Richtlinien wurde für die Isolatoren eine Reihe von normalen Porzellanhöhen festgelegt, die als „Serien" bezeichnet waren, außerdem waren für die Serien entsprechend den Porzellanhöhen Angaben gemacht über die wichtigsten Abmessungen unter Öl. Die Festlegung der Serienmasse selbst war in der Kommission ziemlich glatt von statten gegangen. Das Maß 180 mm (Serie IV) war nämlich bereits allgemein in Gebrauch. Auch das Maß 100 mm (Serie II) war häufig verwandt worden. Über die anderen Maße einigte man sich ziemlich schnell. Große Schwierigkeiten machten dagegen die Anweisungen zur richtigen Auswahl einer Serie für einen gegebenen Fall. Nachdem man in dem ersten Entwurf November 1911 zunächst die Kurzschlußleistung neben der Nennspannung als maßgebend für die Auswahl einer Serie aufgestellt hatte, wurde in den späteren Bearbeitungen statt dieser die Kurzschlußstromstärke als Leitwort der Tabelle für die Auswahl einer Serie festgelegt. Die Richtlinien enthielten außerdem Bestimmungen über die Prüfspannungen, ferner über die an die Auslösungen, Antriebsmagnete usw. zu stellenden Anforderungen, und endlich bestimmten sie, daß bei einer Prüfung der Ölschalter den angegebenen Kurzschlußstrom zweimal hintereinander abschalten müsse.

Die Anwendung der Serientabellen zur Auswahl der Ölschalter begegnete in der Praxis ziemlichen Schwierigkeiten und Mißverständnissen und man hat deshalb in den folgenden Jahren die Richtlinien weiter ausgebaut und verbessert. Es liegt auf der Hand, daß auf einem Gebiet, dessen Boden sich auch heute noch immer im Fließen befindet, der Aufbau von Vorschriften mit großer Vorsicht und Zurückhaltung ausgeführt werden muß, und man wird gut tun, auch noch für eine weitere Zukunft in den jeweiligen Hochspannungsvorschriften nur erst „vorläufige Richtlinien" zu sehen.

Der wichtigste Erfolg der Arbeit der Hochspannungskommission war schon durch die erste Veröffentlichung des Entwurfs der Vorschriften in der ETZ im Jahre 1911 erzielt worden: Der Streit über die Isolatorenhöhen hörte auf und die Serieneinteilung wurde alsbald von der Praxis übernommen.

Wir haben früher gesehen, daß der Ölschalter in Deutschland bei seiner ersten Einführung einem erheblichen Mißtrauen begegnete, das aber alsbald in ein wohl ebenso unberechtigtes übergroßes Vertrauen umschlug. Wohl kam es in den ersten Jahren des Jahrhunderts hier und da einmal vor, daß ein Ölschalter explodierte, aber abgesehen davon, daß es ganz seltene Ausnahmen waren, ließen sich diese Fälle meist auf irgendeine Weise gewissermaßen natürlich erklären, also z. B. der Kessel des Ölschalters war schadhaft und der Schalter nur halb mit Öl gefüllt oder dgl., und wenn man so recht keine Ursache wußte, dann war gewiß die böse Überspannung schuld. Das wurde aber langsam anders, etwa um 1910, als doch häufiger der Fall eintrat, daß ein Ölschalter explodierte, augenscheinlich weil die abzuschaltende Leistung zu groß war. So recht merkwürdig war das ja nun eigentlich nicht, denn es war die Zeit, in der die Zentralenleistungen sehr stark anstiegen (Abb. 203), in der aber auch noch recht viele alte Ölschalter mit viel zu geringen Abmessungen in Gebrauch waren.

Auf der Verbandsversammlung in Leipzig 1912 brachte Professor Klingenberg in seinem Vortrag „Richtlinien für den Bau großer Dampfzentralen" die Angelegenheit der Ölschalterexplosionen zur Sprache und wurde in der Diskussion insbesondere von Herrn Dr. Marguerre, Oslo, in seiner recht pessimistischen Auffassung dieser Sache unterstützt. Des weiteren erschien ebenfalls von Dr. Marguerre in der ETZ 1912 (S. 709) ein Aufsatz „Einige Versuche mit Ölschaltern", worin über eine größere Anzahl von Leistungsversuchen mit Ölschaltern in den Rjukanfoß-Werken berichtet wurde, die im allgemeinen wenig günstige Resultate gezeitigt hatten. Dieser Aufsatz, der das Versuchsmaterial unter Beifügung von Schnelligkeitskurven und Oszillogrammen sowie aller sonstigen wichtigen Angaben über die Versuchsschalter in ausgezeichneter Weise behandelte, wurde sehr beachtet, aber es war doch wohl noch mehr die oben erwähnte Diskussion über die Ölschalterexplosionen in Leipzig, die bewirkte, daß man nun begann, den Ölschalter, dem man früher mit ziemlich unbegrenztem Vertrauen begegnet war, umgekehrt mit vielfach übertriebenem Mißtrauen zu betrachten. Ich versuchte zwar, durch einen Aufsatz „Die Betriebssicherheit der Ölschalter"[1] der übertriebenen Furcht vor Ölschalterexplosionen etwas entgegenzuwirken, aber die Beunruhigung blieb doch und wurde namentlich durch die große Ölschalterexplosion im Kraftwerk Wylen in der Schweiz am 4. April 1913 wieder sehr geweckt[2]. Ein günstiger Erfolg der Beunruhigung war es allerdings, daß man vorsichtig wurde in der Auswahl der Ölschalter; die inzwischen erschienenen Richtlinien des Verbandes gaben hierfür die nötigen Fingerzeige.

Dadurch, daß die Ölschalterexplosionen in den Vordergrund des Interesses gerückt waren, geschah es in der Folge häufiger, daß Vorgänge, die zunächst als Schalterexplosion gemeldet waren, sich bei näherem Zusehen nur als schwere Kurzschlüsse oben auf dem Deckel des Ölschalters herausstellten, wobei aber der Ölschalter gar nicht explodiert und auch das im Ölkasten befindliche Öl gar nicht verbrannt war. Es wurde schließlich klar, daß diese Überschläge besonders auf die zu weit

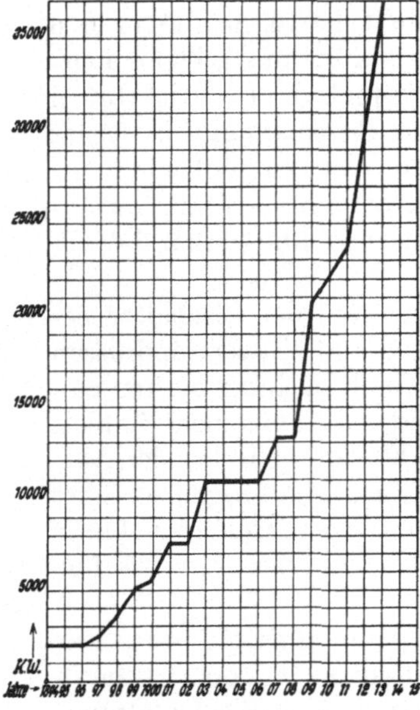

Abb. 203. Zunahme der Leistung des E. W. Frankfurt a. M. — Maschinenleistung und Reserve. —

---

[1] ETZ 1913 S. 1.   [2] ETZ 1913 S. 1061.

gehende Anwendung der direkten Auslösung in großen Schaltanlagen zurückzuführen seien, worauf wir schon S. 130 hingewiesen haben.

Allmählich verlief sich die Welle der Ölschalterexplosionen. Die zu kleinen Ölschalter verschwanden aus den großen Betrieben oder wurden wenigstens in entlegene Außenstationen verbannt und man begann beim Bau der Ölschalterräume in großen Schaltanlagen die Möglichkeit einer Explosion besser in Rechnung zu ziehen. Und wenn man auch die Explosionen nicht ganz aus der Welt schaffen konnte, so war man doch bis etwa 1914 so viel vorsichtiger in der Auswahl des Ölschaltermaterials geworden, und dieses hatte sich namentlich unter dem Einfluß der Verbandsvorschriften im allgemeinen so wesentlich verbessert, daß Ölschalterexplosionen wieder zu den seltenen Ausnahmeerscheinungen wurden.

Man kann nicht sagen, daß die Verbesserung der Ölschalter in dieser Zeit etwa durch erhebliche Erfindungen herbeigeführt worden sei, es handelte sich mehr um konstruktive Detailarbeit. Der Apparat wurde vor allem viel geräumiger (Abb. 204 u. 205). Dadurch wurde der Ölkasten natürlich schwerer und man war genötigt, eine besondere Vorrichtung zum Herablassen des Topfes vorzusehen, die verschieden

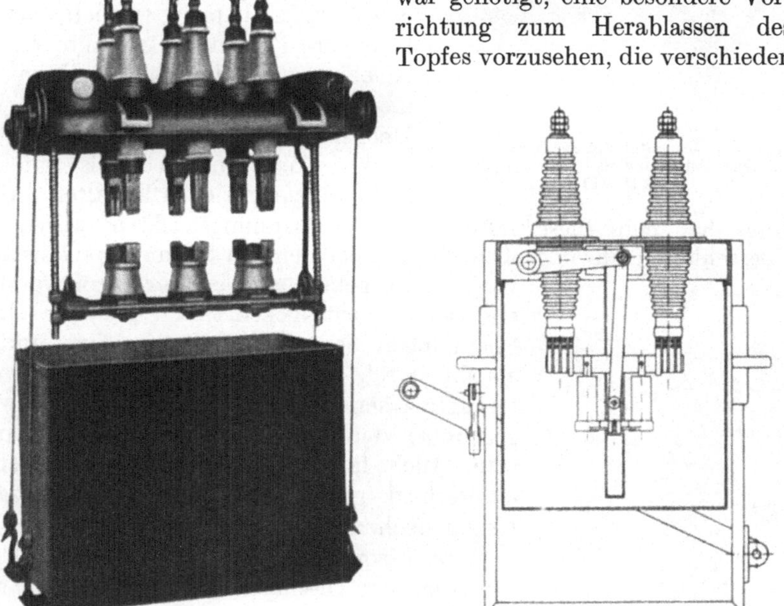

Abb. 204. Ölschalter, AEG. 1909.   Abb. 205. Bewegungsanordnung des Ölschalters von V. & H. 1911.

durchgebildet wurde — meist als Seilwinde, aber auch als einfache Hebelanordnung, die sich namentlich für kleinere und mittlere Apparate als sehr zweckmäßig erwies. Da der Raum unterhalb des Ölschalters zur Topfsenkung frei bleiben mußte, so wurde es vielfach üblich, den Schalter auf einem besonderen Fahrgestell zu montieren, mit dem er in die Zelle eingefahren wurde (Abb. 206). In größeren Schaltanlagen stellte man der besseren Leitungsführung wegen die Ölschalter immer mit den drei Phasen parallel zur Schaltwand auf, und da die Welle in gleicher Richtung verlief, so lag sie bequem zum Antrieb des Schalters durch eine seitliche Schwinge und Handhebel, wie bei V. & H., erforderte allerdings bei Handradantrieb von der Mitte aus, wie er von der AEG. bevorzugt wurde, eine Zahnradübersetzung im Schalter (Abb. 207). Für die Durchführungen wurde die doppelkonische Form der AEG. fast allgemein eingeführt, nur die SSW. behielt ihre alte Form bei; man hatte dort früher schon Isolatoren verwendet, die an der Einkittstelle einen ziemlich erheblichen Durchmesser hatten. Die Kontaktfedern und Messer wurden in Rücksicht auf die Wärmeaufnahme massiger, und man wendete überall besondere Funkenziehkontakte an. In Anlehnung an die übliche Form der direkten Auslösung setzte man die Hochspannungs-Maximalrelais für indirekte Auslösung ebenfalls auf die Durchführungen der Ölschalter. Allerdings hat man diese indirekten Hochspannungsauslöser wegen der Überschlagsgefahr in großen Anlagen bei kleinerer Spannung später auch wieder aufgegeben und ist zur Stromwandlerauslösung zurückgekehrt. Für sehr hohe Spannungen liegt die Sache insofern anders, als die durch die Magnetspule möglicherweise erzeugte Überspannung im Verhältnis klein ist gegenüber der sehr hohen Isolation der Apparate. Auch fällt in diesem Falle der Kostenunterschied gegenüber der Stromwandlerauslösung noch mehr ins Gewicht.

Abb. 206. Ölschalter auf Fahrgestell mit direkter Auslösung und Strommesser. V. & H. 1911.

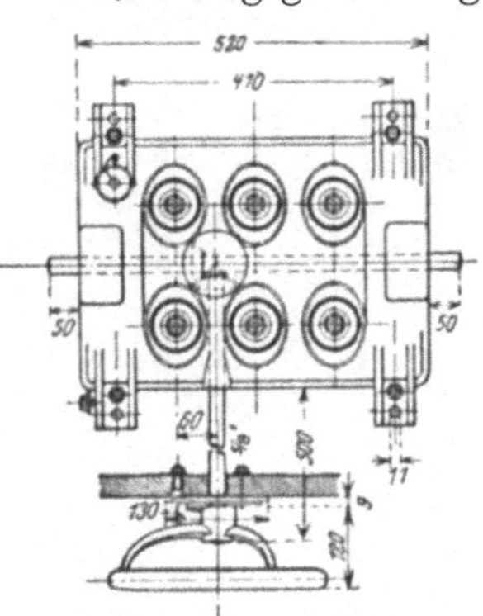

Abb. 207. Handradantrieb des AEG.-Schalters.

Eine besondere Schwierigkeit bei der Konstruktion der Ölschalter bieten die Apparate für große Stromstärken, und wir haben gesehen (S. 124), wie dieselbe von den SSW. zunächst in geschickter Weise umgangen wurde. Bei Anwendung eines eisernen Ölschalterdeckels wird die Erwärmung des Deckels durch die Durchführungen bei 600 Amp. schon merkbar, so daß man für hohe Stromstärken genötigt ist, den Deckel aus Rotguß oder Aluminium anzufertigen; aber auch dann ergeben sich unter Umständen noch Schwierigkeiten. Als ein bemerkenswertes Beispiel einer solchen Ausführung mag ein Ölschalter für 8000 Amp. bei 500 Volt erwähnt werden, der von V. & H. im Jahre 1913 gebaut wurde (Abb. 208). Der Apparat war zuerst mit einem Aluminiumdeckel in der Ausführung nach Abb. 209 angefertigt worden. Es zeigte sich aber, daß die Erwärmung des Deckels trotz der Abwesenheit von Eisen wegen der großen zusammenhängenden Metallmasse doch übermäßig groß war. Nach einem Vorschlag von Cippitelli wurden nun die Zuleitungen herumgedreht (Abb. 210), wodurch eine annähernd bifilare Anordnung entstand, so daß die Erwärmung des Deckels in wirksamer Weise verhindert wurde. Die festen Kontakte waren durch die gewinkelten Zuführungsschienen gebildet, gegen die sehr kräftige Tastbürsten angepreßt wurden. Zur Funkenabreißung waren zusätz-

Abb. 208. Ölschalter für 8000 A. 500 V., V. & H. 1913.

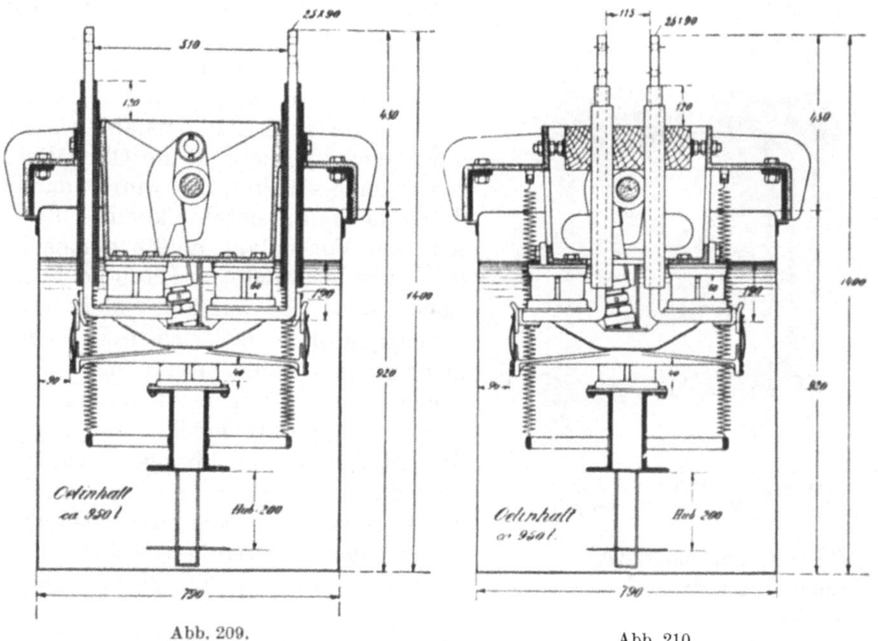

Abb. 209.

Abb. 210.

Abb. 209 u. 210. Änderung in der Kontaktanordnung des Ölschalters für 8000 A. V. & H. 1913.

liche Klotzkontakte verwendet. Die Welle war aus Bronze. Der Schalter
hatte Fernantrieb durch Zugmagnet, der beim Einschalten etwa 1,5 kW
verbrauchte.

Im allgemeinen hatte sich also in Deutschland infolge der „Richtlinien" des V.D.E. eine ziemlich gleichmäßige Güte in der Ausführung
von Ölschaltern für kleine und mitt-
lere Hochspannung herausgebildet.
Die einzige Neuerung, deren weitere
Einführung in diese Zeit fällt, deren
Wert aber freilich von vornherein
verschieden beurteilt wurde, ist der
Schalter mit Vorkontakt.

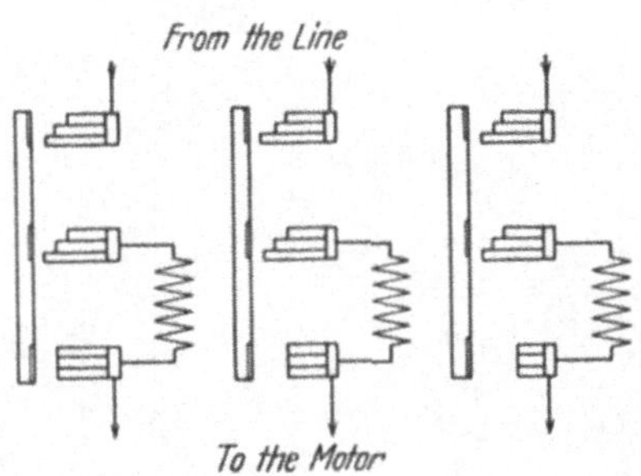

Abb. 211. Schema eines Schalters mit Vor-
kontakten nach W. B. Woodhouse 1903.

Die Schwierigkeiten, die die Fabriken für Hochspannungsmotoren
und Transformatoren mit der Herstellung einer geeigneten Isolation
und einer dem Einschaltstromstoß
gegenüber auch mechanisch sicheren
Spulenbefestigung hatten, haben schon frühzeitig den Gedanken entstehen lassen, die Spannung gewissermaßen über einen Anlaßwiderstand
zuzuschalten. Apparate dieser Art sind anscheinend zuerst (1903) in
England ausgeführt worden. Abb. 211
zeigt die prinzipielle Anordnung[1]. Etwa
seit 1905 beginnt man Ölschalter mit
Vorkontakt auch in der Schweiz und in
Deutschland zu verwenden, und es
haben nachher so ziemlich alle Maschinen und Transformatoren bauende
Firmen in Deutschland und in der
Schweiz die Anwendung solcher Schalter befürwortet. Der Widerstand wurde
durch einen Vorkontakt im Ölschalter
zuerst eingeschaltet, er wurde dann
durch die Hauptkontakte kurzgeschlossen, der Vorkontakt mußte demnach
mit guter Isolation vom Hauptkontakt
isoliert sein. Das war konstruktiv unbequem, aber es ließ sich wohl noch
machen; nun aber wohin mit dem
Widerstand? Da gab es einmal die
Möglichkeit, den Widerstand außerhalb
des Ölschalters anzubringen, indem
man die Verbindung zum Vorkontakt
durch ein isoliertes Rohr aus der Durch-

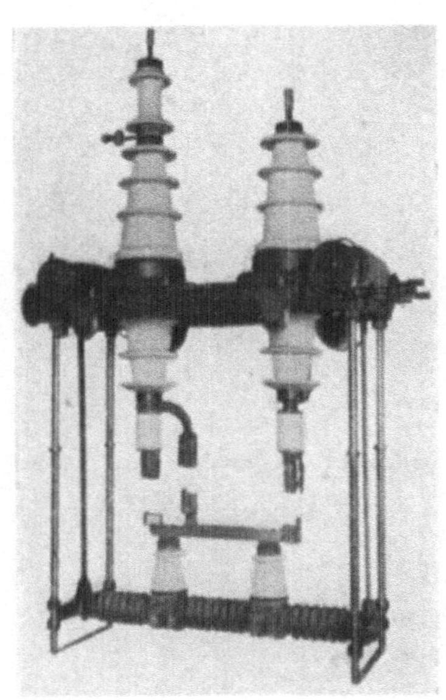

Abb. 212. Ölschalter mit Vorkontakt,
     AEG. Widerstand außerhalb.

führung herauszog (Abb. 212). Diese für den Schalter beste, aber sonst
auch teuerste und umständlichste Lösung der Aufgabe ist besonders

---

[1] W. B. Woodhouse. Auszug aus einem Vortrag El. Rev. 1903 II, S. 561.

von der AEG. eine Zeitlang bevorzugt worden, sie wurde aber auch von anderen Firmen hier und da angewendet. In bezug auf den Öl-

schalter selbst ist gegen diese Anordnung nicht viel einzuwenden, aber an dem außen liegenden Widerstand hat man meist auch keine rechte Freude gehabt.

Die zweite Möglichkeit war, den Widerstand im Ölschalter selbst einzubauen. Zunächst konnte man ihn an den Durchführungen oder auch an den Schaltmessern anbringen. Allzuviel Platz war zwar nicht da, aber wenn man keine großen Anforderungen an die Belastungszeit der Widerstände stellte, so ging es einigermaßen. Diese Anordnungen wurden von V. & H. ausgeführt (Abb. 213) und haben sich insofern bewährt, als sich wenigstens keine schlimmen Schäden gezeigt haben.

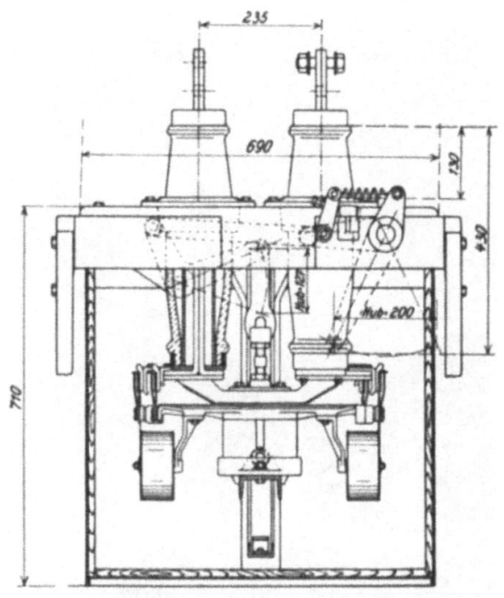

Abb. 213. Ölschalter 6 kV mit Vorkontakt V. & H. — Widerstand am bewegten Teil.

Die letzte Möglichkeit, die Widerstände unterzubringen, war, sie abgesondert im Ölschalter auf besonderen Isolatoren aufzubauen und mit dem Vorkontakt und Hauptkontakt durch Leitungen zu verbinden (Abb. 214). Diese Anordnung ist die meist übliche geworden. Sie war den Anhängern der Einrichtung natürlich besonders recht, weil man ja nun die Widerstände so groß machen konnte, wie man nur wollte.

Nachdem ich mich seit vielen Jahren häufig gegen die Anwendung der Schalter mit Vorkontakt ausgesprochen habe, wird man es verstehen, wenn ich hier diese Einrichtung nicht belobe, sondern vielmehr dartun möchte, weshalb ich — im Einklang mit der amerikanischen Praxis — als Apparatenbauer gegen

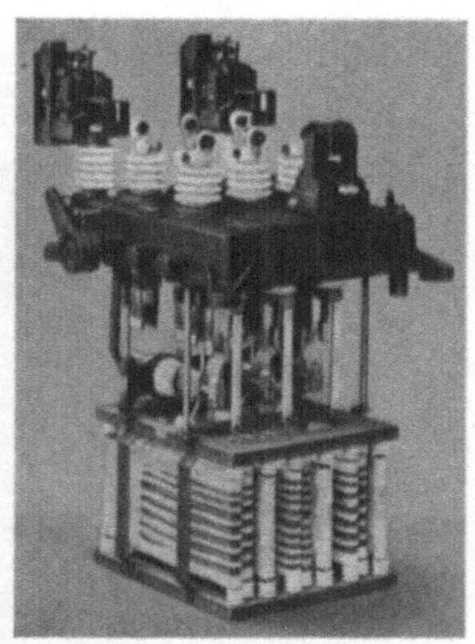

Abb. 214. Ölschalter 3 kV mit Vorkontakt SSW. — Widerstand fest im Kessel, etwa 1911.

diese Ausführung Stellung genommen habe. Es ist die ganz nüchterne Vorsicht Der Ölschalter ist ein Sicherheitsapparat — soll man ihn sich dadurch verkümmern lassen, daß man ihm eine an sich fremde Aufgabe zuschiebt, die man besser auch noch auf andere

Weise lösen kann? So schlimm ist es nicht mit der Überspannung bei Schaltvorgängen, daß man sie nicht mit guter Isolation bewältigen könnte, auch mit der mechanischen Befestigung der Spulen sollte man bei der Maschinen- und Transformatorenkonstruktion wohl noch fertig werden können. Weshalb sollte man sich da den Not- und Rettungsanker verschlechtern? Denn eine Verschlechterung des Schalters ist es allemal, wenn man ihn im Innern mit Teilen beschwert, die für sich wieder allerhand Störungsmöglichkeiten bieten und die also die bereits vorhandene Gefahrenquote des Apparates unliebsam vermehren.

Abb. 215. Drei Abzweige — eine Phase — nach Kübler. Umspannwerk der Zentrale Gröba i. Sa. 1910.

In der Ausgestaltung größerer Hochspannungsschaltanlagen war der zellenmäßige Ausbau allgemein üblich geworden, wobei die Ölschalter in hängender Anordnung oder einfahrbar verwendet wurden. Einer in elektrischer Beziehung besonders originellen Anordnung aus dieser Zeit (1910) mag noch gedacht werden, nämlich der Einrichtung der fünf Umspannwerke der Zentrale Gröba in Sachsen (60/15 kV), bei denen ein neues Sicherungssystem für Hochspannung zur Anwendung kam, das von Professor Kübler in Dresden herrührte. Kübler wollte die Sicherheit einer dreiphasigen Anlage dadurch verbessern, daß die drei Phasen getrennt gehalten wurden, und daß man anstatt der üblichen geerdeten Stelle zwischen den Phasen Isolation anwendete.

Abb. 216. Schaltanlage in einem Umspannwerk der Zentrale Gröba i. Sa. 1910.

Zu diesem Zweck wurden die einzelnen einphasigen Schalter isoliert zwischen Durowänden aufgehängt (Abb. 215) und man legte die Einzelschalter alle Stromkreise einer Phase nebeneinander, so daß also entsprechend den drei Phasen drei Gruppen von Einzelschaltern entstanden. Die Bedienung der isolierten Schalter wäre nun für eine geerdete Person besonders gefährlich gewesen, als notwendige Folge des Grundgedankens mußte also ein wohl isolierter Bedienungsgang angebracht werden (Abb. 216). Daraus ergab sich weiterhin die merkwürdige Tatsache, daß eine auf dem Isoliergang stehende Person nicht nur den isolierten Schalter, sondern auch die spannungsführende Leitung ohne Gefahr anfassen konnte. Freilich erhielt man schon an den Handrädern der Ölschalter infolge statischer Ladung bei der Berührung Funken von etwa 3 cm Länge und ein Anfassen der Leitungen war noch weniger angenehm — aber eine eigentliche Gefahr war doch nicht vorhanden. Die einphasigen Ölschalter waren an sich normal, aber es war ein Übelstand, daß man die drei Phasenschalter einzeln bedienen mußte, denn gekuppelt konnten die drei Schalter eines Stromkreises ja nicht werden. Auch war nicht zu verkennen, daß durch diese ganze Sicherheitseinrichtung eine Art Verwöhnung des Personals in bezug auf die übliche Vorsicht gegenüber der Hochspannung eintrat, was sich unangenehm bemerkbar machte, wenn man die Leute einmal in einer normalen Anlage brauchte. — Die Anlage Gröba wurde als interessantes Experiment damals viel besprochen, aber man hat sie doch nicht nachgeahmt — trotz des an sich bestechenden Grundgedankens waren der berechtigten Bedenken zu viele.

XI.

Hohe Spannungen.

Es ist inzwischen Zeit, sich danach umzusehen, was in den Jahren seit 1903 die Amerikaner in der Ausgestaltung der Hochspannungsschalter unternommen haben. Man war ja bereits frühzeitig wohl versehen, gab es doch, wie wir gesehen haben, vortreffliche Konstruktionen, die als Hochleistungsschalter für Zentralen und solche, die als Handschalter für kleinere Stationen und für Konsumenten anzusprechen waren. Neue Aufgaben bot eigentlich nur die allmählich aufkommende Verwendung höherer Spannungen. Im übrigen blieb man im wesentlichen bei den vorhandenen Typen, und manche erfolgreiche ausländische Neuerung, wie z. B. unsere Schaltkasten für Hochspannung, fanden in Amerika keine Beachtung.

Ein gutes Beispiel für die Weiterbildung der vorhandenen Konstruktionen bietet der in Kap. 7, S. 80, beschriebene Zentralenschalter der Gen.El. Aus Abb. 217 — darstellend einige Ölschalter in einer im Jahre 1904 errichteten Schaltanlage für die „Underground rapid transit" von New York City — erkennt man, daß zwar der Ölschalter selbst gegenüber der früheren Ausführung nicht merkbar verändert ist, dagegen erscheint der elektrische Antrieb des Apparates in einer anderen Form, die allerdings seitdem keine erheblichen Veränderungen mehr erfahren hat. Wir legen deshalb der nachfolgenden Beschreibung dieses elektrischen Antriebes eine moderne Ausführung desselben (aus dem

Jahre 1922) zugrunde. — Wie früher arbeitet ein Hauptstrommotor über eine magnetische Kupplung mittels eines Schneckenantriebes mit

Ratsche auf die Schalterwelle, die den Schalter mit je einer halben Drehung in gleicher Richtung für „Ein" und für „Aus" betätigt. Die Kurbel der Schalterwelle wirkt durch ihre Pleuelstange auf eine Evanssche Geradführung (Abb. 218), die durch ein aufgesetztes Parallelogramm verlängert ist, um bei sonst gedrängter Bauart den erforderlichen Hub für die drei Schaltstangen zu bewirken. Diese sind durch eine seitlich auf Pendelstützen gelagerte Schwinge miteinander gekuppelt und stehen unter der Wirkung von starken Torsionsfedern, die den Schalter ausbalancieren und die Ausschaltung beschleunigen (Abb. 219). Die Pufferfedern für die Endstellungen sind in dem säulenartigen Doppelgestell untergebracht, worin auch der Gegenlenker für die Gerad-

Abb. 217.
Antrieb des Ölschalters der Gen. El. 1904.

führung gelagert ist. Die Pufferfedern unterstützen den Anfang der Bewegung, da sie den Schalter in den Endlagen ein wenig über den Tot-

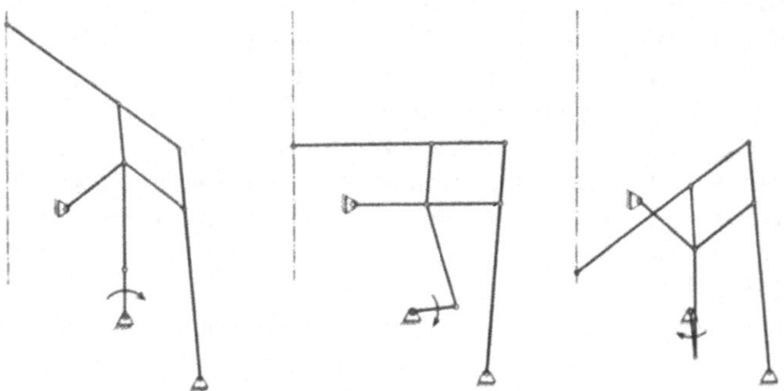

Abb. 218. Geradführung des Schalters der Gen. El. 1904.

punkt der Kurbel gespannt halten. In jeder Endlage wird die Schalterwelle an dem zweiarmigen Hebel p (Abb. 220) durch den Arm r gesperrt, der selbst wieder durch eine (in der Abbildung nicht sichtbare) Kniehebelsperrung festgehalten wird, die, wie bei den amerikanischen

Apparaten üblich, die Stelle einer Verklinkung vertritt. An Hand
der Abb. 220 und des Schemas Abb. 221
ist die Aufeinanderfolge der einzelnen
Vorgänge bei einer Schaltung gut zu
übersehen. Durch die Kontaktgabe für
„Ein" oder „Aus" wird in jedem Fall
zunächst ein Springer erregt, der den
Kniehebel der Schaltersperrung löst und
damit den Schalter freigibt, zugleich
schaltet er einen Sicherheitsschalter ein,
der den Motor einschaltet. Im folgenden
nehmen wir an, daß das Kommando
„ein" gegeben wurde. Der Sicherheitsschalter wird alsbald von einem von der

Abb. 219. Motorantrieb des Schalters
der Gen. El. 1904.

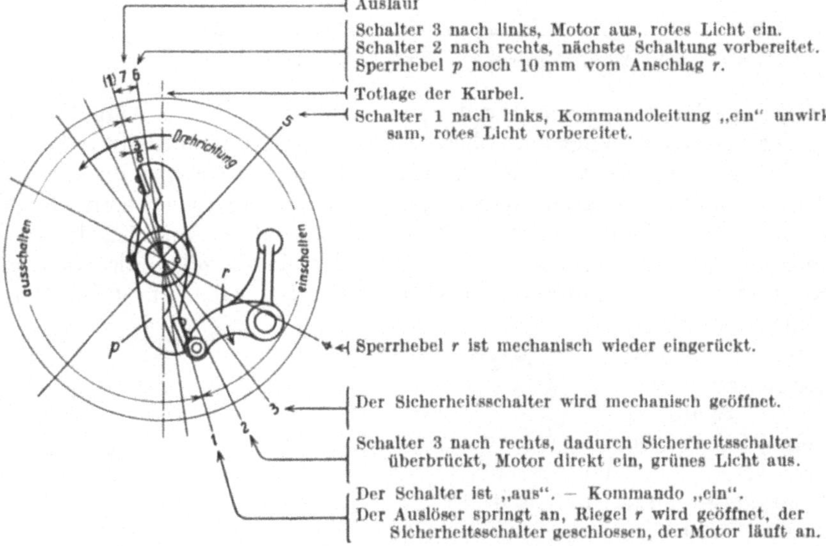

Abb. 220. Winkelverteilung beim Einschalten des Schalters der Gen. El.

Schalterwelle bewegten Steuerschalter (Motor Switch 3) überbrückt
und bei der Weiterbewegung mechanisch wieder abgeschaltet. Auch

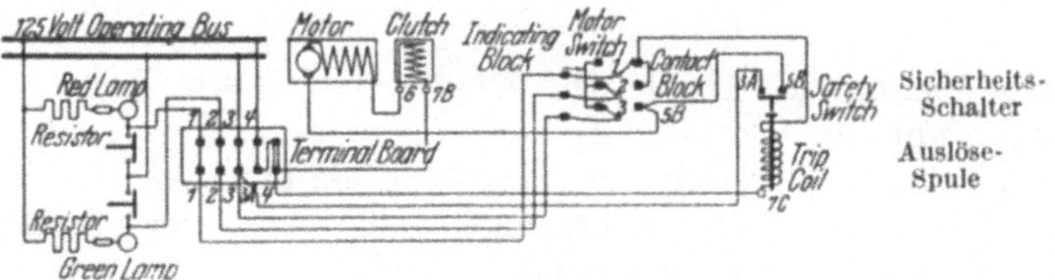

Kupplung   Motor-Schalter
d. h. von der Motorwelle bewegte Schützen.
Abb. 221. Schema des Antriebs des Ölschalters der Gen. El. (Schalter „aus".)

der Springer wird mechanisch zurückgeführt und die Kniehebelsperrung nebst dem Sperrarm r von der Schalterwelle aus ebenfalls durch
Nocken wieder in die Sperrstellung zurückgedrückt. Gegen Ende des

Schaltweges schaltet der Umschalter 1 um, er macht dadurch die Kommandoleitung für „ein" unwirksam und ganz kurz vor Ende wird der Schalter 3 wieder umgestellt, wodurch der Motor abgeschaltet und die rote Lampe eingeschaltet wird. Zugleich schaltet auch 2 um, wodurch die nächste Schaltung (aus) vorbereitet wird. — Wir haben hier den veränderten elektrischen Antrieb des Schalters der Gen. El. etwas eingehender besprochen, weil diese Apparate eine außerordentliche Ver-

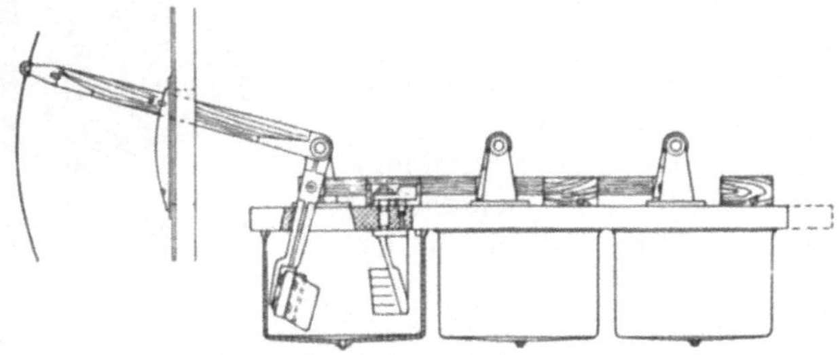

Abb. 222. Ölschalter 1000 A. 4 kV. Stanley El. Man. Co. 1902.

breitung erlangt haben und weil sie auch durch zahlreiche Abbildungen in der Literatur wenigstens oberflächlich bekannt geworden sind.

Die Stanley Electric Manufacturing Comp., eine Firma im Westen der Vereinigten Staaten, deren Röhrensicherungen wir bereits S. 14 kennengelernt haben, hatte 1902 einen Ölschalter Abb. 222 herausgebracht, der eine eigenartige Bewegung der Messer zeigt, die von den Kontakten aus horizontal durchs Öl wegbewegt wurden. Im Jahre 1904 führte diese Firma einen Ölschalter für die damals sehr hohe Spannung von 40 kV aus, bei der auch eine horizontale Kontaktbewegung, freilich in anderer Form, angewendet war. Bei diesem Apparat (Abb. 223) geschieht nämlich die Entfernung der Kontaktmesser von den feststehenden Kontakten durch Drehung in einer horizontalen Ebene. Die

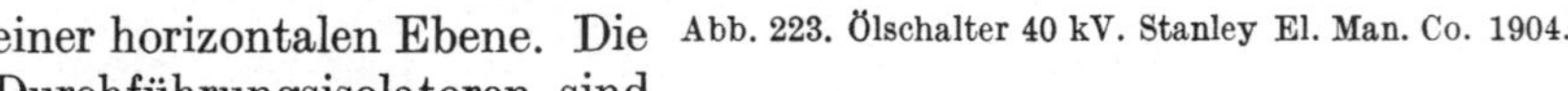

Abb. 223. Ölschalter 40 kV. Stanley El. Man. Co. 1904.

Durchführungsisolatoren sind zum Teil mit Öl gefüllt. Die Konstruktion der feststehenden Kontakte ist, wie die Abbildung erkennen läßt, sehr sorgsam durchgeführt, das Kontaktmesser ist an einem Isolator befestigt, der in der Mitte des Deckels senkrecht drehbar gelagert ist und durch eine horizontale Kurbel angetrieben wird. Der Umstand, daß das Messer im Öl in einer horizontalen Ebene bewegt wird, hat natürlich den großen Vorteil, daß die Gasblase sich auf eine größere Fläche verteilt. Drei einpolige Schalter dieser Art wurden durch eine Schwinge gekuppelt und in der in

Amerika üblichen Weise in gemauerte Zellen untergebracht. In der Ausführung nach der ersten Beschreibung[1] sind noch manche konstruktive Mängel enthalten, insbesondere die geringe Tiefe der Kontakte unter der Öloberfläche, aber der Konstruktion lag doch ein gesunder neuer Gedanke zugrunde, der von der Firma in den folgenden Jahren weiter entwickelt worden ist.

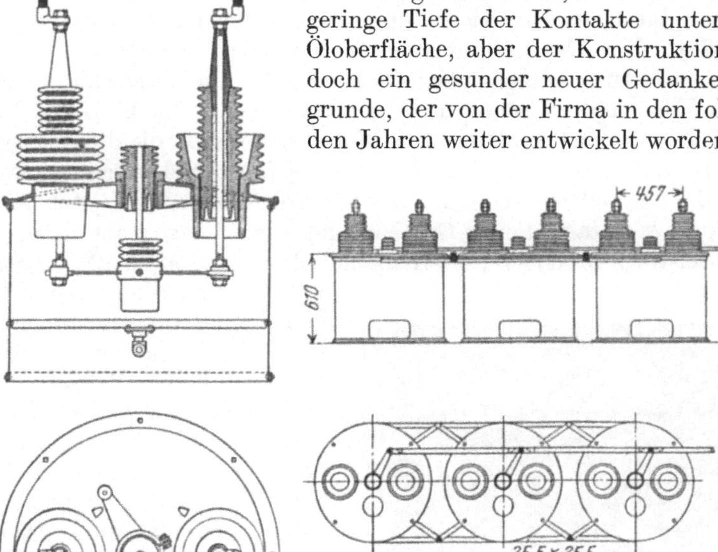

Abb. 224. Ölschalter 60 kV. Stanley El. Man. Co. 1907.

Abb. 224 stellt eine spätere Ausführung dieser Ölschalter dar, wie sie 1907 bei den Anlagen der California Gas- and Electric Corporation (60 kV) angewendet wurden[2].

Einen erheblichen Fortschritt in Richtung des modernen Ölschalterbaues machte um diese Zeit die Westgh. mit ihrem 60 kV-Schalter 1905 (Abb. 225). Die Kontaktbewegung war dieselbe wie früher, in jedem Topf wurde eine zweifache Unterbrechung mit großem Abschaltweg senkrecht nach unten bewirkt. Insofern bot der Apparat also nichts Neues, aber es ist doch recht bemerkenswert, daß

Abb. 225. Ölschalter 60 kV. Westgh. 1905.

man auf die früheren Grundsätze, Isolation des Topfes und möglichst

---

[1] El. World 1904 I, S. 996.   [2] ETZ 1909, S. 113.

geringe Ölmenge, verzichtet hatte. Jeder Kessel hatte einen Ölinhalt von
750 l und eine Ausfütterung mit einer isolierenden Leinenpappe. Der
Hub der Kontaktbrücke betrug 42,5 cm. Der elektromagnetische Antrieb
geschah durch einen kräftigen Zugmagnet, der bei der Einschaltung 5 kW
brauchte. Die Abschaltung geschah durch das Gewicht des bewegten
Teiles, der Auslösemagnet benötigte 0,3 kW. Die Überschlagspannung
gegen Erde und zwischen den Klemmen betrug 150 kV. Die Durchführungen waren Porzellanrohre mit weiter Seele, in die die Zuleitungen
mittels starker isolierter Kabel hinuntergeführt und vergossen waren[1].
Von der Bestellerin, nämlich der Ontario Power Co. (jetzt Niagara
Lockport & Ontario Power Co., Buffalo) war seinerzeit als normale Ab-
schaltleistung 45 000 kW, als Kurzschlußleistung 150 000 kW angegeben

Abb. 226. Ölschalter 60 kV, Gen. El. 1906.

worden, und die Schalter haben
den Anforderungen durchaus genügt. Sie sind dort jetzt noch
für Abzweige in Betrieb.

Die im Anfang dieses Kapitels
beschriebene Art des Fernantrie-
bes ist auch bei dem 60 kV-Schalter der Gen.El. aus dem Jahre
1906 angewendet, wie aus Abb. 226
zu erkennen ist. Bei diesem
Apparat hat man die durch die
hohe Spannung gegebene Isola-
tionsschwierigkeit auf eine recht
merkwürdige Art überwunden.
Die beiden Öltöpfe einer Phase
sind nämlich nicht mehr wie
früher auf Durchführungsisolatoren aufgestellt, sondern die

Töpfe sind Holzfässer, die in einem Holzrahmen aufgehängt sind,
der von vier schrägen Holzstangen mit starken Porzellanisolatoren
getragen wird. Die Zuleitungen sind unten an die beiden Kontakte
der frei herabhängenden Holztöpfe herangeführt, und da im aus-
geschalteten Zustand die Isolation der Kontakte gegeneinander im
wesentlichen von den beiden mit Öl gefüllten und getränkten Holz-
fässern erbracht wurde, so mag sie wohl besser gewesen sein als man zunächst annehmen möchte. — Die Abbildung zeigt solche Schalter in der
Pinava Plant (1906) der Winnipeg Electric Co. (Kanada)[2], wo sie in dem
älteren Teil der Anlage noch bis Anfang 1929 in Gebrauch waren.
Zuletzt betrug die Gesamtleistnng etwa 220 000 kVA, aber nur einmal
hat ein solcher Schalter völlig versagt, sodaß eine erhebliche Störung
entstand. Sonst unterbrachen sie auch˙ schwere Kurzschlüsse mit
Sicherheit, wobei allerdings die Holztöpfe Öl ausbliesen. Auch konnte
dann der Schalter zuweilen nicht wieder eingeschaltet werden, weil
die Kontakte in den Töpfen verschmort waren.

<hr>

[1] El. World 1906 I, S. 170.   [2] El. World 1906 I, S. 1293.

Bei der zuletzt betrachteten Ölschalterkonstruktion der Gen.El. war die Schwierigkeit der Durchführungen für hohe Spannung zunächst in einer etwas behelfsmäßigen Weise umgangen. Aber man hat doch bei der Gen.El. in der nächsten Zeit nicht geruht in dem Bestreben, der Schwierigkeiten in der Konstruktion einer guten Durchführung für hohe Spannung Herr zu werden, und einige Jahre später (1909) finden wir bei dieser Firma schon Porzellandurchführungen für sehr hohe Spannung, die die wichtigsten modernen Konstruktionsmerkmale deutlich erkennen lassen. Die Grundform war ein doppelkonischer Hohlkörper, der von einem mittleren geerdeten Flanschteil aus durch aufeinander geschichtete abgestufte Porzellanringe gebildet wurde (Abb. 227). Zur Dichtung der Porzellanringe dienten zwischengefügte größere Scheiben aus Isolationsmaterial, die auch die Isolation verstärken sollten. Der Bolzen oder ein darübergeschobenes Metallrohr zur Vergrößerung des Durchmessers war stark durch Papier isoliert. Der innere Hohlraum wurde durch eingeschobene Isolierrohre in mehrere konzentrische Abteilungen zerlegt und mit einer Kompoundmasse ausgegossen, die im kalten Zustand eine salbenartige Beschaffenheit hatte. Das Ganze wurde an den Enden mittels geeigneter Metallteile von dem durchgehenden Bolzen zusammengehalten, und oben über die Anschlußteile wurde nach Bedarf eine Blechkugel als Strahlungsschutz geschoben. Dieser Aufbau der Durchführungen, ausgehend von dem geerdeten Zwischenteil, hat sich besonders für sehr hohe Spannungen als von großer Bedeutung erwiesen, da hierdurch die ungünstige Beanspruchung einteiliger Durchführungen an dem geerdeten Flanschring vermieden wird. Man kann wohl sagen, daß es nur durch diese Teilung möglich geworden ist, Porzellandurchführungen herzustellen, die für sehr hohe Spannungen ähnlich günstige Eigenschaften aufweisen wie die Nagelsche Kondensatordurchführung.

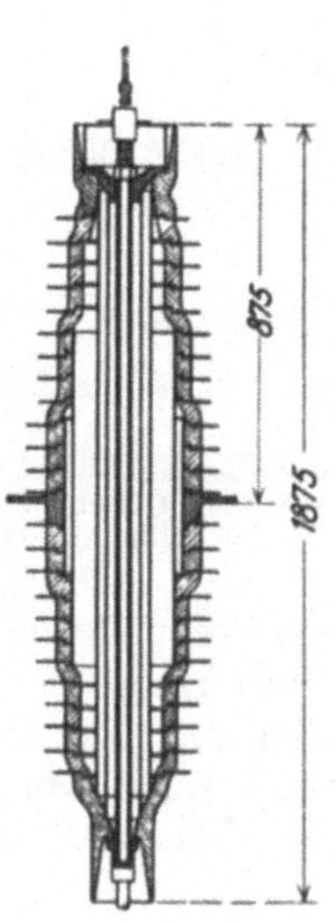

Abb. 227. Durchführung 110 kV. Gen. El. 1910.

In dieselbe Zeit, in der man sich bei der Gen.El. so sehr um die Verbesserung der Durchführungen bemühte, fällt auch bei dieser Firma die Erfindung einer Einrichtung, die bei vielen modernen Ölschalterkonstruktionen eine weitgehende Anwendung gefunden hat, nämlich die Erfindung der Löschkammer im Jahre 1908 durch J. D. Hilliard und Ch. E. Parson[1]. Als Zweck der Einrichtung wird in der Patentschrift angegeben, daß zur Löschung des sich bildenden Lichtbogens aus der Löschkammer ein Ölstrahl in den Lichtbogen geleitet wird. Der Unterbrechungskontakt befindet sich unter Öl in einem besonderen Gefäß, der Löschkammer, das auf der unteren Seite eine Öffnung zum Durchtritt des bewegten Kontaktes hat (Abb. 228). Die Unterbrechung geht also zunächst in der Löschkammer vor sich, wo naturgemäß durch die Ver-

---

[1] D.R.P. Nr. 211074 vom 12. Mai 1908.

dampfung des Öles ein beträchtlicher Druck entsteht, der bewirkt, daß das noch in der Löschkammer vorhandene Öl mit großer Gewalt in die Bahn des nach unten wegziehenden Kontaktes herausgepreßt wird. Die günstige Wirkung der Einrichtung, die in der Abbildung in der ersten Form dargestellt ist und die inzwischen vielfach abgeändert und verbessert wurde, äußerte sich in einer Verkürzung der Lichtbogenzeit, wie oszillographisch nachgewiesen werden kann.

Die Gen.El. hat bei ihrer Konstruktion alsbald von der Löschkammer Gebrauch gemacht und sie auch bereits bei der ersten Konstruktion eines 100 kV-Schalters — für

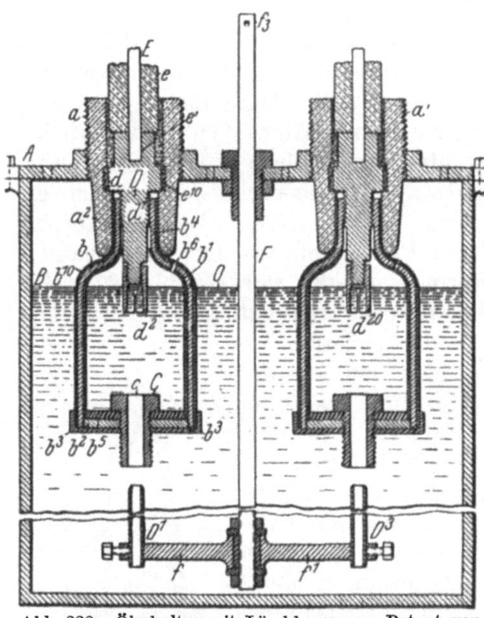

Abb. 228. Ölschalter mit Löschkammern, Patent von Hilliard und Parson. Gen. El. 1908.

die Great Western Power Co. in Croville, Kalifornien — im Jahre 1909 verwendet[1]. Die Konstruktion des Apparates zeigt Abb. 229. Man war dabei auf den nicht gerade glücklichen Ge-

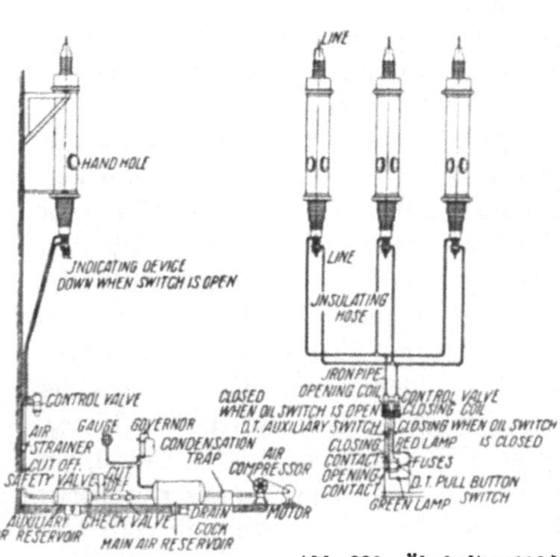

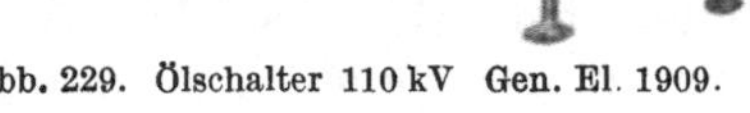

Abb. 229. Ölschalter 110 kV Gen. El. 1909.

---

[1] El. World 1909, S. 658.

danken gekommen, nur eine einfache Unterbrechung je Phase zu verwenden, wodurch sich die langgestreckte röhrenartige Form des Einzelschalters ergab. Aber in den Einzelheiten der Konstruktion sind doch die außerordentlichen Fortschritte, die in dieser Zeit gemacht wurden, deutlich erkennbar. Abgesehen von der Anwendung der Löschkammer, zeigten namentlich die Durchführungen schon die neue Ausführung. Der Antrieb des Schalters geschah durch Druckluft, der untere Isolator enthält einen Zylinder mit Kolben, der den Kontaktstab bewegt, die Luft wird hierbei durch zwei lange Gummischläuche am unteren Teil des unteren Isolators zugeführt. Die Luftventile für die Bewegung der Kolben wurden elektromagnetisch gesteuert, die elektrische Steuerung des Apparates geschah durch 250 Volt Gleichstrom.

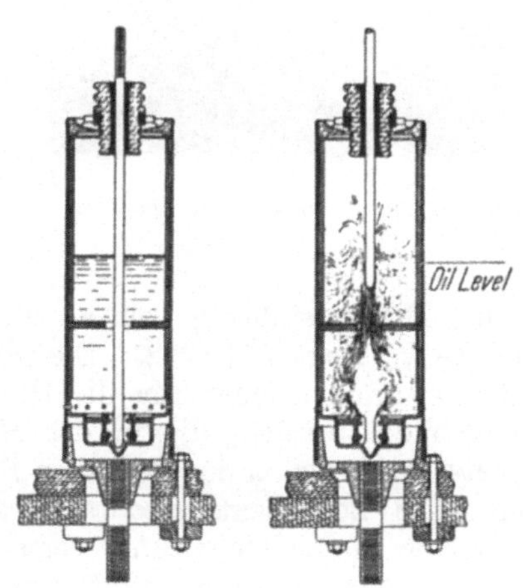

Abb. 230. Öltopf des Schalters der Gen. El. 1910.

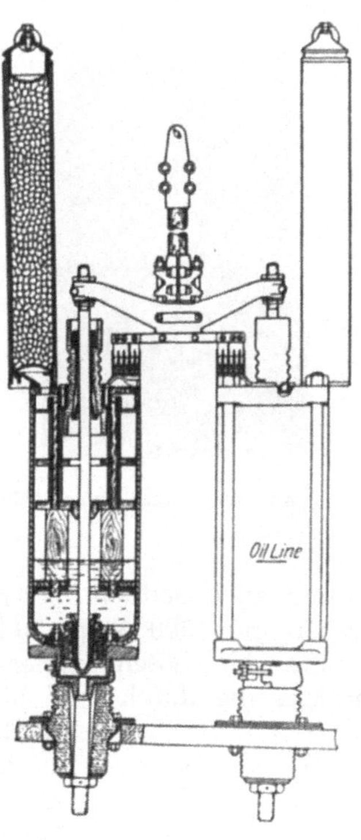

Abb. 231. Neuere Ausführung des Ölschalters mit Ölabscheider. Gen. El.

Eine recht geschickte Anwendung der Löschkammeridee hat man 1910 bei der Gen. El. an den normalen 6 Topfschaltern gemacht, deren Antrieb wir zu Anfang dieses Kapitels besprochen haben. In den Topf wurde innerhalb des Öls eine horizontale Scheidewand eingezogen (Abb. 230), die nur eine Austrittsöffnung für den Stiftkontakt hatte. Der untere Raum wurde dadurch zu einer Art Löschkammer[1]. Später hat man in dem Raum über dem Öl noch eine zweite und dritte Querwand angebracht mit Öffnungen am Rande, so daß das verdampfte und zerstäubte Öl mehr Gelegenheit hatte, sich im Topf selbst abzusetzen. Bei den neueren Ausführungen läßt man den aus dem Topf oben ausgeblasenen Dunst durch ein mit Quarzstückchen gefülltes Rohr streichen

---

[1] Bericht von Hewlett in den Proceedings 1910, S. 1756.

(Abb. 231), in dem sich das Öl abscheiden soll, um wieder in den Topf zurückzufließen.

Wie bereits früher erwähnt, stand die AEG. mit der Gen.El. in einem freundschaftlichen Austauschverhältnis. Die AEG. übernahm daher im Jahre 1912 von dort die Einrichtung der Löschkammer und hat sie für Schalter großer

Abb. 232. Ölschalter der AEG. mit Löschkammer. Ölkessel nach Matthias.

Leistung auch seitdem beibehalten. Die Ausführung eines solchen Schalters für 1500 Amp. 30 kV (Serie V) zeigt Abb. 232. Die Stiftkontakte der Löschkammer sind die Funkenzieher für die Hauptkontakte, die durch zwei Messer gebildet werden, die in der Höhe etwas versetzt sind, um in der Breite an Platz zu sparen. Die Löschkammerkontakte sind noch mit einer Momentschaltung versehen; beim Ausschalten wird der Kontakt entgegen einer Feder zunächst durch die Reibung etwas zurückgehalten, dann aber durch einen Anschlag mitgenommen. Dieser Schalter zeigt noch eine andere Besonderheit zur Minderung der Explosionsgefahr, nämlich seitliche Öltaschen, die 1911 von Matthias vorgeschlagen waren. Der Grundgedanke der Anordnung wird aus der schematischen Skizze Abb. 233 verständlich. Matthias wollte verhindern, daß die beim Schalten entstehende Gasblase Gelegenheit fände, sich mit der Außenluft zu vermischen und dadurch ein explosibles Gemisch zu bilden. Der Raum über dem eigentlichen Schalter wurde deshalb gegen den Deckel luftdicht verschlossen und ganz mit Öl gefüllt; die Möglichkeit eines Druckausgleichs wurde dadurch geschaffen, daß mit dem eigentlichen

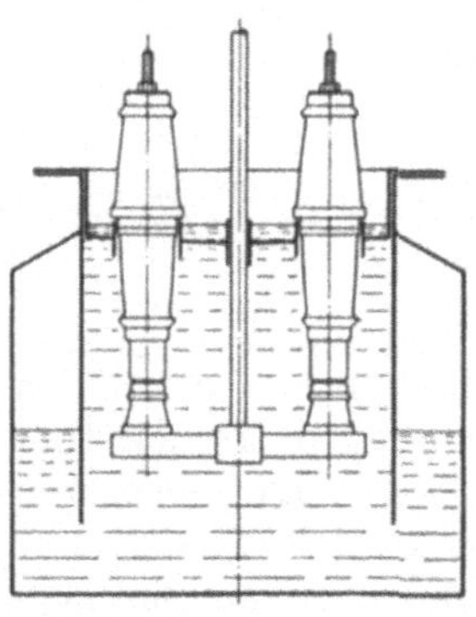

Abb. 233. Ölschalteranordnung nach Matthias. AEG 1913.

Schaltraum kommunizierend zwei seitliche Öltaschen angeordnet wurden, in denen der Ölspiegel erheblich niedriger stand[1].

Die Westgh. hatte, wie wir gesehen haben, die einfache Grundform des modernen Dreikesselschalters für hohe Spannungen bereits 1905 mit ihrem 60 kV-Schalter ausgeführt (s. S. 159). Anfang 1909 übernahm sie grundsätzlich die Nagelsche Kondensatordurchführung für hohe Spannungen[2] und hat diese Art der Durchführung alsbald für alle vorkommenden Verwendungen durchgebildet (Abb. 234). Das äußere Aussehen der Hochspannungsschalter der Westgh. wird seitdem wesentlich durch die Kondensatordurchführung gekennzeichnet. Abb. 235 a u. b zeigt einen Schalter für 110 kV in der Ausführung, wie sie 1909 für die Hydro Electric Power Commission of Ontario geliefert wurde. Der Schalter hat zweifache Unterbrechung je Phase mit sehr großem Ausschaltweg. Der Hub des bewegten Teiles beträgt 58 cm, der totale Unterbrechungsweg im Öl also über 1 m je Phase. Der große Hub wird durch die Evanssche Geradführung — gemäß der Bewegungsskizze — hervorgebracht.

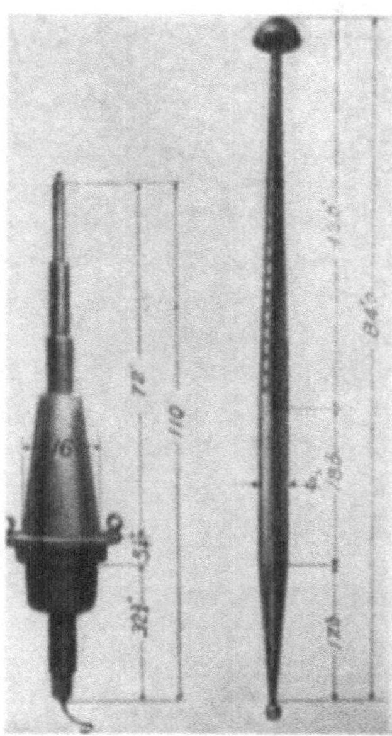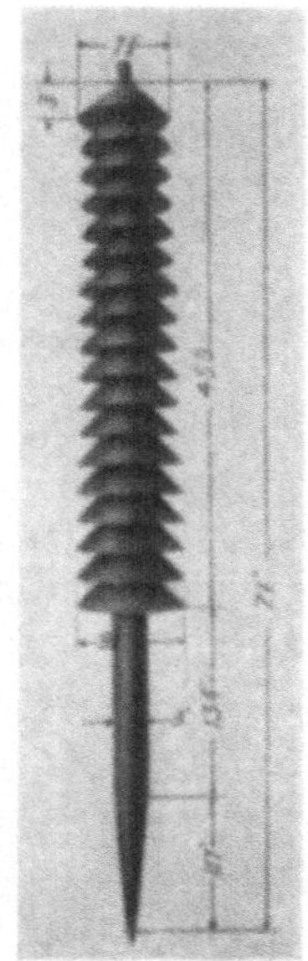

Trocken belastet 1 min. mit 200 kV.

Bei Regen belastet 1 min. mit 150 kV, zerstört bei 200 kV.

Abb. 234. Condensator-Durchführungen nach Nagel hergestellt von der Westgh. 1908.

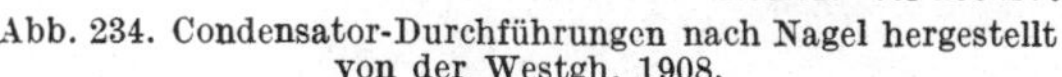

Abb. 235 a. Ölschalter 110 kV. Westgh. 1909.

---

[1] D.R.P. Nr. 257687; siehe auch ETZ 1913, S. 1011. — Über die Löschkammerschalter der AEG. siehe Dr. G. Stern u. J. Biermanns: Ölschalterversuche. ETZ 1916, S. 617.

[2] Bericht von Reynders. Proceedings 1909, S. 242.

Die drei Schalter sind durch eine horizontale Schwinge gekuppelt und werden durch einen davorgesetzten Elektromagneten eingeschaltet[1].

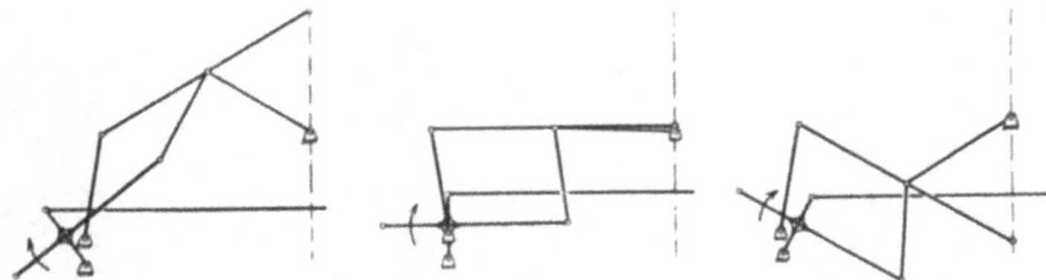

Abb. 235b.   Geradführung des kV Schalters des Westgh. 1909.

Auch die Gen.El. ist natürlich bei ihrer ersten Konstruktion von 110 kV-Schaltern (S. 162) nicht lange stehengeblieben, sondern sie hat den Schalter alsbald ebenfalls in die moderne Form eines Dreitopfschalters mit zweifacher Unterbrechung je Pol gebracht. Abb. 236 zeigt ne Ausführung für 140 kV[2]. Diese chalter gelangten 1911 in Zil-

a

b

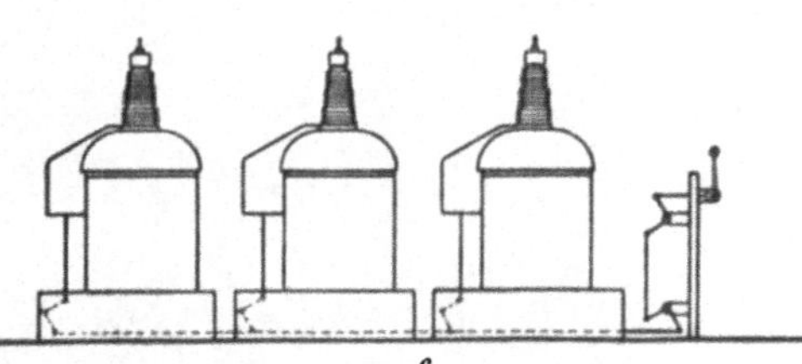

c

Abb. 236 a, b, c. Ölschalter 140 kV. Gen. El. 1911.

waukee zur Aufstellung, sie hatten nur Handantrieb und dienten zum Zu- und Abschalten von 9000 kW-Transformatoren. Der Hub betrug 45 cm. Der Antrieb der einzelnen Schalter geschah von einer unter den drei Kesseln hergeführten Schwinge aus gemäß der kleinen Skizze. Diese Art des Antriebes wurde aber bald aufgegeben und die Schwinge

---

[1] El. World 1909 II, S. 1536.   [2] El. World 1912 I, S. 797.

über die drei Kessel verlegt (Abb. 237 [1913]). Wie die Bewegungsskizze zeigt, ist die Geradführung hier etwas weniger einfach.

Um die Zeit, als sich in Amerika die Verwendung hoher Spannungen Bahn brach, hat man dort auch angefangen, die Schaltanlagen als Freiluftanlagen auszubilden. Bei den für die hohe Spannung notwendigen Abständen der spannungführenden Teile wurden die Gebäudekosten sehr hoch, insbesondere da die großen Wasserkraftwerke und Umformerstationen vielfach in entlegenen Gegenden errichtet werden mußten. Hinzu

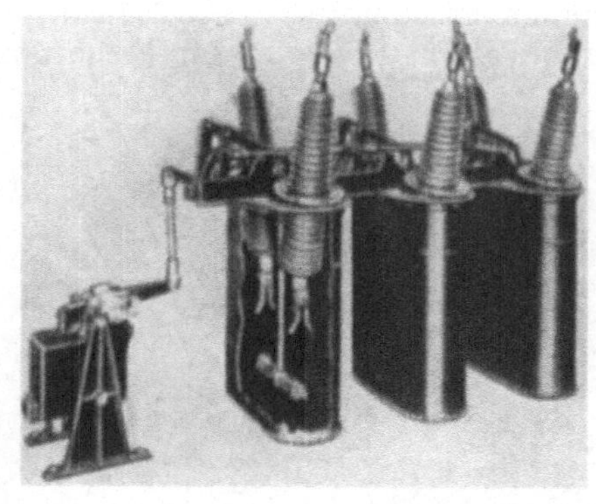

a

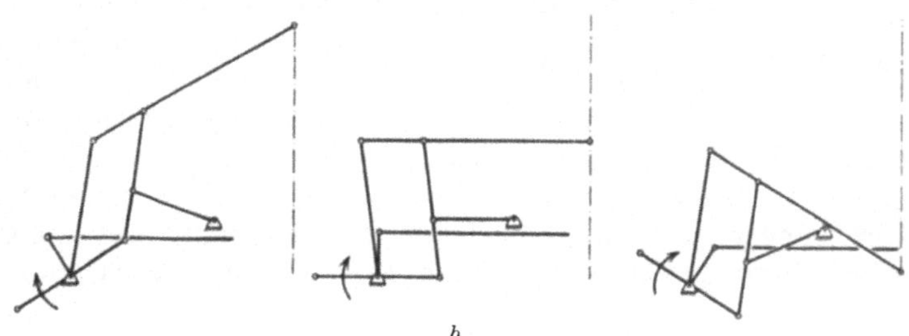

b

Abb. 237 a, b. Ölschalterantrieb Gen. El. 1913.

kam noch die in Amerika alsbald erkannte Notwendigkeit, der wachsenden Leistung entsprechend die Transportspannung einer vorhandenen Anlage zu steigern. Bei einem solchen Umbau einer Schaltanlage für eine höhere Spannung war ein Gebäude ein störendes Hindernis, während der Umbau einer Freiluftanlage viel weniger schwierig und kostspielig war. Die ersten Freiluftanlagen in Amerika stammen etwa aus dem Jahre 1905. Sie waren noch keineswegs vollständig, d. h. man setzte zunächst nur die Überspannungsschutzeinrichtungen mit ihren zugehörigen Trennschaltern, ferner auch die Sammelschienen mit ihren Trennschaltern ins Freie, während die Ölschalter und Transformatoren noch in Gebäuden unter-

Abb. 238 a. Ölschalter 80 kV für Freiluftanlagen Westgh. 1911.

gebracht waren[1]. Aber bald wurden auch diese Apparate für die Ver-

[1] ETZ 1911, S. 444.

wendung im Freien entsprechend gebaut, und schon in den Jahren 1910 und 1911 gab es in Amerika große vollkommen durchgeführte Freiluftanlagen, bei denen auch die Ölschalter und Transformatoren im Freien standen. Abb. 238a u. b zeigt einen Ölschalter für 88 kV der Westgh. 1911, der für Freiluftanlagen eingerichtet ist, sowie eine kleine damit ausgerüstete Station. Abb. 239 gibt einen Einblick in eine 1912 errichtete Freiluftanlage in Gadsden (110 kV)[1]. Eine nicht unerhebliche Schwierigkeit bot anfangs die Gefahr des Gefrierens des Öles bei den Freiluftanlagen. Man half sich durch sorgfältige Auswahl des Öles oder durch elektrische Heizeinrichtungen in den Ölkesseln.

Abb. 238 b. Kleine Freiluftstation 80 kV. Westgh. 1911.

Die Ausbildung der Freiluftanlagen führte in Amerika zur Anwendung von Freiluft-Hebel- und Hörnerschalter, da der Gebrauch von Ölschaltern die Freiluftanlagen wesentlich verteuerte und man für kleinere Leistungen bei höherer Spannung mit geeigneten Freiluftschaltern gut auskam. Eine 1913 in San Bernardino ange-

Abb. 239. Freiluftstation 110 kV in Gadsden, Alabama, 1912.

wendete Konstruktion[2] hat feststehende Hörner, daneben sind Trennschaltermesser angeordnet, so daß bei der Schaltbewegung des Messers der Lichtbogen von den Hörnern übernommen wird. Die Bewegung der Messer geschieht bei den 60 kV-Apparaten (Abb. 240) durch Pendelstützen. Die Schalter für 150 kV (Abb. 241) zeigen eine andere

---

[1] El. World 1913 II, S. 1313.   [2] El. World 1913 II, S. 236.

Antriebsart des Schaltgliedes, die Bewegung erfolgt hier durch wirbel-
artige Drehung (180⁰) des Antriebsisolators (rechts). Die Bewegung
wird von der horizontalen Kurbel des Wirbelisolators durch eine

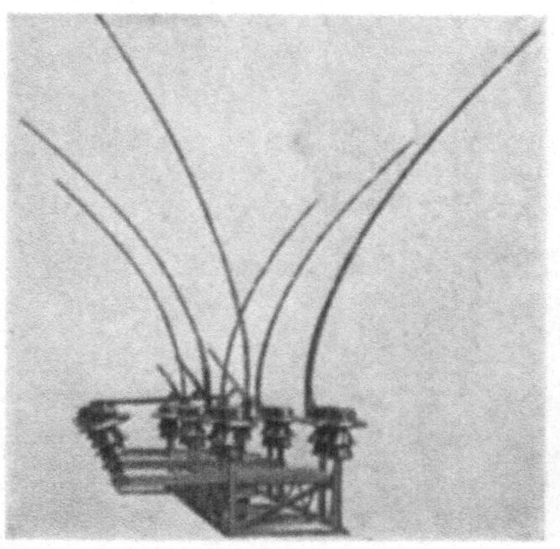

Abb. 240. 60 kV offen.   Abb. 241. 150 kV geschlossen.
Abb. 240 u. 241. Freiluftschalter in San Bernardino. 1913.

entsprechend angelenkte Pleuelstange auf das in senkrechter Ebene
bewegte Schaltglied (das Messer) übertragen. Diese Art der Bewegung
für das Messer ist seitdem für solche Luftschalter für sehr hohe
Spannung häufig ausgeführt
worden.

Die als Trennschalter so sehr
viel ausgeführte drehschalterartige
Anordnung, die sowohl für Innen-
installation, wie für Freiluftanlagen für hohe Spannungen
wohl am meisten gebraucht wird,
war als Freiluft-Trennschalter bereits im Jahre 1907 in Amerika
in Anwendung (Abb. 242[1]). Eine
Freiluftschaltanlage für 110kV in
Koekuk 1913 mit solchen Dreh-
trennschaltern ist in Abb. 243
wiedergegeben[2].

Die Freiluftschaltanlagen wurden allmählich in Amerika außerordentlich beliebt, während man
in Deutschland bis zu dem hier
behandelten Zeitpunkt (1914) diese
Anordnung noch nicht ausgeführt
hatte. Aber die Ausführung der

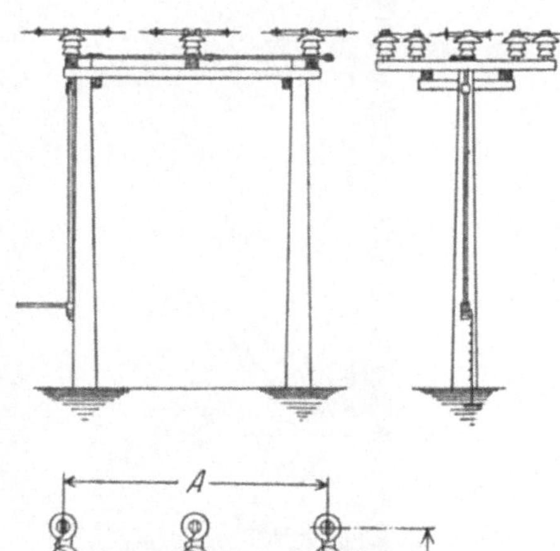

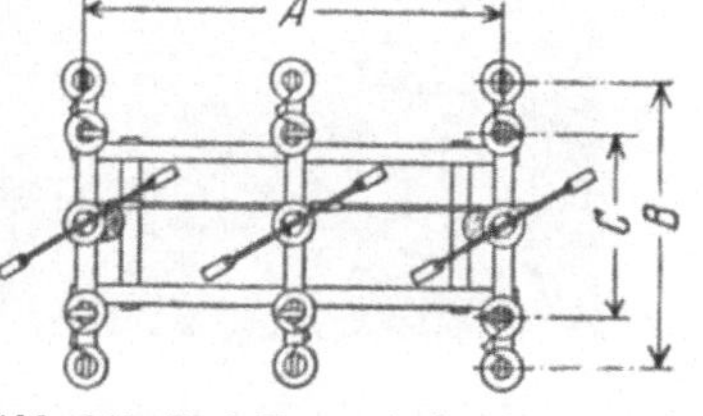

Abb. 242. Dreh-Trennschalter in der Anlage der
California Gas and Electric Corp. 1907.

Freiluftanlagen ist in Amerika doch nicht etwa ganz allgemein ge-

---

[1] ETZ 1909, S. 114.   [2] El. World 1913 I, S. 1164.

worden, und man hat auch für die Unterbringung von großen Schaltanlagen für hohe Spannung in Gebäuden dort geeignete Formen
gefunden. Zumeist wurde die Schaltanlage in einer großen Halle frei

Abb. 243. Freiluftstation in Koekuk 110 kV. 1913.

aufgestellt[1]. Abb. 244 zeigt eine Hallenschaltanlage in Dundas 1911,
ausgerüstet mit Westinghouse-Schaltern 110 kV.

Abb. 244. Hallenschaltanlage 110 kV. in Dundas, Westgh. 1910.

Die Anwendung sehr hoher Spannungen geschah in Deutschland dem
geringeren Bedarf entsprechend langsamer als in Amerika. Immerhin

---

[1] ETZ 1910, S. 1257 (Toronto); El. World 1912 I, S. 139 (Dundas) und an
vielen anderen Stellen.

wurden auch hier im Jahre 1911 bereits 110 kV erreicht. Abb. 245 zeigt einen Schalter für 65 kV von V. & H., wie sie im Jahre 1911 für die Bergwerksgesellschaft La Houve in Lothringen geliefert wurden (Abb. 246). Die Dreitopfschalter waren in hängender Anordnung ausgeführt und hatten je Phase vierfache Unterbrechung. Die Durchführungen waren ungeteilt und nicht ausgegossen, aber der Kupferbolzen war nochmals durch ein kräftiges Pertinaxrohr isoliert.

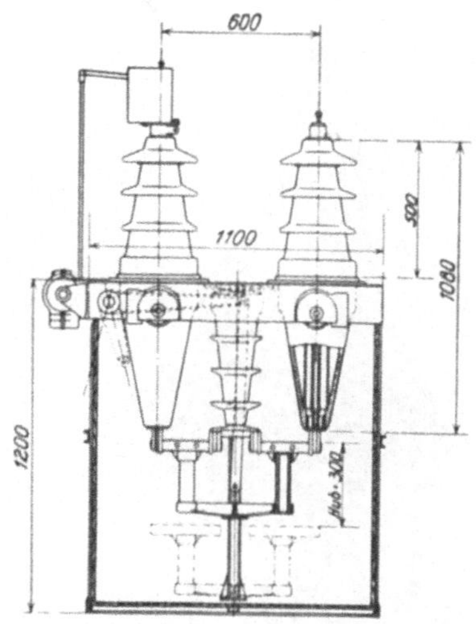

Abb. 245. Ölschalter 65 kV. V. & H. 1911.

Einen Markstein in der Geschichte der deutschen Elektrotechnik bildet die Errichtung der Anlage Lauchhammer für 110 kV im Jahre 1911, deren elektrische Ausrüstung zwischen den beiden Firmen SSW. und AEG. geteilt wurde. Der Ölschalter der SSW. für 110 kV (Abb. 247a u. b) ist ein Dreitopfschalter mit Vorkontakt und sechsfacher Unterbrechung je Phase. Das Schema der Kontaktverbindungen zeigt Abb. 248a, der Widerstand, der unten im Ölkessel angeordnet war, überbrückte das etwas verkürzte mittlere Kontaktpaar. Jeder einzelne der drei Ölschalter wurde durch einen

Abb. 246. Station Chambrey (La Houve) 65 kV, V. & H. 1911.

der von SSW. häufig verwendeten Drehmagnete angetrieben, dessen allgemeine Anordnung aus Abb. 248b zu nen ist. Die Magnetbewegung wurde einen Zahntrieb auf die Ölschalter- übertragen, deren Verdrehung 150⁰ g, außerdem wurde von jedem An- eine Schwinge mitbewegt, wodurch

Abb. 247a. Ölschalter 110 kV.
Lauchhammer, SSW. 1911.

Abb. 247b. Ölschalter 110 kV. Lauchhammer.
SSW. 1911.

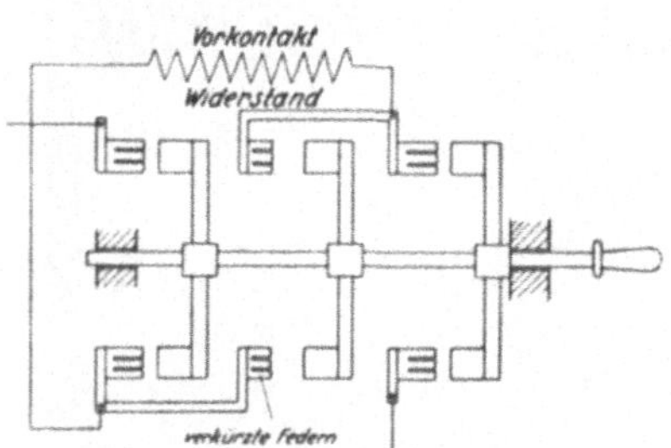

Abb. 248a. Sechsfache Unterbrechung.
Lauchhammer-Schalter SSW.

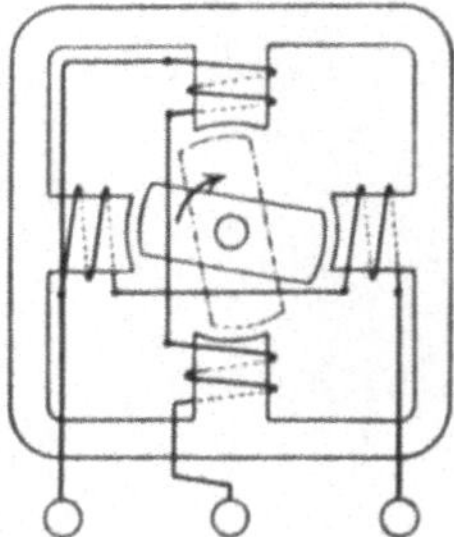

Abb. 248b. Drehmagnet des
Antriebs. Lauchhammer-
Schalter SSW.

die drei Schalter miteinander gekuppelt waren. — Die Durchführungen waren nach dem Kondensatorsystem ausgeführt, die Kontakte auch unter Öl durch Metallkugeln abgeschirmt.

Die von der AEG. für Lauchhammer gelieferten 110 kV-Ölschalter waren ebenfalls Schalter mit Vorkontakt, wobei der Widerstand außerhalb des Schalters angeordnet und in zwei Teile zerlegt war (für jede Durchführung ein Teil). Hierdurch konnte man die Abschaltung des Widerstandes leicht in zwei Stufen bewirken; an dem

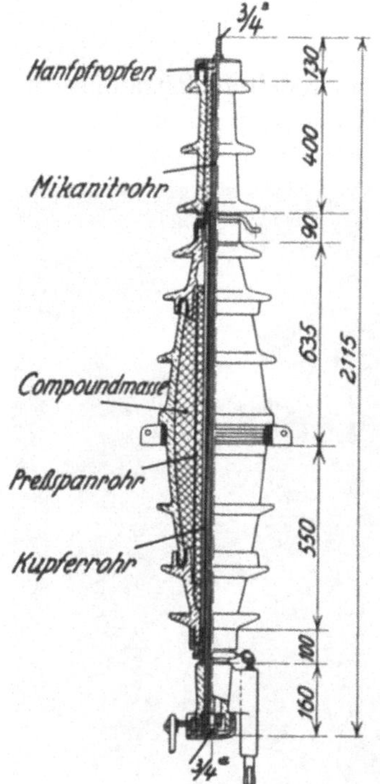

Abb. 249. Porzellandurchführung
110 kV, Anlage Lauchhammer. AEG. 1911.

Abb. 250. Ölschalter 110 kV für Lauchhammer.
AEG. 1911.

einen Isolator war nämlich der Kurzschlußkontakt etwas vorgerückt, so daß diese Stufe etwas früher als die andere kurzgeschlossen wurde. Die Durchführung (Abb. 249) war mit Kompoundmasse ausgefüllt, aber der Porzellankörper an der Einkittstelle noch nicht geteilt. Der Isolator entspricht also noch vollständig der Kuhlmannschen Form (s. S. 144). Erst einige Jahre später wurde auch von der AEG. die Teilung der Durchführung an der geerdeten Stelle nach amerikanischem Vorbild eingeführt. Wie aus Abb. 250 gut ersichtlich, hatte der Schalter ebenfalls sechsfache Unterbrechung. Der Hub betrug 265 mm, d. h. also etwa 200 mm freie Ölstrecke für jede der sechs Unterbrechungsstellen. Abb. 251 zeigt den gemeinsamen Antrieb des Dreikesselschalters.

Auch die Firma BBC. hat bereits frühzeitig Anlagen für 100 kV ausgeführt und die entsprechenden Ölschalter dafür gebaut. Die erste 100 kV-Anlage wurde von der Firma in Pescara errichtet und kam 1912 in Betrieb. Die Ölschalter, deren Einrichtung aus Abb. 252 gut zu erkennen ist, hatten je Phase eine sechsfache Unterbrechung bei einem Hub der Kontakte von 200 mm. Die Durchführungen waren aus vier Porzellanteilen zusammengesetzt, aber an der Eintrittsstelle nicht geteilt. Das metallene Durchführungsrohr war mit Papier umwickelt, entsprechend der Höhlung des Porzellans, und das Ganze vergossen.

Als Schlußbetrachtung des von uns behandelten Zeitraumes in der Entwicklung der Hochspannungsschalter, die ja in ihrem letzten Teile

Abb. 251. Ölschalter 110 kV. AEG. 1911.

im wesentlichen von der Entwicklung der Ölschalter beherrscht wurde, mag noch der in diese Zeit fallenden Bestrebung gedacht werden, das brennbare Öl des Schalters durch eine nicht brennbare Flüssigkeit zu ersetzen. Als solche kommt insbesondere der Tetrachlorkohlenstoff, das sog. Benzinoform, in Betracht, ferner auch das Pentachloräthan. Die Möglichkeit der Anwendung des Benzinoforms in dem gedachten Sinne wurde zuerst von E. Peyrusson, Paris, erkannt, der sich im Dezember 1908 hierauf ein Patent erteilen ließ[1]. Aber die vielen

---

[1] D.R.P. Nr. 218399.

Versuche[1], die man mit der Anwendung solcher Flüssigkeiten in Hochspannungsschaltern gemacht hat, haben im ganzen genommen doch ein negatives Ergebnis gezeitigt. Das Isolationsvermögen dieser Flüssigkeiten ist, wenn auch nicht so gut wie die des Öles, aber immerhin doch genügend. Die Abnutzung (Trübung) durch das Schaltfeuer ist auch nicht erheblich — in dieser eigentlich elektrischen Beziehung besteht also kein größerer Nachteil gegenüber dem Öl. Aber die anderen Eigenschaften des Benzinoforms sind so recht eigentlich unbequem, so daß man schließlich reuevoll wieder zum Öl zurückkehrt. Der Stoff ist nämlich sehr flüchtig, etwa wie Benzin, greift bei erhöhter Temperatur Kupfer an, Stoffe wie Gummi,

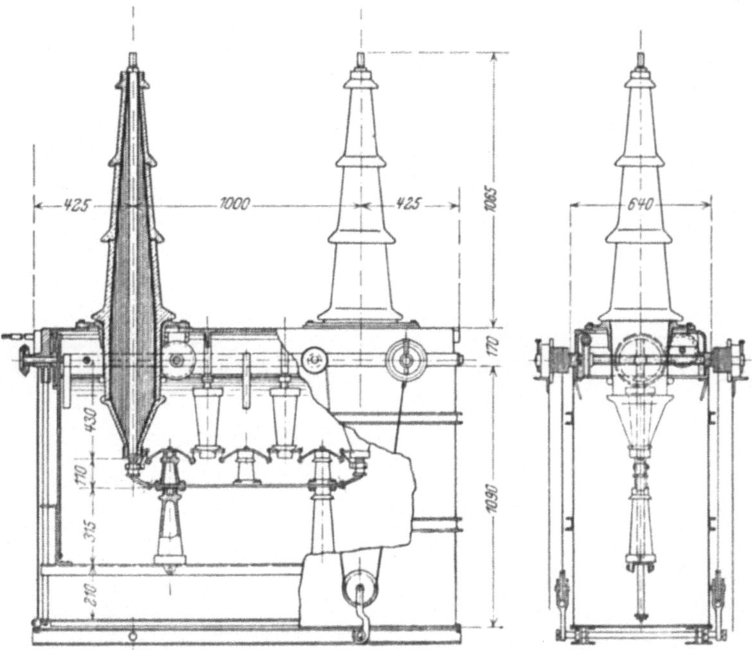

Abb. 252. Ölschalter 100 kV Anlage Pescara, BBC. 1912.

Hartgummi, Pertinax, Mikanit sind in Benzinoform unverwendbar. Ferner ist außerordentlich störend der völlige Mangel an Schmierfähigkeit, es ist gar nicht zu vermeiden, daß die Kontakte sich „fressen". Um die Verdunstung des Benzinoforms zu verhindern, muß man es mit einer Schicht Glyzerin bedecken. Dadurch ist es unmöglich, den Topf eines Schalters herunterzulassen, denn man würde sonst die Kontakte durch die Schutzschicht ziehen, was starke Anfressungen der Metallteile zur Folge hätte. — Am meisten Aussicht auf

<hr>

[1] H. Großmann, Zürich: ETZ 1916, S. 124 (nach Bull. d. Schweizer E.-V. Bd. 5, S. 356). — Vogelsang M.: Über den Ersatz des Öles durch Benzinoform bei Hochspannungsschaltern. ETZ 1916, S. 153. — Dr. G. Stern: Nichttrennbares Schalteröl. ETZ 1916, S. 289.

praktische Verwendung bietet wohl eine Mischung von 25% Benzinoform und 75% Öl. Die Mischung der beiden Flüssigkeiten ist eine äußerst innige, die Brennbarkeit des Öles wird sehr heruntergesetzt und die Nachteile des Benzinoforms treten wenig hervor. Das „unverbrennbare Schalteröl", das vom Jahre 1912 ab in Amerika und auch hier in Europa häufiger angeboten wurde, ist eine derartige Mischung. Aber auch diese Mischungen haben, soweit mir bekanntgeworden ist, auf die Dauer keine erhebliche Anwendung gefunden und das Problem eines unverbrennlichen Ersatzes des Schalteröles ist noch als ungelöst zu betrachten.

Druck von C. G. Röder G. m. b. H., Leipzig.